KB123161

가이아

가이아

살아 있는 생명체로서의 지구

제임스 러브록 지음 | 홍욱희 옮김

갈라파고스

아름다움은 진실이며, 진실은 아름답다. 이것이 전부다.
우리는 땅을 알아야 하며, 이것이 우리가 필요로 하는 지식의 전부다.

차례

2016년판 서문

지금으로부터 50년 전, 캘리포니아 패서디나에 있는 NASA의 제트추진연구소(JPL: 미국 우주항공우주국(National Aeronautics and Space Administration)의 우주 관련 연구를 전담하는 주 연구소로 실제 운영은 캘리포니아공과대학(Caltech)이 담당한다. 약 5000명의 직원이 상주한다 - 옮긴이)에서 저명한 천문학자 칼 세이건(Carl Sagan)과 작은 사무실을 함께 사용할 때였다. 철학자 다이앤 히치콕(Dian Hitchcock)도 함께 있었는데, 당시 우리는 생물학이 아닌 물리학적인 방법을 써서 화성에서 생물체를 발견할 수는 없을지 논의하던 중이었다. 또 다른 천문학자 루이 카플란(Louis Kaplan)이 피크뒤미디 천문대(Pic du Midi observatory)에서 프랑스 천문학자 피에르 코네스(Pirre Connes)와 자닌 코네스(Janine Connes)의 새로운 관측 소식을 들고 들어섰을 때까지만 해도 우리들의 대화는 차분했다. 그 새로운 소식은 화성과 금성의 대기층은 거의 전적으로 이산화탄소로 구성되어 있으며 산소와 질소의 수치는 1% 미만에 가깝다는 사실, 그리고 이를 입증할 아주 분명하고 명백한 증거를 발견했다는 것이었다. 나는 1965년 8월 《네이처》에 발표했던 논문에서 이런 대기질 구성은 두 행성 모두에서 생물이 살 수 없다는 점을 시사한다고 이미 지적한 바 있었다.

그런데 화성이나 금성과는 대조적으로, 지구의 대기권에는 햇빛에 반응하는 가스가 포함되어 있어 화학적 불균형도가 아주 높은 상태다. 우리가 숨 쉬는 공기의 기체 성분은 항상 일정하게 유지되고 있는바, 이것이 생물들에 의해서 그렇게 조절되는 것임을 나는 알고 있었다. 이런 생각을 전하자 칼 세이건은 "그건 불가능해, 제임스"라고 대답했다. 하지만 그는 곧바로 만약 지구 생물들이 대기 중의 이산화탄소 농도도 조절하는 것이라면 지구 생성 초기 시절에 태양 온도가 지금보다 훨씬 낮았다는 문제점을 제대로 설명할 수 있을 것이라고 덧붙였다. 그의 지적은 곧, 과거 3~40억 년 전 아직 젊었던 태양의 온도는 지금보다 30%나 더 낮았을 터인데 과연 어떻게 생명이 탄생할 수 있을 만큼 지구가 그렇게 따뜻할 수 있었던 것인지 하는 물음이었다.

그 말을 듣자마자 나는 생물이 공기의 화학성분을 조성할 뿐만 아니라 기후도 조절하는 것이 아닐까 하는 생각이 들었다. 지표면의 생물이, 그들이 생존할 수 있는 상태로 지구를 유지하는 시스템을 만들어냈을 것이라는 생각이 마치 섬광처럼 스친 것이다. 하지만 당시에는 아직 가이아 가설(Gaia Hypothesis)이라는 이름도 붙여지지 않은 그저 검증되지 않은 아이디어에 불과했다. 몇 년 후 노벨상 수상자인 윌리엄 골딩(William Golding)이 이 가설은 고유한 이름이 필요할 만큼 중요하다고 말하며 가이아라고 부르자고 제안했다. 골딩이 가이아란 이름을 선택한 이유는 고대 그리스어로 그것이 '땅', 곧 '대지'를 지칭하는 단어였고 과학자들 역시 지구를 줄여 부르는 표현인 Ge를 지구과학 분야, 즉 지질학(geology), 지리학(geography) 등의 학문을 이르는 명칭의 뿌리로 받아들여 왔기 때문이다.

만약 어떤 행성에서 생명체의 존재를 감지하고 싶다면 사람들은 보통 생물학자에게 물어볼 것이다. 그렇다면 영국인 화학자였던 내가 JPL에서 행성 생명체 탐지를 연구하게 된 이유는 무엇이었을까? 1961년 5월 미국항공우주국(NASA)의 우주 비행 운영책임자로부터 향후 달과 행성들의 탐사 임무를 수행하는 것과 관련한 실험을 해달라고 초청받은 것으로부터 시작된 일이었다. 작가 H. G. 웰스(H. G. Wells)부터 래리 니븐(Larry Niven)의 저작들에 이르기까지 공상 과학 소설들을 즐겨 읽어왔기에, 화성에서 생명체를 찾는 연구팀에 참여할 기회를 거절하기 어려웠다. NASA 측에서는 런던의 국립의학연구소에서 과학자로 근무하는 동안 두 개의 초감도 화학감지기를 발명한 나의 이력을 고려해 제안한 것이었다. 이 검출기는 무게가 몇 그램에 불과하고 우주선에서 사용해도 전력 소모는 거의 없다고 봐도 좋을 만큼 적다. 따라서 당시 JPL은 화성 표면에서 생명체가 살 수 있는 화학물질을 찾고자 행성 탐사선을 보낼 때 이 감지기가 꼭 필요하다고 생각했던 것이다.

어떤 대상이나 내용을 지칭할 때 명칭이 가지는 의미는 과연 무엇일까? 도대체 가이아라는 이름은 왜 수많은 과학자들에게 여전히 인기가 없는 것일까? 지구가 어떤 의미에서는 살아 있는 존재로 간주될 수 있다는 생각은 사실 역사가 꽤 오래되었다. 이 문제에 대해서 이미 언급한 이들만 해도 허튼(Hutton), 훔볼트(Humboldt), 버나드스키(Vernadsky) 등이 있다. 1960년대 NASA 과학자들이 화성에서 생명체를 발견할 수 있는 방법을 생각해 달라고 요청했을 때 나는 물리학자 에르빈 슈뢰딩거(Erwin SchrOdinger)가 쓴 책 『생명이란 무엇인가?』를 참고하려 했다. 알고 있는 유일한 형태의 생명체가 지구에만 존재하기에 우리는 외계생명체를 탐구할 때 그러한 편견에 사로잡히기 쉽다. 이를 의식하며 나는 슈뢰딩거의 아이디어를 바탕으로 생명체를 탐지할 수 있는 보다 일반적이고 물리학적인 방법을 모색하고자 노력했다. 슈뢰딩거는 어떤 형태의 생명체든 그 존재의 공통적인 특성으로 주위 환경의 엔트로피 감소를 들었다. 편리하게도 태양계의 행성들은 그 대기권의 화학적 조성에서 엔트로피 상태가 어떠한지를 여실히 보여준다. 따라서 나는 대기권의 조성을 알 수만 있다면 그 행성의 엔트로피 상태를 살펴서 생명체 존재 여부의 증거로 삼을 수 있다고 제안했다.

나는 과학계가 지구(Earth)와 생물(life)을 분리해서 별도로 교육하고 연구한다는 점이 부적절하다는 사실을 결코 인정하기 싫어한다는 데에 대해서 어느 정도 인정한다. 하지만 그렇다고 해서 지구과학과 생명과학을 긴밀하게 연결된 하나의 시스템으로 만들어서 새로운 통합 과학으로 설정해야 한다는 필요성에 대해서조차도 왜 여전히 저항하는 것인지 꼭 한번 묻고 싶다. 우리가 인류세(Anthropocene: 인류의 자연환경 파괴로 인해 지구의 환경체계가 급격하게 변하게 되는 시기를 강조해서 산업혁명 이후의 시대를 지질학적 시대구분으로 지칭하는 단어다 - 옮긴이) 시대로 점점 더 깊숙이 발을 들여놓게 되면서 지구의 변화와 그에 따른 위험에 직면할 가능성은 그만큼 더 커지고 있는바, 그런 통합 과학의 필요성은 더욱 절실해진다. 우리는 살아 있는 지구의 모습을 제대로 그려내고 또 제대로 설명하기 위해서는 새로운 통합된 과학이 반드시 필요하다.

지구시스템과학(Earth System Science, ESS)이라는 용어는 1980년대에 에릭 배런(Eric Barron)에 의해 소개되었다. 이는 이런 문제를 해결하기 위한 용감한 시도였지만 충분하지 않았을 수도 있다. 나는 지금의 과학이 제2차 세계대전이 시작되었을 즈음 나치에 대항하기 위해서 민주주의를 잠시 중단해야만 했던 당시 민주주의 국가들의 상황과 일정 부분 비슷한 처지에 직면해있다고 생각한다. 따라서 그때와 비슷한 방식으로, 우리 과학자들도 우리가 속해 있는 세부 분야에 대한 종족적인 충성심을 내려놓고 서로 함께 협력해야만 할지도 모르겠다. 전쟁 당시 과학계의 분명한 목적의식과 비이기주의적인 활동을 기억할 수 있을 만큼 나이가 많은 사람이라면 터무니없이 세분화되어있는 현대과학의 무지를 충분히 인정할 것이다. 과학개혁의 필요성을 과장하고 있는 것처럼 들린다면, 이미 20여 년 전에 시작된 IPCC의 성과가 얼마나 어설픈지를 한번 생각해보자. 이 글을 쓰고 있는 지금, 파리에서 열리고 있는 기후변화총회에서 더 나은 성과가 거두어지기를 진심으로 바라고 있다.

살아 있는 지구(living Earth)에 대한 과학을 어떻게 불러야 하는지가 과연 그렇게 중요한 문제일까? 공진화(Coevolution)라든지 지구시스템과학(ESS)이라는 대체 용어들이 지구가 살아 있는 행성이라는 의미를 충분히 전달하지 못하기에 새로운 명칭이 필요하다. 단독으로 사용될 때 '시스템'이라는 단어는 공통적인 연결성을 지닌 어떤 불활성적인 대상들의 집합을 의미하게 된다. 마치 태양계나 자본주의 시스템처럼. 또한 공진화는 생물과 그 환경이 가이아처럼 열정적으로 서로 긴밀하게 결합되는 것이 아니라, 그것들 사이에 어떤 플라토닉한 우정 관계가 성립되어 있다는 인상을 풍긴다.

가이아 가설을 다른 지구과학 및 생명과학 분야들과 조화시키기 위해서 캘리포니아 볼더에 위치한 국립대기권연구센터(NCAR)를 방문한다면 지구생리학(Geophysiology)이라는 신조어를 만드는 기회가 될 수 있지 않을까 생각했다. NCAR 과학자들은 이 아이디어가 마음에 들었던지 내 강연을 논문으로 제출해서 미국기상학회 회보에 싣기도 했고, 특히 NCAR 과학자 R. 디킨슨(R. Dickinson)은 『아마존 지역의 지구생리학(The Geophysiology of Amazonia)』이라는 제목의 책을 편집해서 출간하기도 했다.

가이아 가설은 합리적인 추론이 아닌 어떤 통찰력에서 탄생했다. 그래서인지 직관적인 사고에 충실한 미국의 많은 지구과학자들이나 생명과학자들은 이 가설을 비합리적이라고 거부하곤 한다. 근래 미국의 저명한 과학저널 《아메리칸 사이언티스트(American Scientist)》가 제안했듯, 지구의 30억 년 생물 거주 가능성은 단지 우연에 불과하다는 가설을 더 선호하기도 한다.

지구 생명체가 그렇게 오래 살아남을 수 있었던 까닭은 광합성을 하는 미생물들이 태양광 에너지를 처음으로 수확해서 그것으로 무한한 먹거리와 산소를 공급할 수 있었던 데에서 비롯된다는 내 통찰의 근원으로서 가이아 이론을 제안한다. 태양광을 끌어들일 수 있었던 원시 초기의 광합성세포들은 마치 과거의 우리 인류처럼 조잡했으며 따라서 주위 환경을 심각하게 오염시켰을 것이라고 생각한다. 산소의 존재를 아예 몰랐던 당시의 다른 혐기성세포들에게는 그것이 치명적인 독이 되었을 것이므로. 하지만 광합성생물들과 가이아가 수십억 년을 함께 진화하면서 대기 중의 풍부한 산소 농도는 더 이상 오염물질이 아니라 오히려 그것을 사용해서 재빠르게 움직이고 생각할 줄 아는 동물이라는 존재의 탄생을 가능하게 했다. 그리고 이제는 미국산 레드우드나무(redwood trees)의 첨탑으로 대표되는 거대한 식물군이 태양광을 수확하고 있다.

하지만 가장 좋아하는 가이아에 관한 통찰은 우리 인간도 식물만큼이나 가이아의 진화에 있어서 중요한 역할을 했다는 점이다. 인간은 태양광 에너지를 이용해서 정보를 수확할 수 있는 최초의 유기체다. 말로써 서로 소통할 수 있고 커다란 두뇌를 가진 동물로 진화할 수 있었던 덕분에 우리는 정보를 수집하고, 사용하고, 저장할 수 있게 되었다. 만약 이런 능력이 없었더라면 지속적인 아이디어도, 그에 대한 기록도, 인류세도 세상에 나타날 수 없었을 것이다.

그런가 하면, 인류는 최초의 식물들이 그랬던 것처럼 인간 이외 다른 생물들을 심각하게 오염시키고 있다. 하지만 그것이 어떤 일탈이나 범죄는 아니다. 과거 최초 식물체들이 산소를 방출하고 고등동물들이 지능을 가질 수 있도록 했던 것처럼 우리 인류가 그처럼 강력한 무언가를 외부로 발산하는 데에 따르는 자연스러운 결과인 것이다. 엔트로피는 한 폐쇄시스템에서 무질서(오염)가 외부로 배출될 때, 다시 말해서 지구라는 시스템에서 우리 인간이나 가이아가 그러는 것처럼 그렇게 행동할 때에만 감소할 수 있다. 오랜 시간이 지나면 그 시스템 속의 생물들은 점차 오염을 먹잇감으로 사용하도록 그렇게 진화하기 마련이다. 가축의 똥을 먹고사는 쇠똥구리를 한번 생각해보자.

우리 인간이 악한 존재라고 생각하지는 말기로 하자. 여러분에게는 우리 인류가 마치 가이아를 오염시키는 악동처럼 보일지도 모르겠다. 하지만 자신의 작업실에서 원목을 다듬고 있는 한 조각가의 모습을 떠올려보자. 주변 바닥이 원목 부스러기로 어지럽기 그지없는 데에서 진정 정교한 예술품이 탄생하는 법이다.

2000년판 서문

1974년 이 책을 처음 쓰기 시작하던 당시에 나는 비록 '가이아(Gaia)'에 대해 어느 정도 생각은 했지만 그것이 의미하는 어떤 명백한 실체를 마음에 두고 있던 것은 아니었다. 단지 내가 알고 있었던 것은 기껏해야 지구가 화성이나 금성과는 전혀 다른 존재라는 정도였다. 즉 지구는 다른 행성들과는 달리 생물들이 살기에 적합하도록 항상 스스로 환경을 조절하는 특별한 능력을 가진 존재라는 것이었다. 그리고 나는 지구가 갖는 이런 속성이 태양계 내에서 지구가 차지하는 특별한 위치 때문이 아니라 지표면에서 생활하는 생물체들의 덕분이라는 것도 알고 있었다.

'가이아'라는 명칭은 내 친구인 소설가 윌리엄 골딩(William Golding: 인간의 속성을 적나라하게 파헤친 소설 『파리대왕』으로 1983년 노벨문학상을 수상했다 – 옮긴이)이 붙여주었다. 그는 살아 있는 지구를 표현하는 이름으로 그리스 신화에 등장하는 대지의 여신 가이아를 차용하는 것이 당연하다고 생각했던 것이다.

1970년대 무렵까지 우리는 아직 환경에 대해 큰 관심을 갖고 있지 않았다. 우리가 잘 알고 있다시피 레이첼 카슨(Rachel Carson)이 농부들이 마구잡이로 농약을 뿌린 결과 시골의 정취가 사라지고 있다는 사실을 경고했지만 그것도 그리 큰 관심을 끌지 못했다. 또한 지구의 기후변화, 생물종의 다양성, 오존층, 산성비 등의 문제들이 단순한 아이디어 차원에서 과학계에서 논의되기는 했지만 일반 대중의 관심사가 되기에는 아직 멀었던 시절이었다. 하지만 그 당시는 동서 냉전이 한창 진행 중이던 시대로 우리 모두는 알게 모르게 상당한 정도까지 그 보이지 않는 전쟁에 참여하고 있었다. 그 당시 나는 미국 항공우주국(NASA)의 행성탐사 프로그램에 관여하고 있었던 과학자로서 화성탐사용 실험기구들을 실어 쏘아 올렸던 로켓 발사체가 단지 순수한 과학적 목적을 위해서만 쓰이는 것이 아니라는 점은 어렴풋이 알고 있었다. 우리는 미국과 소련 사이에서 벌어지고 있는 전쟁에 사용될 수 있는 가공할 무기 위에 올라타고 있었던 것이다. 화성의 한 지점을 향해 정확하게 나아갈 수 있는 항법장치라면 당연히 적의 미사일 대공세를 파괴하는 데에도 문제없이 사용될 수 있을 터였다.

하지만 냉전은 우주과학보다 훨씬 더 뒤틀려 있었다. 내가 생각하기로 그 당시 냉전이 초래했던 가장 커다란 폐해의 하나는 우리로 하여금 행성 지구에 대해 잘못된 이해를 갖게 했다는 점이다. 우리는 조금씩 핵무기가 사용되는 열전(hot war)에 대해 공포심을 갖게 되었고, 그렇게 되면 지구 전역의 문명이 한꺼번에 파괴될 것이라는 점을 잘 인식하고 있었다. 이런 실제적인 두려움이 급기야 서구 세계에서 비핵화운동(CND, Campaign for Nuclear Disarmament)을 불러일으켰고, 그것이 최초의 국제적 환경운동으로 발전하게 되었다. 그 당시에는 핵전쟁이 야기할 수 있는 결과에 대한 우려가 너무나 컸던 나머지 핵폭발에서 기인하는 방사능 문제만이 우리가 가지는 두려움의 전부라고 할 수 있었다. 부지불식간에 우리의 생활 터전이 훼손되고 지구 대기권(atmosphere)의 온실가스 농도가 증가하고 있다는 정도의 문제들은 1970년대와 1980년대에는 거의 사람들의 관심거리가 되지 못했으며, 특히 모든 핵무기를 제거해야 한다는 운동을 벌이는 사람들에게는 더욱 그랬다.

그런데 지난 세기말에 이르러 냉전이 갑자기 사라지게 되자 우리는 과거 비핵화운동에 앞장섰던 사람들이 환경운동에 뛰어드는 것을 목도하게 되었다. 그들은 여전히 핵무기를 유지하고자 하는 서구 산업계와 군사 시스템에 대해 적의를 품고 있었다. 그들이 운동의 전략을 바꿔 과학에 기초하는 서구 산업계의 거대 기업들에 관심을 돌려 이들을 공격하게 된 것은 사실상 간단한 일이었는데, 설령 그런 연관성이 사소한 것이라고는 해도 그들은 그 기업들을 인간성(humanity)을 위협하는 존재로 쉽게 간주해버릴 수 있었던 것이다.

나는 녹색사고와 녹색운동이 가지는 이런 정치성(politicization)이 우리를 위험한 길로 빠져들게 하고 있다고 생각한다. 그들이 그럼으로써 우리는 지구를 훼손하는 존재가 세계적인 다국적기업이나, 러시아나 중국의 국영기업들만이 아니라는 점을 정작 깊이 인식하지 못하고 있는 것이다. 목청껏 환경보전을 주장하는 환경보호 단체들과 소비자운동 단체들, 그리고 소비자로서 우리 자신들도 모두 온실가스의 방출과 야생 동식물의 멸종에 똑같이 책임이 있다. 만약 우리가 그런 다국적기업들이 생산하는 상품을 원하지 않는다면, 또 그런 기업들이 환경에 미치는 영향을 고려하지 않고서 만든 저렴한 상품의 생산을 원하지 않는다면 그들이 지금까지 존재할 수 있을 리 만무하다. 세상만사가 모두 인류에게 이로운 것이라고 굳게 믿은 나머지 정작 우리 자신이 지구의 다른 생물들에게 과연 얼마나 많이 의존하고 있는지를 쉽게 망각하는 잘못을 범하고 있는 것이다.

우리는 우리 가족과 종족을 아끼는 만큼 지구를 사랑하고 신뢰해야만 한다. 그것은 그들과 우리 사이에 주어진 정치적인 사안이 아니다. 또 변호사가 개입하여 해결해야 할 논쟁 거리도 아니다. 사실상 우리가 행성 지구와 맺고 있는 계약은 원초적인 것이다. 왜냐하면 우리 자신이 당연히 지구의 한 부분이며, 만약 건전한 상태의 지구를 우리들의 집으로 삼을 수 없게 된다면 우리 자신의 생존이 아예 불가능해지기 때문이다. 나는 우리가 행성 지구의 본성에 대해 이제 막 알아가기 시작할 즈음에 그것을 대단한 발견으로 인식할 수 있었기 때문에 이 책을 쓰게 되었다. 만약 여러분이 가이아라는 개념에 대해 처음부터 알고 싶다면 이 책은 여러분에게 유전자가 이기적이라는 것만큼이나 분명하게 행성 지구가 살아 있는 존재라는 점을 일깨워줄 것이다.

이 책의 목적은 가이아가 어떤 존재인지 보여주고 그것의 존재를 깨닫게 하는 것에 있다. 나는 이 책을 쓴 지 26년이 지나서 가이아에 대해 더 많이 이해하게 되었으며, 그 결과 이 책을 처음 썼을 때 어느 정도 실수를 저질렀다는 것도 깨닫게 되었다. 어떤 실수는 꽤 중대한 것이었는데, 지구가 그곳에 거주하는 생물들에 의해 그리고 그 존재들을 위해 그렇게 안온하게 유지된다는 개념이 그런 예라고 할 수 있다. 또한 나는 지구 생물권(biosphere)에 의해서만이 아니라 생물체들과 대기, 해양, 암석 등 사실상 지구의 모든 존재들이 지구의 조절 작용에 함께 관여하고 있다는 점을 명확히 기술하지 못했다. 생물체들을 포함하는 지상의 모든 만물이 자가조절적 실체이며, 이것이 바로 내가 말하고자 하는 가이아인 것이다.

또한 나는 만약 지구에 빙하기가 닥칠 경우 우리가 대기권에 프레온 가스를 방출하여 그것을 막을 수 있을 거라고 하는 실수를 저지르기도 했다. 그렇게 하면 온실효과가 촉진되어 우리를 따뜻하게 할 수 있을 것으로 믿었던 것이다. 무지의 시대에는 기술적인 해결책이 신뢰를 얻는 법이다. 나는 이 책에서 그러한 처음의 잘못을 보여주고 시정하고자 원래의 문장을 바꾸지 않았다. 다만 이런 실수가 어떤 것인지 보여주기 위해 몇몇 문장을 고쳐서 덧붙이기만 했다.

이 책은 가이아에 관한 전설이 어떻게 시작되고 발전되었는지 비단 과학의 측면에서뿐만 아니라 그보다 더 넓은 시야에서 보여주고 있다. 나는 1974년 당시에는 가이아의 개념이 그렇게 확장될 수 있다는 사실을 결코 상상조차 할 수 없었다. 내가 1974년 아일랜드 서부 지역의 어느 한적한 곳에서 처음 이 책을 쓰기 시작했을 때 그곳은 마치 가이아가 직접 운영하는 장소처럼 느껴졌다. 우리 집을 찾는 모든 방문객들은 누구라도 더할 나위 없는 안온함을 느꼈을 것이다. 그러면서 나는 점차 가이아의 눈을 통해 세상을 바라보는 습관을 키우게 되고 인간성에 집착하는 기독교 교의에 대한 충성심을 낡은 외투를 벗듯 서서히 벗어버리게 되었다. 이제 행성 지구를 아늑하게 유지하고 있는 우리 주변의 모든 생명체들을 우리 공동체의 일부분으로서 느낄 수 있게 된 것이다. 우리 인간은 이제 더 이상 특별한 권리를 가진 존재가 될 수 없으며, 단지 가이아 공동체의 한 일원으로서 봉사해야 한다는 점을 깊이 인식할 수 있었다.

1994년 7월 4일 미국 정부는 체코 대통령 바츨라프 하벨(Vaclav Havel)에게 자유메달(Liberty Medal)을 수여했다. 메달 수여식에서 그는 "우리는 이제 더 이상 혼자가 아니며, 또 우리 자신에게만 봉사해서도 안 된다"고 했다. 그는 현대사회가 이미 종말을 고했으며 과거의 인위적인 세계질서 또한 붕괴되었지만 보다 정의롭고 새로운 세계질서는 아직 출현하지 않고 있다는 점을 분명히 알고 있었던 것이다. 이어서 그는 이제 우리가 전통적인 해결책들이 더 이상 만족할 만한 대안이 될 수 없는 시기에 접어들었다고 지적했다. 우리는 과거와는 전혀 다른 장소에서 이제까지 했던 것과는 전혀 다른 방식으로 인권과 자유의 개념을 심어나가야 하는 것이다. 역설적이게도 그는 이런 상실된 통합성의 회복을 위한 영감이 다시 과학에서 찾아질 수 있을 것이라고 강조했다. 새롭게 대두되는 과학 — 포스트모던 과학 — 의 세계에서는, 어떤 의미에서는 아이디어를 생산하는 과학이 그 아이디어를 과학의 영역 밖으로 전하기도 한다는 것이다. 그는 그러한 두 가지 예를 들기도 했다.

첫 번째, 과학이 신화와 경계를 함께했던 고대의 고전적 아이디어가 새롭게 등장해 우리 자신이 더 이상 우연한 사건에서 발생한 예외적인 존재가 아니라는 점을 일깨워준 우주론의 원리. 두 번째, 지구에 서식하는 모든 생물들과 그곳의 모든 물질적 부분들은 한데 통합되어 단일한 하나의 시스템, 곧 살아 있는 지구라는 일종의 초생명체를 이룬다는 가이아 이론. 또 하벨은 이렇게 지적했다. "가이아 가설에 의하면 우리는 보다 큰 한 실체의 일부분이다. 우리 인류의 운명은 단지 우리가 우리 자신을 위해 무엇을 할 수 있는지뿐 아니라 우리가 가이아라는 전체 집단을 위해 무엇을 할 수 있는지에 대해서도 크게 의존하고 있다. 만약 우리가 가이아를 위험에 빠뜨리면 가이아 역시 자신이 지닌 최고의 가치, 즉 생존이라는 목적을 위해 우리를 처분하고자 할 것이다." 이제 비단 인권만이 중요한 것이 아니라는 정치가 하벨의 인식은 우리 인간을 위해서뿐만 아니라 가이아를 위해서도 아주 시의적절했다. 가이아의 존재는 가이아의 과학이 행성 지구가 여러 불안정한 부분들로 구성됨으로 해서 비로소 안정된 행성으로 만들어질 수 있었다는 사실을 겨우 인식하게 된 시점에 이 책에서 처음으로 기술되었다. 마치 지구가 평평한 대지가 아니라 둥근 존재라는 사실이 처음 밝혀졌을 때처럼 전혀 예상치도 못했고 있을 수도 없었던 존재가 드러난 것이다. 가이아가 정작 어떻게 작동하는지 밝혀지려면 아직 10년을 더 남겨둔 시점에서 말이다. 나는 독자들의 이해를 돕기 위해 과학과 시(詩) 그리고 신화에 관한 이야기도 적절히 넣어가며 이 책을 썼다. 그러면서 이 책의 초판 서문에서 다음과 같이 경고한 바 있다.

> 때로는 가이아가 마치 감정을 갖는 존재인 양 표현되기도 했는데, 그것은 어느 정도의 비유법이 아니고서는 가이아를 충분히 설명하기가 지극히 곤란했기 때문이다. 그러나 이는 마치 목재와 금속으로 만들어진 배가 일단 조립되어 물에 띄워진 이후에는 배로서의 독특한 성격을 부각시키기 위하여 여성의 이름으로 불리며 '그녀(she)'로 지칭되는 것에 비교할 때 그리 놀라운 일이 아니다. 가이아도 배와 마찬가지로 작은 부분들이 모여 하나의 실체를 이루었지만 그 기능은 단순한 부분품의 합에서 찾아볼 수 없는 특성을 가지게 되므로 '그녀'로 불려 마땅할 것이다.

가이아 이론에 대한 대부분의 비판은 바로 이 초판을 읽었던 과학자들에게서 쏟아졌다. 그런데 그들 가운데 어느 누구도 위의 경고에 관심을 가지지 않았으며, 또한 저명한 학술지에 이미 발표되었던 10개 이상의 가이아 관련 논문들을 제대로 읽었던 사람도 없었다. 그런 비평가들은 자신들의 과학을 대단히 성실히 받아들였던 나머지 그것을 신화나 가벼운 이야깃거리로 만드는 것 자체가 잘못된 과학과 다름없다고 받아들였던 것이다. 따라서 내 경고가 그들에게는 마치 담뱃갑에 쓰인 니코틴 중독에 대한 경고 정도에 불과했던 것이리라.

하지만 그들의 반대로 인해 가이아 이론의 발전이 상당히 느려지게 되었다. 1995년에 이르기까지는 그것을 반증하거나 그것을 비판하는 내용이 아니라면 가이아 이론에 관련된 논문을 그 어떤 저명한 학술지에서도 받아주려 하지 않았다. 하지만 이제 그 이론은 과학계의 승인을 기다리는 후보 이론이 되었다. 그런데 불행하게도 나는 내 앞에 놓인 길이 두 갈래로 확연히 갈라졌음을 인식하게 되었다. 만약 가이아 이론을 사실로 확립하고자 한다면 나는 마땅히 첫 번째 길, 즉 과학의 길을 걸어야만 한다. 만약 과학계 구성원 대다수의 지지를 얻을 수 있다면 — 어느 정치가나 어느 정부기관도 감히 신화(神話)에 의존해서 행동하지는 않을 것이다 — 누구라도 가이아를 믿을 것이며, 따라서 과학적 승인을 요구하는 것이 당연하다. 그런데 우리 모두에게 가이아를 쉽게 이해시킬 수 있는 그런 길을 찾고자 한다면 나는 오히려 두 번째 길을 가야만 하는데, 그것은 바로 포스트모던 세계로 뛰어드는 것이다. 그곳은 과학 자체가 의문시되고 이 책이 과거에 처했던 상황처럼 심지어 정치가들에게조차도 쉽게 인정받고 공감받기가 어려운 그런 세상이다. 과연 이 두 갈래 길에서 나는 어느 길을 선택해야만 할까?

나는 그 두 길을 모두 취해 내 두 번째 저서 『가이아의 시대(The ages of Gaia)』를 다시 썼는데, 그 책은 바로 과학자들을 위한 것이었다. 그렇게 해서 나는 이 책은 원래의 형태대로 남겨둘 수 있게 되었다. 만약 내가 이 책을 과학적인 용어를 많이 사용해 전혀 새롭게 다시 썼더라면 누구도 쉽게 이해하기 어려운 책이 되었을 것이다. 과학자가 아닌 사람들은 물론 엔지니어, 물리학자, 심지어는 자신들의 일을 위해 과학기술뿐만 아니라 도덕적 지표를 필요로 하는 환경보호주의자들조차도 이해하기 힘들었으리라. 따라서 이 책의 개정판 편집 작업은 잘못된 과학적 사실 몇 가지만을 고치는 정도에서 이루어졌다. 예를 들어, 지표면에서 대기 중으로 방출되는 메탄가스의 양이 과거 26년 전에 과학자들이 추정했던 연간 10억 톤이 아니라 5억 톤 규모라고 바로잡았다.

그리고 나는 '생물권'이라는 용어에 대해서도 보다 명확히 했다. 원래 생물권의 의미는 지리학적으로 생물들이 서식하는 지표면의 지역들을 지칭하는 것이었다. 그런데 그 단어는 의미가 점차 모호해지면서 가이아와 같은 '초생명체'로부터 '모든 생물들의 목록'에 이르기까지 그야말로 아무 곳에나 붙일 수 있는 용어가 돼버렸다. 이 책의 초판에서 나는 생물권이라는 단어를 흔히 다른 사람들이 그랬던 것처럼 거의 가이아의 동의어처럼 사용했다. 그 당시 나는 그 두 단어에 대해 충분히 정의하지 못했고, 그 결과 동어반복을 피하고자 번갈아 사용했던 것이다. 하지만 이번 개정판에서는 생물권과 가이아의 관계가 마치 당신의 몸과 당신 자신처럼 분명히 구별되었다. 생물권은 모든 생물들이 살고 있는 3차원의 지리적 공간이다. 가이아는 대기, 해양, 지표면의 암석 등이 밀접하게 결합된 모든 생물체들로 구성되는 초생명체이다.

이 책은 적극적인 과학자들을 위한 것이 아님을 분명히 밝힌다. 따라서 만약 내 경고에도 불구하고 그들이 이 책을 읽는다면 필경 그 내용이 너무 급진적이라거나 과학적으로 온당하지 못하다는 점을 비판하게 될 것이다. 하지만 나는 과학자로서 그동안 과학에 관련된 연구활동에 깊이 관여해왔다. 나는 내 동료 과학자들을 화나게 하기 위해 이 책을 썼던 것이 결코 아니다. 그 당시에는 우리들 가운데 어느 누구도 지구에 대해 잘 모르고 있었다. 그런데 나는 외계로부터 지구를 내려다볼 수 있는 기회를 가질 수 있었고, 그 덕분에 그들과는 다른 관점에서 지구를 생각하게 되었다. 다시 말해 아래에서부터 위를 향해 사물을 생각하는 환원주의적 관점에서 벗어날 수 있었던 것이다. 외부로부터 안을 들여다보는 이러한 전일적(holistic) 관점은 기대치 않게도 나로 하여금 포스트모던의 세계와 보조를 맞추게 했으며, 또한 환원주의에 물들기 이전 주류 과학계의 논조를 이어받을 수 있게 했다

프랑스의 노벨상 수상자 자크 모노(Jacques Monod)는 저서 『우연과 필연』에서 나와 같은 전일주의자에 대해 '대단히 우매한 사람들'이라고 혹평한 바 있다. 나는 그가 가장 우수한 과학자 중 한 사람이라는 점에서는 존경하지만, 적어도 그 점에 있어서만큼은 그가 틀렸다고 생각한다. 나는 과학이 환원주의를 필요로 하는 만큼 위에서부터 아래를 향하는 톱-다운(top-down) 방식도 필요하다고 생각한다. 설령 우리 인류의 모든 과학적 지식을 한 권의 책에 담을 수 있다고 해도 현재 살아 있는 그 누구라도 감히 그런 꿈을 꾸기는 어려울 것이다. 오직 자신의 세계 속에서만 묻혀 살았던 과학자라면 그 책의 장(章) 하나도 다 채우기도 어려울 것이다. 이렇게 그 누구라도 그 책의 전체 내용을 다 파악하기 어려울 것인바, 적어도 위에서 아래를 내려다보는 톱-다운 방식의 접근법은 우리로 하여금 쉽게 그 목차를 살펴볼 수 있게 한다. 그러니 그런 책의 단 한 페이지에만 깊이 빠져 있

는 요즘 과학자들의 경우라면 필경 그 책의 전체를 살펴보는 데에는 전혀 관심을 두지 않을 것이며, 어쩌면 어느 한 장 전체를 읽는 것조차도 회피하려 들 것이라는 생각이 든다. 아마도 가이아와 같은 폭넓은 사고는 그들에게는 차라리 금단의 영역일 것이다. 그들은 가이아 이론을 종교적 신념과 유사한 일종의 메타사이언스(metascience)로 간주하며 그렇기 때문에 자신들에게 깊이 내재되어 있는 물질주의적 신념에 의거할 때 반드시 거부해야 마땅한 이론이라고 생각할 것이다.

그런데 이제 변화의 조짐이 일고 있다. 아마도 과학이 다시 원래의 관대함을 회복하는 것이리라. 이런 고무적인 조짐은 1994년 4월 영국의 옥스퍼드대학에서 '자가조절적 지구(The Self Regulating Earth)'라는 이름으로 개최된 과학자들 모임에서 처음 감지되었다. 이 회의에서 과학자들은 지구를 대상으로 마치 과거 생리학 연구들이 그랬던 것처럼 톱-다운적 접근을 한번 시도해보자고 제안했다. 심지어는 원래의 가이아 이론에 반대하던 과학자들까지도 주류 과학계의 핵심적인 보텀-업(bottom-up) 방식을 크게 벗어나기는 하지만 그래도 제한적으로는 이런 논의가 과학계에서 있어야 한다고 제안했던 것이다. 그 결과 1996년에는 후속 모임이 이루어졌고, 1999년에는 마침내 전일적 관점에서 지구를 연구하는 방법론이 제시되고 확장되기에 이르렀다. 이제 대부분의 과학자들이 가이아 이론을 받아들여 자신들의 연구에 적용하기에 이른 것이다. 하지만 그들은 여전히 가이아라는 이름을 거부했고, 그 대신 지구시스템과학(Earth System Science) 또는 지구생리학(Geophysiology)이라는 이름을 더 선호하고 있다.

하지만 무려 26년이나 걸린 끝에 이처럼 비록 부분적으로나마 가이아 과학을 받아들였다고 해서 이 이상의 조건이 부과되지 않은 것은 아니었다. 지구생리학은 가이아 또는 대지(Mother Earth)에 관련된 모든 신화적 요소들을 배제해야만 과학으로서의 자리매김이 가능했다. 심지어는 지구시스템이 여러 번의 빙하기를 거쳤다는 점에 주목하여 "가이아는 서늘함을 좋아한다"고 말하는 비유적 표현조차도 허용될 수 없었다. 지구생리학이 정식 과학의 한 분야로 받아들여지기 위해서는 모든 것이 과학적으로 바르게 교정되어야만 했던 것이다.

이 말은 과학을 논한다는 것 자체가 바로 과학자들의 용어를 사용해야 한다는 것을 의미한다. 제아무리 그것이 난해하고 심오한 단어들의 나열이고 수동태 위주의 문장이라고 해도 그렇게 따라야만 한다는 것이다. 그런데 문제는 오늘날 우리 사회가 그렇게 말장난이나 벌이고 있을 만큼 결코 한가한 상황이 아니라는 점이다. 과학은 명백히 우리 사회를 바람직한 상태로 유지하게 하는 데에 반드시 요구되는 분야이다. 만약 가이아가 지구를 대변하는 좋은 모델이 될 수 있다고 한다면, 나는 그것을 과학적 용어로 표현하는 데에 더 이상 주저하지 않을 것이다. 그것은 마치 병사가 전쟁에 출정하기 이전에 반드시 군사훈련을 받아야만 하는 것과 마찬가지로 분명한 사실이다.

환경보호주의자들 가운데 가이아의 개념이 자신들의 것이라고 주장하는 사람들이 많은데 일부는 지나치게 그것을 강조하기도 했다. 조너선 포리트(Jonathon Porritt: 영국의 지속가능발전위원회 의장이자 저명한 환경보전주의자 - 옮긴이)는 그것을 이렇게 표현했다. "가이아 개념은 녹색사상과 녹색운동의 핵심으로 너무나 중요하기 때문에 감히 과학계가 그것을 탈취하고자 해서는 결코 안 된다." 또 어떤 환경보호주의자는 내가 가이아를 배반했다고 고발하기도 했다. 프레드 피어스(Fred Pearce)는 자신이 《뉴 사이언티스트》 1994년 5월호에 게재했던 기사에서 1994년 옥스퍼드 모임에서 자신이 가이아 개념을 과학계와 인문학계가 공유하도록 하자고 제안했다는 점을 강조하며 당시의 미묘했던 정황을 상기시키기도 했다.

그즈음은 상당히 불안하면서도 격정적인 시기였던바 내게는 많은 자유주의자들이 거침없이 징병제의 필요성을 역설하던 2차 세계대전 직전 시기를 생각나게 했다. 그 자유주의자들은 만약 전쟁이 정의롭고 성공적인 평화를 인도할 수 있다고 한다면 그 목적을 위해 군사행동의 질서 정연한 메커니즘만큼은 반드시 지켜져야 한다고 주장했다. 가이아에 있어서 배반이란 있을 수 없다. 우리는 사물을 분석하고 이론을 실험하는 과학적 연구의 방법론을 받아들여야 한다. 또 그런 전쟁이 진행되는 동안 우리의 심금을 울려 감동을 주는 인문주의도 과감히 받아들일 필요가 있다.

나는 과학자의 한 사람으로서 과학적 방법론에 승복하는 바이며, 이것이 바로 내가 왜 두 번째 저서 『가이아의 시대』를 보다 과학자들의 취향에 맞도록 써야만 했는지에 대한 답이다. 그런가 하면 나는 한 사람의 인간으로서 자연적인 현실 생활에 안주하며 살고 있다. 이런 속세에서 나는 내 생각을 시적으로 표현하기를 좋아하며 누구라도 가이아를 쉽게 이해할 수 있기를 바라 마지않는다. 어떤 비평가는 이 책에 대해 그리스 신화 속에 등장하는 한 여신에 관해 쓴 동화에 불과하다는 냉혹한 평가를 내리기도 했다. 어떤 의미에서는 그런 지적이 옳을지도 모른다. 이 책은 미지의 여인에게 보내는 한 편의 장편 서사시로, 그 속에 부수적으로 과학이 등장하고 있으니까. 마치 유태인 화학자 프리모 레비(Primo Levi)가 2차 세계대전 당시의 참혹했던 경험을 기록한 자신의 회고록 『주기율표』에서 그랬던 것처럼. 이 책의 내용을 다른 식으로 표현하길 원했던 내 동료들에게 나는 이런 식으로 응답할 수 있을지 모르겠다. 만약 당신들이 그런 식으로 만사를 생각한다면 이것도 그저 내 방식일 뿐이라고.

예전의 가이아는 스스로를 보호하고 태고의 세월 동안 안온한 삶을 유지해왔던 존재였다. 그녀는 대기와 해양, 토양 등을 두루 살피며 모든 조건이 자신에게 적합하도록 조절해왔다. 그런 가이아의 존재는 그 누구라도 쉽게 이해할 수 있을 것이리라. 나는 가이아에 관한 이 첫 번째 책을, 우리가 이제까지 한 번도 가보지 못한 한적한 시골길을 걸을 때의 기분을 그대로 느낄 수 있도록 가능한 한 생생하고 흥미롭게 쓰고자 노력했다. 이 책에서는 명백히 임의로 발생한 대규모 산불이 어떻게 지구 대기권의 산소 농도를 21%로 유지하는 데에 기여하는지, 그리고 그 농도가 우리에게 얼마나 안전한 것인지를 가급적 쉽게 설명하고 있다. 나는 내 친구인 앤드루 왓슨(Andrew Watson)이 했던, 만약 대기 중의 산소 농도가 25%에 이른다면 그것이 얼마나 엄청난 재앙을 초래하는지에 대한 실험을 한 사례로 제시했다. 만약 산소 농도가 그처럼 높았다면 나무들은 결코 숲을 조성하지 못했을 것이다. 나무들이 미처 자라기도 전에 모조리 타버리는 운명에 놓였을 테니까 말이다. 이제까지 그런 방식으로 대기권의 역할이나 산소의 역할을 설명했던 사람은 아무도 없었다.

6장에서 우리는 해변을 거닐면서 무심코 집어든 해초로부터 맡을 수 있는 기묘한 황화물 냄새에 대해 논의하게 되는데, 이런 냄새에서 우리는 가이아의 역할을 새삼스레 깨닫게 된다. 20여 년 전에는 이런 생각이 오늘날 전 세계 수백 명의 과학자들의 관심거리로 확대되게 될 줄은 꿈에도 생각하지 못했다. 내가 한적한 아일랜드의 해변을 거닐면서 떠올리던 이런 생각들이 그처럼 중요한 연구 분야로 부각될 줄이야. 하지만 이제 과학자들은 해양에서의 해조류 성장과 지구의 기후변화와의 관계를 연구하고 있다. 그들은 해조류들이 방출하는 기체들의 양을 측정한다. 그들은 이 기체가 대기 중에서 산소와 결합해서 바로 구름을 만드는 씨앗 구실을 하게 된다는 사실에 주목하고 있다. 그들은 이런 현상이 범지구적 기후변화에 어떻게 영향을 미치는지를 연구하고 있으며, 또 역으로 기후변화가 해조류의 성장에 어떻게 피드백 작용을 하고 있는지에 대해서도 관심을 갖고 있다. 하지만 이런 연구들은 아직 초기 단계에 있으며, 따라서 여러 다양한 주장들이 난무하는가 하면 열정적인 검토가 진행되고 있기도 하다.

말파리라는 놈은 우리들과 마찬가지로 자연계의 한 부분을 구성하고 있는 것은 틀림없지만 여름철 캐나다의 숲속을 거니는 사람에게는 한없이 귀찮기만 한 존재이기도 하다. 그런데 과학자들 중에도 바로 이런 사람들이 있는데, 그들은 잘못 설정된 거대한 가설에 의존해서 다른 사람들의 피를 빨아먹는 것으로 자신들의 연구 업적을 관리하는 이들이다. 하지만 그런 존재들도 가설과 이론의 자연선택을 위해서는 필요할지도 모르겠다. 만약 그런 말파리 같은 사람들이 없었더라면 유리병 속에 꾸며진 초소형 생태계를 생물권이라고 고집한다든지, 저온 핵융합이 가능하다든지 하는 터무니없는 생각들이 마구잡이로 등장할 테니까 말이다. 가이아 이론도 처음에는 단순히 막연한 사변에서 비롯되었지만 이런 사람들의 갖가지 비난과 비판 속에서 점점 더 과학적으로 납득될 수 있는 이론으로 발전하게 되었다. 이런 점에서 나는 그런 비판자들에게도 감사하는 바이다.

과학적 이론이 발전하는 과정의 그 다음 단계에서는 그 이론의 실질적인 발견자들 이외에는 그 어떤 다른 사람도 그 이론의 전모를 파악하기 어려운 상황을 맞게 된다. 이런 과정에서 자신들이 이해하지 못하는 과학의 한 부분이라고 해서 가이아 이론을 경멸하는 그런 인문주의적 비방자들의 말에 주의를 기울일 필요는 없으리라. 과학이란 본질적으로 해로운 것이며 사이비적인 것이라는 그들의 주장은 일고할 가치도 없기 때문이다. 모름지기 과학은 놀라울 정도로 탁월한 자정능력을 지니고 있고, 그 속에서 잘못된 이론은 언제든지 그 생명력을 다하는 법이 아니던가.

이 책 초판에는 이러한 내 생각의 일부가 다음과 같이 담겨져 있다. 지구를 일컬어 '대지'라고 부르거나 또는 고대 그리스인들이 '가이아'라고 지칭하는 일은 역사적으로 오랫동안 있어 왔으며, 현재도 여러 종교에서 이런 관념을 포용하고 있다. 최근에 이르러 자연환경에 대한 여러 가지 증거들이 축적되고 특히 생태학(ecology)이 크게 발전하고 있는데, 이런 분야의 발전은 자연스럽게 생물권이라는 존재가 살아 있는 모든 생물들의 단순한 서식처 이상의 의미를 지닌다는 생각을 불러일으키게 되었다. 우주인들이 자신들의 눈으로 직접 확인하고 우리가 텔레비전을 통해서 볼 수 있었듯이 깊은 어둠 속에서 찬란하게 빛나는 행성 지구의 찬연한 아름다움을 접하게 되면서 자연스럽게 정서적 경외심을 품게 된바, 이것은 고대의 종교적 신념과 현대의 과학적 지식이 절묘하게 융합하는 데에서 비롯되었다고 할 수 있다. 그렇지만 그것이 제아무리 강력하다고 해도 이런 경외심만으로 대지가 살아 있는 존재라는 것이 증명될 수 없는 법이다. 그것은 마치 종교적 신념과도 같아서 과학적으로는 실험이 불가능하고, 따라서 더 이상 이성적인 추구가 불가능한 것이리라.

지구가 스스로 기후와 그 구성 성분들을 조절함으로써 살아 있는 모든 생물들에게 적합한 환경 조건을 유지시키는 존재라는 생각, 즉 일종의 살아 있는 생명체로 간주될 수 있다는 생각은 사실상 가장 과학적인 환경 속에서 처음 얻어졌다. 그 생각은 내가 캘리포니아의 제트추진연구소(JPL)에서 일하던 1965년 어느 날 오후 갑자기 떠올랐다. 그것은 그곳에서의 내 일이 외계에서 지구 대기권을 내려다보는 것, 즉 톱-다운 방식의 연구였기에 가능했다. 그 관찰은 우리가 숨 쉬고 있는 공기의 성분을 연구하는 것으로 사실상 이제까지 누구도 캐묻지 않았던 의문이었다. 우리는 실제 생명의 유지를 위해 잠시도 쉬지 않고 호흡하고 있지만 정작 그 공기의 실체에 대해서는 마치 당연히 그런 것처럼 아무런 의문도 품지 않는다. 우리는 아침이면 해가 떠서 저녁에는 지는 것처럼 그렇게 당연하게 공기의 조성도 항상 일정하게 유지될 것으로 여기고 있다. 공기는 눈으로 볼 수 없고 손으로 잡을 수도 없지만 외계에서 내려다볼 때에는 무언가 다른, 전혀 새로운 존재로 느껴진다. 그것은 그것을 통해서 세상을 내려다볼 수 있는 채색된 유리창이라고 할 수 있지만, 그와 동시에 그 속에는 불에 타기 쉬운 불안정한 기체들이 기묘한 구성비로 혼합되어 있다. 기이하게도 공기 중에는 그런 성분들이 항상 일정한 농도로 유지되고 있는 것이다. 그렇다면 무엇인가 그것들의 농도를 항상 일정하게 유지하도록 조절하고 있는 것이 아니겠는가? 그날 오후 내게 갑자기 떠오른 영감은 지구의 생물들이 그런 조절에 어떤 형식으로든 관여하고 있을 것이라는 생각, 바로 그것이었다.

가이아 탐구는 이제 거의 35년의 성상을 헤아리게 된바, 그동안 천문학(astronomy)에서 동물학(zoology)에 이르기까지 참으로 다양한 과학 분야들에서 연구가 이루어졌다. 이런 연구 여정은 참으로 새로운 것이었다. 비록 각 과학 분과들에서 영역을 고수하고자 하는 시기심 많은 교수들이 경계심을 늦추지 않았지만 말이다. 그런가 하면 나는 그 분과들을 넘나들 때마다 각 분과의 고유한 전문용어들을 배워야만 했다. 일반적인 관례로 본다면 이런 식의 학문적 대탐사는 엄청난 경비가 소요될 뿐만 아니라 새로운 지식을 창출하는 데에도 별로 효과적이지 못한 것이 보통이다. 그러나 마치 전쟁 당사국들 사이에서도 무역이 진행되는 경우가 있는 것처럼, 만약 한 화학자가 진정으로 다른 학자들과 교환할 수 있는 그 무엇인가를 갖는다면 그는 기상학이나 생리학 같은 소원한 학문 분야에도 감히 뛰어들 수 있는 법이다. 여기에서 말하는 그 무엇이라는 것은 으레 어떤 물건이나 가시적인 기술을 의미하는데, 나는 이점에 있어서 무척이나 운이 좋았다. 나는 한때 마틴(A. J. P. Martin)과 함께 일한 적이 있었는데, 그는 여러 가지를 발명했지만 특히 가스 크로마토그래피(gas chromatography: 용어해설 참조)의 분석 기술을 개발하는 데 지대한 공헌을 한 바 있다.

나는 그와 함께 일하는 동안 몇 가지 장치를 발명하여 가스 크로마토그래피의 성능을 크게 향상시킬 수 있었다. 그 가운데 하나로 소위 전자포획검출기(electron capture detector)를 들 수 있는데, 이것은 극히 미량의 화학물질을 감별해내는 데 특히 놀라운 성능을 발휘하는 장치였다. 이 장치를 가스 크로마토그래피에 부착시킴으로써 우리는 비로소 남극의 펭귄에서부터 미국 여성의 모유에서까지 농약 잔유물을 검출할 수 있게 되었으며, 그 결과 농약이 지구 구석구석의 모든 생물들에 축적되어 있다는 사실을 밝힐 수 있게 되었다. 카슨이 그녀의 명저 『침묵의 봄(Silent Spring)』을 쓸 수 있는 계기가 되었던 것도 바로 이 장치의 발명에서 비롯됐다고 할 수 있다. 이 장치 덕분에 그녀는 각종 유독성 화학물질들이 생물권의 모든 생물들을 위협하고 있다는 사실을 밝힐 수 있었던 것이다.

또한 전자포획검출기는 농약 이외에도 다른 유독성 화학물질들이 미량이지만 역시 존재해서는 안 될 장소에 존재하고 있다는 사실을 밝혀주었다. 이런 유독성 화학물질에는 도시 스모그의 주범으로 알려진 PAN(peroxyacetyl nitrate)과 문명에서 멀리 떨어진 자연 속에서도 발견되는 PCB(polychlorobiphenyls) 등이 있다. 이 밖에도 성층권의 오존층을 감소시키는 원인 물질로 알려진 염화불화탄소류(chlorofluoro carbons)와 아산화질소(nitrous oxide)가 포함된다.

전자포획검출기는 교환가치가 높은 상품으로서 나로 하여금 여러 학문 영역을 넘나들면서 가이아를 탐구할 수 있게 해주었다. 그뿐만 아니라 이로 인해 지구의 방방곡곡을 여행할 수 있는 자유도 누리게 되었다. 그렇지만 '무역상인'으로서의 내 역할이 이런 여행을 가능하게 했다고는 해도 그것이 결코 쉬운 일은 아니었다. 지난 30여 년 동안은 생명과학 분야에 있어서는 가히 혼란의 시기였다고 할 수 있는데, 특히 정치에 동원될 수 있는 부문들에서는 더욱 그러했다.

카슨이 『침묵의 봄』을 발간하여 유독성 화학물질을 대량으로 사용하게 될 경우의 위험을 사람들에게 처음 경고했을 때 그녀가 택했던 저술 방법은 과학자의 주장이 아니라 차라리 대중 선동에 가까운 것이었다. 다시 말해 카슨은 자신의 주장을 뒷받침하기 위한 자료들을 취사선택했던 것이다. 그런데 그녀의 책으로 인해 졸지에 비난의 대상이 된 화학공업계는 그녀의 논리에 반박하기 위해 마찬가지로 과학적 증거들을 선택적으로 취합했다. 이런 식의 공방전은 일반 대중에게 커다란 영향을 미칠 수 있는 문제들에 대해 어느 정도 정당한 평가를 내릴 수 있게 하는 길잡이가 될 수 있으므로 그리 나쁜 것은 아니다. 필경 이런 예는 과학적 논쟁의 방식으로도 양해될 수 있는 것이리라. 그러나 이로 인해 하나의 전형이 확립되고 말았다. 이 사건 이후 환경에 관련된 과학적 논쟁이나 증거의 대부분은 마치 법정이나 일반 청문회에 제출되어야 하는 것처럼 발표되었던 것이다. 나는 비록 이런 일이 민주주의를 실행하는 한 과정으로서는 바람직할 수 있겠지만 과학의 입장에서는 별로 달갑지 않은 일이라는 점을 지적하지 않을 수 없다. 진실이란 전쟁터에서는 언제나 실종되기 마련인 것이다. 마찬가지로 법정에 제출된 문제에 대하여 증거로 채택되는 경우에는 과학적 증거라고 해도 진실을 오도하기가 십상인 것이다.

이 책의 1~6장은 사회적으로 크게 논쟁을 야기치 않을 내용으로 꾸며져 있다. 적어도 아직은 그렇다. 그렇지만 마지막 세 장은 가이아와 인류에 관련된 것으로 강력한 세력들의 이해가 상충하는 내용이라는 점을 나는 잘 알고 있다. 그렇지만 하벨 대통령의 감동적인 연설과 크리스핀 티켈 경(Sir Crispin Tickell: 영국 켄트대학의 이사장이자 저명한 과학계 인사로 환경보전에 앞장서고 있다 - 옮긴이), 조너선 포리트 등 여러 세계적 지도자들의 지속적인 격려는 나로 하여금 가이아가 과학의 영역을 훨씬 넘어서는 존재라는 점을 깨닫게 하곤 한다.

나는 우리가 단지 인류를 위해 어떤 행동을 해야 한다는 식의 경고로는 충분치 않다고 믿어 마지않는다. 내가 26년 전 처음 이 책을 쓰기 시작했을 때에는 향후 미래가 밝아 보였다. 비록 우리가 인간사회와 주변 환경에 관해 적지 않은 문제점을 가지고 있는 듯 보였지만 그런 것들은 모두 과학적인 해법으로 해결될 수 있을 것처럼 보였다. 하지만 이제 그런 전망은 대체로 반신반의적이다. 이런 전망에는 우리가 과거 수백만 년 동안 지구 스스로가 변화했던 것보다 훨씬 더 빠르게 대기권과 지표면을 변화시키고 있다는 점이 포함된다. 이런 변화는 지금도 여전히 진행 중에 있으며 인구가 늘어가면서 점점 더 가속화되고 있다. 불길하게도 남극 상공의 오존층 구멍이 점점 더 커지고 있는바 이런 점이 무엇보다도 더 분명한 징조라고 하겠다.

대부분의 정치가들은 우리에게 필요한 것은 경제 성장과 교역 증대이며 환경문제는 기술적으로 해결될 수 있을 것으로 믿고 있다. 이런 사람들의 일반적인 낙관론은 내게 2차 세계대전 직전의 런던 상황을 떠올리게 한다. 그 당시 나는 독일군의 공습을 피하기 위한 어느 한 방공호 속 공기의 적합성 여부를 평가하는 일에 종사했다. 그 방공호는 템스강을 따라 진흙탕 속에 조성된 하수관 시설이었다. 그런데 황당하게도 나는 좀도둑들이 그 폐기된 하수관의 접속 철판 부분에 조여진 볼트를 풀어 훔친 사실을 알게 되었다. 만약 그 풀어진 이음매 사이로 강물이 침범하게 된다면 순식간에 온 관 안이 물바다가 될 판이었다. 하지만 그 하수관을 방공호로 이용하는 지역 주민들은 자신들이 진흙탕에 묻혀버릴 수도 있다는 위험 가능성에 전혀 개의치 않는 듯했다. 그들은 공습 경보와 폭탄의 폭발음에 더 놀라는 것처럼 보였지만 내게는 그 방공호 속이 훨씬 더 위험해 보였다. 어떤 점에서는 현재의 우리도 역시 그 방공호 속의 런던 시민들과 마찬가지라고 할 수 있다. 여전히 하수관의 이음매 볼트를 빼내어 팔아먹고 있으면서도 지금 당장 아무런 일도 발생하지 않는 것에 만족하여 정작 우리가 무슨 일을 저지르고 있는지 확인조차 하지 않고 있는 것이다.

나는 이 책의 초판을 쓰고 난 직후 우연히 1958년도 《아메리칸 사이언티스트》라는 잡지에 실려 있는 아서 레드필드(Arthur Redfield)의 논문을 읽게 되었다. 이 논문에서 그는 대기와 해양의 화학적 조성이 생물학적으로 조절된다는 이론을 제시하고 있었다. 그는 대기와 해양의 원소들을 분석한 자료들을 이용하여 자신의 이론을 뒷받침했다. 나는 내가 적절한 시기에 레드필드 교수의 논문을 읽게 된 것에 대하여 진정으로 기쁘게 생각한다. 이제 나는 다른 사람들도 이와 유사한 생각을 가지고 있다는 것을 잘 알고 있는데, 러시아 과학자 블라디미르 베르나츠키(Vladimir Vernadsky)와 G. 에블린 허친슨(G. Evelyn Hutchinson) 등이 포함된다. 나는 내가 제임스 허턴(James Hutton)의 업적을 무시했던 점에 대해 유감의 뜻을 표하고자 하는데, 그는 지질학의 아버지로 불리며 1785년에 지구의 물 순환을 동물 몸속의 혈액 순환과 비교하여 설명한 적이 있었다. '살아 있는 지구(Living Earth)' 또는 '가이아'의 개념은 과거에는 주류 과학계에서 크게 인정받지 못했으며, 그 결과 그 이론의 씨앗은 이미 오래전에 뿌려졌지만 번성은커녕 과학 논문의 산더미 속에 묻힌 신세로 오랫동안 남아 있었던 것이다.

가이아 이론과 같이 광범위한 영역을 다루어야 하는 책에서는 특히 여러 사람들의 조언이 필요하다. 나는 여기에서 내게 자신들의 많은 시간을 할애하며 도움을 주었던 동료 과학자들에게 감사의 뜻을 표하고자 한다. 특히 린 마굴리스(Lynn Margulis)는 나의 가장 오랜 동료로서 항상 조언을 아끼지 않았다. 마인츠대학의 융게 교수와 스톡홀름대학의 볼린 교수에게도 감사한데 이들은 내가 가이아에 관해 책을 쓰도록 처음부터 권유했던 사람들이다. 콜로라도대학 볼더 캠퍼스의 제임스 로지 박사와 셸 연구소(Shell Research Limited: 미국의 거대 석유 회사인 셸이 창립한 공익 연구소 - 옮긴이)의 시드니 엡턴(Sidney Epton), 영국 레딩대학의 피터 펠겟 교수 등도 오랫동안 격려를 아끼지 않았다.

에벌린 프레이저에게도 특히 감사의 뜻을 전하고 싶다. 그녀는 이 책의 초고를 모든 사람들이 쉽게 읽을 수 있도록 정성껏 다듬어주었다. 그리고 내 전처 헬렌 러브록에게도 빚을 지고 있음을 밝힌다. 그녀는 이 책의 원고를 타자해주었을 뿐만 아니라 내가 책을 잘 쓸 수 있도록 주위 환경을 조성해주었다. 그리고 마지막으로 70살부터의 삶에 함께해준 내 두 번째 아내 샌디 러브록에게도 감사의 말을 전한다. 그녀는 이 책을 읽고 여러 가지 조언을 해주었으며 그 덕분에 이 책 또한 세상에 나올 수 있었다.

독자 여러분이 보다 풍부한 정보를 스스로 찾아볼 수 있도록 이 책 부록에 주요 참고 문헌들을 정리해 놓았다. 또한 이 책에 나오는 주요 용어들과 측정 단위들에 대한 해설도 이해를 돕고자 별도로 정리해 놓았다.

1
서론

내가 이 글을 쓰고 있는 지금 두 대의 바이킹호 우주선이 지구로부터의 착륙 명령을 기다리면서 우리의 자매 혹성 화성의 주위를 맴돌고 있다. 우주선들의 임무는 화성에 현존하거나 과거 한때 존재했던 생물들 또는 그 흔적을 찾는 것이다. 이 책 역시 지구 생물의 탐구에 관한 것인바, '가이아'를 찾는 노력은 곧 지구상에 생존하는 가장 커다란 생물체를 발견하려는 시도라 할 수 있다. 이제부터 시작하는 우리들의 여행은 공기라는 투명한 상자 아래쪽의 지구 표면에서 번성하고 있는, 곧 생물권을 구성하고 무한의 다양성을 지닌 생물들에 대하여 깊이 탐구하는 과정이라 할 수 있다. 만약 행성 지구를 생물들의 안락한 서식처로 유지하는 능력을 가진 가이아가 존재한다면, 우리는 우리 자신과 다른 모든 생물들이 서로의 동반자이자 그 거대한 존재의 일부라는 사실을 깨닫게 될 것이다.

가이아에 대한 탐구는 1960년대 중반 미국항공우주국이 화성의 생물을 찾는 최초의 시도를 수행할 때 비롯되었다. 그러므로 이 책의 시작을 바이킹호 우주선의 환상적인 화성탐사를 살펴보는 것에서부터 시작하는 것은 매우 적절한 일이 될 것이다.

1960년대 초엽 나는 미국 캘리포니아주 패서디나에 있는 캘리포니아 공과대학(California Institute of Technology) 부속 제트추진연구소

(JPL : Jet Propulsion Laboratories)를 자주 방문하곤 했다. 그때 나는 매우 탁월한 우주생물학자였던 노먼 호로비츠(Norman Horowitz)가 한때 이끈 적이 있는 한 연구팀의 자문을 맡고 있었는데, 그 연구팀의 목표는 화성과 다른 행성들에서 생물체를 탐지할 수 있는 방법을 개발하는 것이었다. 내게 주어진 임무는 각종 계측기들의 설계에 관해 비교적 간단한 문제들에 의견을 제공하는 것이었지만, 나는 어린 시절에 읽은 쥘 베른이나 올라프 스테이플던(Olaf Stapledon : 영국의 철학자이자 SF작가로 『최후 인류가 최초 인류에게』를 발표하여 명성을 떨쳤으며, 이외에도 『오드 존』 『별의 창조자』 등이 있다 - 옮긴이)의 작품들에 열광했던 경험으로 화성탐험 계획에 조언할 수 있게 되었다는 점에서 우선 기쁘지 않을 수 없었다.

그 당시 화성에 존재하는 생물체의 증거는 지구에 존재하는 생물체의 증거와 거의 같을 것이라는 가정에 근거하여 모든 실험 계획을 작성했다. 따라서 연구팀 사람들은 화성의 토양을 채취하여 그것이 박테리아, 곰팡이 또는 미생물들이 살아 있기에 적합한 조건을 갖고 있는지를 판정할 수 있는, 사실상 '자동화된 미생물 실험실'이라고 부를 수 있는 일련의 실험장치들을 화성으로 보내는 것을 목표로 했다. 이에 부수되는 토양 분석장치들은 살아 있는 생물체의 존재 여부를 밝힐 수 있는 화학물질들을 판별할 수 있도록 고안된 것이었다. 이런 화학물질에는 단백질과 아미노산들이 포함되는데, 특히 이 유기물들 중에는 편광(polarized light)을 쬐었을 때 왼쪽으로 굴절되는 광학적 활성 물질(optically active substances)도 포함된다.

그런데 약 1년여가 지나자 아마도 내가 그들의 일에 직접 관여한 것이 아니었기 때문이겠지만, 나는 그 매혹적인 문제에 열중하면서 가졌던 처음의 도취감이 점차 사그라지는 것을 느꼈다. 대신 나는 보다 실제적인 문제들에 관심을 갖게 되었다. '만약 화성에 생물이 살고 있다고 해도 우리가 어떻게 지구의 생물들이 사는 환경에 근거한 실험을 통해서 그들의 존재를 확인할 수 있을까?' 또 이보다 더 어려운 문제로 '그렇다면 생명이란 도대체 무엇일까?' 그리고 '그것은 어떻게 인식될 수 있을까?' 하는 질문들이 쏟아졌던 것이다.

그 당시 제트추진연구소의 친구들은 나의 이런 의구심을 냉소적 환멸로 오해하면서 "그러면 도대체 당신은 무엇을 어떻게 하려는 것입니까?"라고 되묻곤 했다. 그럴 때마다 나는 "글쎄요, 엔트로피(entropy)의 감소나 조사해볼까 합니다. 그것은 모든 형태의 생물들에 있어서 공통된 특징이니까요"라고 자신 없이 대답했다. 나는 이런 대답이 지극히 비실용적이며 기껏해야 평범한 궤변에 불과하다는 것을 모르지 않았다. 왜냐하면 엔트로피의 개념만큼 잘못 이해되고 잘못 사용되는 물리학적 개념은 거의 없을 정도이니까.

엔트로피는 거의 무질서라는 단어와 비슷한 의미로 쓰인다. 엔트로피는 시스템이 갖는 열에너지의 소산율(rate of dissipation)을 나타내는 척도이며 수학적 방법으로 명확하게 표현될 수 있다. 엔트로피는 이미 여러 세대에 걸쳐 한창 배우고자 하는 학생들과 많은 사람들에게는 쇠락과 파멸의 의미로 받아들여져 왔다. 열역학 제2법칙 — 이 법칙은 모든 에너지는 열로 치환되어서 궁극적으로 균등하게 분포되기 때문에 더 이상 유용한 일의 수행을 위해서는 사용될 수 없다는 것을 의미한다 — 에서는 엔트로피의 의미가 곧 이 우주(Universe)의 예정된, 피할 수 없는 몰락과 죽음을 지칭하기 때문이었다.

확신이 없었던 내 처음 제안은 그 후 곧 흐지부지되고 말았지만,

엔트로피의 감소 또는 그 역전을 생명의 징표로 간주하려는 생각은 오랫동안 내 마음속에 깊이 자리잡았다. 이 생각은 그 후 점점 더 자라나서 여러 동료들 — 디언 히치콕(Dian Hitchcock), 시드니 엡턴, 피터 시먼즈(Peter Simmonds), 특히 린 마굴리스 — 의 도움으로 마침내 열매를 맺게 되었는데, 그 결과 이것을 발전시킨 가설이 곧 이 책의 주제이다.

제트추진연구소 방문 이후 영국 윌트셔의 조용한 전원에 위치한 집으로 돌아올 때면 나는 오랫동안 과연 생물의 진정한 특징은 무엇이며 또 어떻게 우리는 그것의 존재를 장소와 형태에 구애받지 않고 인식할 수 있을까 하는 문제에 깊이 빠져 있었고 이와 관련된 책들도 많이 읽었다. 나는 여러 과학 관련 책들을 읽으면서 그것들 중에서 생물의 정의가 물리적 과정으로 명확하게 표현된 책을 발견할 수 있기를 기대했다. 나는 만약 그런 물리적 과정이 존재한다면 우리가 그것을 근거로 생명체 인식 실험을 고안할 수 있으리라고 생각했다. 그러나 나는 생물의 본질에 대하여 쓴 책이 생각보다 너무나 적다는 사실에 크게 놀라지 않을 수 없었다. 그 당시에는 요즘 사람들이 생태학에 대하여 갖는 관심이나 시스템 분석(system analysis)의 기법을 생물학에 적용하려는 시도가 거의 없었으며, 생명과학(life science)을 논하는 강의실의 분위기도 그리 밝은 편은 아니었다. 생물들에 대한 자료들이 아주 사소한 것에서부터 매우 중요한 것에 이르기까지 엄청나게 축적되어 있기는 했지만 대체로 사실 위주의 백과사전식 기록이 주로 있었을 뿐 생물 그 자체, 즉 생물질의 실체에 대해서는 거의 찾아볼 수 없었다. 그 당시의 문헌들은 기껏해야 전문가들의 연구보고서를 취합해 놓은 것에 불과했다. 예를 들면, 그것들은 다른 세계에서

온 과학자들이 텔레비전 수상기를 가져다가 조사하여 작성한 보고서들에 비견될 수 있었다. 아마 화학자들은 그것이 나무와 유리와 금속으로 만들어졌다고 하고, 물리학자들은 그것이 열과 빛을 발산한다고 주장하며, 또 공학자들은 그것의 아래에 달린 고무바퀴가 너무 작아서 자칫 잘못 놓인다면 평탄한 바닥 위에서 미끄러질 수 있다고 말할 것이다. 그러나 어느 누구도 진정 그것이 무엇인지는 말하지 못하리라.

그런데 마치 피상적 음모로까지 생각되는 이 같은 생명의 본질에 대한 침묵은, 과학이 여러 학문 분과로 나눠지면서 각 분야의 전문가들이 다른 분야의 누군가가 그런 일을 할 것으로 막연히 기대하고만 있다는 것에서 부분적으로 그 이유를 찾을 수 있을 것이다. 어떤 생물학자들은 모든 생물학적 과정이 궁극적으로 물리학이나 사이버네틱스(cybernetics)의 수학적 정리(theorem)로 적절히 표현될 수 있을 것이라고 믿고 있으며, 어떤 물리학자들은 분자생물학상의 수준 높은 저작물들이 생명의 본질을 사실적으로 잘 기술하여 언젠가는 그 자신이 그것들을 읽어낼 수 있을 것이라고 믿고 있다.

그러나 이 주제에 대하여 우리가 그토록 폐쇄적이게 된 가장 큰 이유는 우리가 물려받은 본능 속에서 매우 민첩하고 고도로 발달된 생물 감지 프로그램이 이미 포함되어 있기 때문이다. 컴퓨터공학적으로 설명하면 우리는 롬(ROM, 읽기 전용 메모리)을 우리의 두뇌 속에 이미 내장하고 있는 셈이다. 동물이든 식물이든 우리가 생물체를 생물체로서 인식하는 것은 즉각적이고 자동적인 현상이라고 할 수 있는데, 이 능력은 동물 세계의 모든 구성원들도 똑같이 갖고 있다고 할 수 있다. 이런 강력하고 효과적인, 그러나 무의식적인 생물체 인식의 과정이 동물의 생존인자(survival factor)로서 본래적으로 진화의 산물이라는 점에는 의문의 여지가 없을 것이다. 살아 있는 모든 존재에게 자신의 먹이가 되거나 자신에게 유해하거나 우호적이거나 공격적이거나 또는 잠재적인 배우자가 될 수 있거나를 막론하고 그 모든 상대방의 존재를 인식하는 것이 자신의 복지와 삶의 연장을 위해서 매우 중요한 의미를 갖는다. 그러나 이런 판단 기능을 갖는 자동 인식 시스템은, 우리가 생물 그 자체를 정의하려고 하는 의식적인 사고를 마비시키는 역할을 하기도 한다. 그런데 우리는 왜 우리들 속에 이미 내장된 프로그램의 덕택으로 분명하고 명시하는 데 아무런 실수도 하지 않는 것을 꼭 정의해야만 하는 것일까? 아마도 그 인식 시스템은 비행기의 무인조종장치처럼 아무런 의식적 이해 없이 작동하는 자동적 과정일 터인데 말이다. 하지만 적어도 그 이유 때문이라도 우리는 이를 탐구해야만 하는 것은 아닐까?

요즘 각광받고 있는 사이버네틱스 학문은 물탱크와 같은 밸브의 작동에 의해 조절되는 아주 단순한 장치에서부터 우리 눈이 이 책을 읽을 때처럼 피사체를 매순간 포착 분석하는 매우 복잡한 시각 조절 시스템에 이르기까지 모든 종류의 시스템 동작 방식을 연구한다. 그러나 이 사이버네틱스조차도 생명의 본질에 대해서는 과감히 접근하지 못하고 있다. 사실상 인공지능에 대한 연구라고 할 수 있는 사이버네틱스에 관해서는 이미 책으로 소개되고 논의된 바도 적지 않다. 그렇지만 사이버네틱스의 관점에서 생물을 정의하는 작업은 좀처럼 논의된 바 없으며 알려진 바도 아직은 별로 없다.

근래에 이르러 몇몇 물리학자들은 생물 — 생명(life) — 을 정의하려고 꾸준히 노력해왔다. 버널(Bernal), 슈뢰딩거(Schrödinger), 위그너(Wigner) 등은 모두 비슷한 결론을 내렸는데, 그것은 생물이란 개방적인 또는 연속성의 시스템으로서 외부 환경으로부터 취한 자유에너지와 물질을 사용하고, 더불어 이의 분해 산물을 체외로 배출시킴으로써 자신의 내부 엔트로피를 감소시킬 수 있는 기능을 갖는 구성원이라는 것이다. 그런데 이런 정의는 이해하기도 어려울 뿐 아니라 너무도 일반적이어서 생물을 인식하고자 하는 실제적 문제에 적용하기에는 아무래도 무리가 따른다. 이런 정의를 다시 정리한 또 다른 한 해석은, 생물이란 충분한 에너지의 흐름이 있을 때에는 언제나 포착될 수 있는, 그런 과정의 한 가지라는 것이다. 생물은 에너지를 소모함으로써 자신의 형태를 구성하고 변형시키려고 하는 경향을 갖는 존재라고 그 특징을 기술할 수 있으리라. 그러나 그렇게 함으로써 생물은 자신의 외부로 저에너지의 부산물을 배출시킨다는 점을 잊어서는 안 될 것이다.

그런데 우리는 이런 정의가 생물뿐만 아니라 흐르는 물에서 생기는 소용돌이, 허리케인, 타오르는 불길, 심지어는 냉장고나 기타 공장에서 생산되는 여러 장치들에도 똑같이 적용될 수 있다는 것을 알고 있다. 불꽃은 물질이 연소하면서 만드는 특징적 형태를 일컫는데, 이것은 연료의 적절한 공급과 계속적인 공기의 유입을 필요로 한다. 우리는 벽난로의 따스함과 불꽃의 움직임이 폐열과 유독가스의 배출을 그 대가로 한다는 점을 너무도 잘 알고 있다. 엔트로피는 불꽃이 만들어짐으로써 국부적으로는 감소하지만 전체 엔트로피의 양은 연료가 소모되는 동안 꾸준히 증가하게 된다.

위의 예가 다소 광의적이고 막연할 수도 있겠지만, 적어도 이런 방식으로 생물을 인식하는 것이 옳은 방향이라는 것은 분명하다. 또 다른 예로, '공장' 지역과 그 '주변부'와의 사이에는 경계선이 존재한다는 점을 들 수 있다. 공장 지역이란 에너지와 원료 물질의 유입으로 작업이 이루어지고, 따라서 엔트로피가 감소되는 장소이며 그 반대로 공장의 주변부는 폐기되는 부산물이 축적되어 엔트로피가 증가하는 장소이다. 이 예는 생물체에도 비슷한 과정이 진행되기 위해서는 어떤 최소치 이상의 에너지 유입이 필요하다는 점을 시사한다. 19세기의 물리학자 오즈본 레이놀즈(Osborne Reynolds)는 가스나 용액에서 나타나는 흐름의 교란(turbulent eddies)은 그 물질이 국부적 환경 조건에 관련되는 어떤 임계값 이상으로 빠르게 움직일 경우에만 나타날 수 있음을 관찰했다. 그의 이름을 따서 명명된 '레이놀즈 수(Reynolds Number)'는 매질의 성질과 매질 경계면에서의 흐름에 대한 간단한 정보만 알면 쉽게 계산할 수 있다. 마찬가지로 생명이 시작되기 위해서는 에너지 흐름의 양(quantity)뿐만 아니라 질(quality) 또는 그 잠재력이 만족돼야만 한다. 예를 들어, 만약 태양 표면의 온도가 현재처럼 섭씨 5000도가 아닌 섭씨 500도이고, 이에 맞추어 지구가 좀 더 태양 가까이에 위치한다고 하자. 그러면 지구가 태양으로부터 받는 온기의 양에는 큰 변화가 없으며 기후도 현재 지구와 거의 같을 것이다. 그러나 이 경우 지구에는 결코 생명이 탄생할 수 없었을 것이다. 생물체는 화학결합을 끊기에 충분할 만큼의 강력한 잠재 에너지를 필요로 한다. 따라서 충분한 양의 햇빛을 받지 못하면 이런 역할을 충분히 할 수 없게 되는 것이다.

만약 우리가 레이놀즈 수와 같은 무차원(dimensionless)의 척도를 가져 어떤 행성에서 에너지의 상태를 정량화할 수 있다면 그것은 생명의 탐구에 한 걸음 나아간 것이라 할 수 있다. 그러면 어떤 임계값 이상으로 자유에너지의 흐름을 갖는 행성, 즉 지구와 같은 존재에서는 생물체의 탄생을 예언할 수 있으며, 그 반대로 온도가 낮은 외계의 행성들은 임계값 이하에 해당되므로 그곳들에서는 생물이 존재하기 어려울 것이다.

엔트로피 감소에 근거한 보편적인 생명 탐구 실험을 고안하는 작업은 그 당시에는 별로 희망이 없는 것처럼 보였다. 그렇지만 나는 만약 어떤 행성에 생물이 존재한다면 그들은 먹이 물질과 폐기물을 유통시키기 위하여 유체 매질(fluid media) — 바다, 공기 또는 그 모두 — 을 운반 통로로 사용할 것으로 생각했다. 그러므로 생명체 속에서 집중적으로 엔트로피 감소가 진행된다면 그런 과정에 관련된 어떤 활동이 운반 통로의 부분에 영향을 미치고, 그 결과 유체 매질의 화학적 조성을 변화시킬지도 모른다는 데에 내 생각이 미치게 되었다. 만약 그렇다면 생명체를 갖는 행성의 대기는, 생명체가 없는 다른 행성의 것들과는 전혀 다른 조성을 나타내게 될 것이다.

화성에는 바다가 없다. 만약 생물들이 화성에서 자신의 존재를 확립했다면 대기층을 먹이와 폐기물의 운반 통로로 이용했을 것이고 그렇지 않았다면 침체되고 말았을 것이다. 따라서 화성은 대기의 화학분석에 근거한 생명 탐지 실험의 대상으로 안성맞춤인 장소로 여겨졌다. 더구나 이런 실험은 화성의 어느 지점에 착륙하든 관계없이 이루어질 수 있을 것이다. 이제까지 대부분의 생명 탐지 실험은 단지 적합한 목표 장소에서만 효과적으로 진행될 수 있었다. 그런 실험이 지구에서 실시된다고 해도 실험 장소가 남극의 얼음 속이나 사하라 사막의 중앙부 또는 염호(salt lake)의 한가운데라면 생명체가 존재한다는 확실한 증거를 확보하기가 어려웠을 것이다.

생각이 여기까지 미쳤을 즈음 디언 히치콕 박사가 제트추진연구소를 방문했다. 그녀의 임무는 화성에서 생물체를 탐사하려는 시도에 대해 쏟아졌던 많은 제안들에 담겨진 논리와 정보의 타당성 여부를 비교 평가하는 것이었다. 그런데 대기의 조성을 분석하여 생물체의 존재를 탐지한다는 내 생각에 그녀는 관심을 보였고, 그 결과 우리는 공동으로 이 아이디어를 발전시키기로 했다. 먼저 우리는 지구를 모델로 하여 태양 복사열의 정도나 해양의 존재, 지구 표면에서 토양의 질량과 같이 쉽게 수집될 수 있는 정보와 함께 생물체가 존재하려면 대기의 화학적 조성이 어떻게 이루어져야 하는지에 관해 검토를 시작했다.

그런데 우리는 이 연구 결과로부터 다음과 같은 점을 확신할 수 있었다. 즉 다른 어느 행성에서도 존재하기 어려울 것 같은, 유독 지구만이 갖는 독특한 대기 성분의 비밀은, 그것이 다름 아닌 지구의 생물들에 의해 하루하루 착실하게 만들어진다는 사실이었다. 엔트로피의 분명한 감소 — 또는 화학자들이 보통 말하듯 대기 가스들의 영속적 비평형(disequilibrium) 상태 — 는 생물의 활동을 나타내는 명백한 증거가 되는 것이다. 예를 들어, 지구 공기 속에 메탄가스와 산소가 함께 존재하는 현상을 살펴보자. 햇빛을 쬐면 이 두 가스는 화학적으로 반응하여 이산화탄소와 수증기로 바뀌게 된다. 그런데 이런 반응이 일어나는 속도는 매우 빨라서 현재 공기 속에 존재하는 양만큼의 메탄가스를 그대로 유지시키려 한다면 매년 적어도 5억 톤 정도의 메탄가스가 대기 중으로 유입돼야만 한다. 더구나 메탄가스를 산화시키는 데 필요한 산소가 소모되는 메커니즘이 여러 가지 있을 수 있기 때문에 산소는 메탄가스의 양보다 적어도 두 배가 더 필요하게 된다. 그런데 무생물적으로 이 두 기체가 생성된다고 하면 그것만으로는 현재 대기 중에 존재하는 양의 100분의 1도 설명하지 못하게 된다.

이와 같은 비교적 간단한 실험은 지구에 생물이 존재한다는 것을 확신시켜 주는 분명한 증거일 뿐 아니라 저 멀리 화성에서도 일단 적외선 망원경을 설치하기만 한다면 생명체의 존재 여부를 쉽게 포착할 수 있게 해준다. 이와 마찬가지의 설명들이 대기 중의 다른 기체들, 특히 전반적으로 대기 조성을 결정짓는 반응성 기체(reactive gas)들의 존재를 설명하는 데 적용될 수 있다. 아산화질소와 암모니아의 현존은 산화성 대기 중에 메탄가스가 존재하는 것처럼 이례적이라 할 수 있다. 심지어 대기 중에 풍부히 나타나는 질소도 예외라고 할 수 있는데, 그 이유는 지구가 장엄한 규모의 해양을 보유함으로 인해 모든 질소 원소들이 보다 화학적으로 안정된 질산염 이온(nitrate ion)의 형태로 대양에 용해되어 있어야만 한다고 여겨지기 때문이다.

그런데 이런 우리들의 발견과 결론은 1960년대 중엽 과학계에 널리 퍼져 있던 전통적인 지구화학적 관념들에 비추어본다면 크게 상궤를 벗어난 것이라고 할 수 있었다. 극소수의 예외적인 학자들, 특히 윌리엄 루비(William Rubey), G. 에블린 허친슨, 데이비드 베이츠(David Bates), 마르셀 니콜레(Marcel Nicolet) 등을 제외한 대부분의 지구화학자들은 대기를 지구 형성 과정의 최종 산물로 간주했으며, 그 이후 진행된 무생물적 작용에 의해 현재 상태의 대기가 만들어졌다고 주장했다. 예를 들어, 그들은 산소는 단순히 원시 지구 상태에서 수증기 입자가 파괴되면서 만들어졌으며, 이때 가벼운 수소는 우주 속으로 탈출하고 여분의 산소만 뒤에 남겨진 것이라고 생각했다. 그들은 생물이 단지 대기로부터 기체들을 잠시 빌렸다가 다시 되돌려주는 것뿐이라고 믿었다. 그러나 우리는 이와는 대조적으로 대기권을 생물권의 역동적인 연장체로 생각했다. 당시에는 이런 혁신적인 개념을 발표할 수 있는 학술지를 발견하기가 쉽지 않았다. 우리는 몇 번씩이나 게재 거부 통보를 받은 후 마침내 한 편집자를 알게 되었는데, 그가 바로 칼 세이건(Carl Sagan)으로 그가 발간하는 잡지《이카루스(Icarus)》에 간신히 우리 논문을 실을 수 있었다.

그럼에도 불구하고 생명 탐지 목적에서만 생각한다면 대기권의 성분 분석은 굉장히 성공적인 실험으로 생각되었다. 당시에 우리는 이미 화성의 대기권에 대해 많은 사실을 알고 있었는데, 그곳의 대기가 대부분 이산화탄소로 구성되어 있고, 지구의 대기 중에서 발견되는 그런 기이한 화학적 특이성을 나타내는 징표는 아무것도 없다는 사실도 잘 인식하고 있었다. 하지만 화성에는 생물이 존재하지 않을 것이라는 우리의 시사점이 외계 생명체를 연구하는 책임자들에게는 아마도 반갑지 않은 뉴스였을 것이다. 설상가상으로 1965년 9월 미국 의회는 처음의 화성 탐사 계획을 포기하고 대신 보이저(Voyager) 계획(목성, 토성, 천왕성, 해왕성 등 태양계의 외곽에 위치한 거대한 목성형 행성을 탐사하기 위한 계획 - 옮긴이)을 추진하기로 결정했다. 그 이후 수년 동안 다른 행성들에서 생명의 존재를 탐지하려는 우리의 노력은 그다지 큰 성과를 내지 못했다.

우주 탐사는 현실에 너무 치중하여 실패하기 쉬운 다른 많은 연구들보다 훨씬 돈이 적게 드는 연구임에도 불구하고 연구비를 책정하는 사람들의 입장에서는 언제나 손쉽게 자를 수 있는 희생물에 불과했다. 그런가 하면 우주과학에 남다른 관심을 보이는 사람들도 그것이 이룩한 사소한 공학적 성취에 너무나 열광한 나머지 그 부산물이라 할 수 있는 음식물이 달라붙지 않는 프라이팬이나 완벽한 볼베어링의 개발 정도를 강조하는 것이 보통인데 이는 참으로 유감스런 일이다. 그러나 우주 탐사의 가장 큰 부산물은 그런 새로운 기술의 진보가 아니다. 그것의 진정한 성과는 인류 역사상 처음으로 외계로부터 지구를 바라볼 수 있는 기회를 줌으로써 우리로 하여금 외계에서 청록색의 아름다운 구체를 주시하면서 전혀 새로운 종류의 질문과 해답을 갖게 해주었다는 점이다. 마찬가지로 화성에서의 생물 존재 여부에 대한 우리의 관심은 우리로 하여금 지구의 생물에 대해 새로운 시각을 갖게 했으며, 그 결과 우리는 지구와 지구가 갖는 생물권과의 관계에 대한 태곳적 관념을 새롭게 변화시킬 수 있는 계기를 얻게 되었다.

그런데 매우 다행스럽게도 이런 우주 개발 프로그램의 기본 계획이 셸 연구소의 관심사와 거의 맞아떨어졌다. 셸 연구소는 당시 화석연료의 사용 증가에 따른 대기오염의 심화가 전 지구적으로 어떤 영향을 미치는지를 연구하고 있었는데, 마침 이곳에서 내 경험을 필요로 했다. 이때가 바로 1966년으로 '지구의 벗'(Friends of the Earth: 미국에서 설립된 선도적인 환경운동 단체 - 옮긴이)이나 이와 비슷한 단체들이 생겨나기 3년 전이었으며, 아직 환경오염의 문제가 일반 대중의 마음속에 자리 잡기 이전이었다.

마치 자유분방한 예술가들처럼 독립적인 과학자들도 재정적 후원자를 필요로 하지만 그렇다고 그들과 종속적인 관계를 맺으려고 하지는 않는다. 이들에게는 사고(思考)의 자유가 필수적이기 때문이다. 이런 점은 사실상 논의할 필요조차 없는 것이지만 오늘날 지성인을 자처하는 많은 사람들은 다국적기업이 후원하는 연구는 모두가 다 어떤 저의를 바탕에 깔고 있다는 믿음을 강요받고 있다. 어떤 사람들은 공산권 국가의 연구소에서 진행되는 연구는 모두 마르크스 이론의 굴레에서 벗어나지 못했으므로 이를 배척해야 마땅하다고 생각하는데, 이런 견해도 앞의 생각과 유사한 것이라고 하겠다. 이 책에 표현된 내 견해와 의견들은 어찌할 수 없이 내가 살고 있는 서구 사회, 특히 우리 사회의 수많은 동료 과학자들로부터 영향을 받았다고 할 수 있다. 그렇지만 내가 생각하는 한, 내게 가해진 유일한 영향력은 바로 이런 가벼운 사회적 압력이었으며 기타 이익집단의 압력은 전혀 없었다.

내가 범지구적인 대기오염 문제에 관여하게 된 것과 이전에 대기권 분석을 통한 생명체 탐사 연구에 몸담아왔다는 것 사이에는 물론 어느 정도 관련성이 있다. 바로 대기권이 생물권의 연장이라는 점에서 그러하다. 내 생각으로는, 대기오염의 귀결을 이해하려는 연구에 있어서 만약 우리가 생물권의 반응 또는 그의 적응성을 간과한다면 그 어떤 노력도 미진할 것이며, 아마도 불완전한 연구로 끝나게 될 것이다. 인간에게 투여된 유독 물질의 독성은 그것을 분해시키거나 배출시키는 인체의 능력에 따라 크게 달라진다. 마찬가지로 생물학적으로 통제 가능한 대기권에 화석연료의 연소 부산물을 투여할 때, 그 결과는 생물권의 영향력에 따라 크게 달라질 수 있다. 예를 들어, 이산화탄소의 축적에 의한 대기권의 교란은 적응적 변화(adaptive change)가 있음으로 해서 크게 감소될 수 있다. 또는 그런 교란이 결국에는 기후 변동과 같은 어떠한 **보상적 변화**(compensatory change)를 유발해 생물종으로서의 인간에게는 유해하지만 생물권 전체로 본다면 유익한 결과를 나타낼지도 모른다.

셸 연구소의 새로운 연구 환경에서 일을 하게 되면서 나는 화성의 문제를 잠시 잊어버리고 지구의 문제, 즉 대기권의 속성에 대하여 정신을 집중할 수 있게 되었는데, 이처럼 한 가지 주제에 대하여 깊이 연구한 결과, 하나의 가설을 점진적으로 확립할 수 있었다. 즉 바

이러스부터 고래에 이르기까지, 참나무부터 조류(algae)에 이르기까지 지구의 모든 생물은 하나의 살아 있는 실체를 구성한다고 할 수 있으며, 이 실체는 자신이 전반적인 필요에 적합하도록 지구 대기권을 조작할 수 있고, 또 그 실체의 구성원들 각자가 갖는 능력의 합보다 훨씬 거대한 힘을 발휘한다는 가설이 바로 그것이었다.

내가 처음 생명체 탐사 실험을 생각했던 때부터 지구 대기권이 지표면의 생물들, 즉 생물권에 의해 능동적으로 유지되고 조절된다는 가설을 확립하기까지 많은 시간이 걸렸다. 이 책이 담고 있는 대부분의 내용들은 이러한 내 가설을 뒷받침하는 최근의 증거들을 다루고 있다. 그런데 1967년 당시 그 가설을 확립하는 데 있어서 큰 도움이 되었던 요인들을 간단히 밝히면 다음과 같다.

지구에서 생물체가 처음 나타난 것은 약 35억 년 전이었다. 그때부터 현재까지 화석 기록은 지구의 기후가 거의 뚜렷한 변화 없이 지속되었음을 보여주고 있다. 그러나 이 기간 동안 태양으로부터 방사되는 열에너지의 양, 지구 표면의 형태, 그리고 지구 대기권의 화학적 조성 등에는 확실히 큰 변화가 있었다.

지구 대기권의 화학적 조성은 정상 상태의 화학평형에서 기대되는 값들과는 아무런 관련도 없다. 현재의 산화성 대기 중에 존재하는 메탄가스와 아산화질소, 심지어 질소까지도 100억 배 이상 화학평형의 법칙을 거역하고 있다. 이런 엄청난 규모의 비평형 상태는 무엇을 의미하는 것일까? 그것은 대기권이 단순히 생물체들이 만들어낸 산물일 뿐만 아니라, 필경 생물학적 구조물에 더욱 밀접하다는 점을 시사하고 있다.

마치 고양이의 털가죽, 새의 깃털, 벌집의 얇은 벽들과 같이 대기권도 생물계의 연장으로 주어진 환경을 유지시키도록 고안된 것이라고 생각할 수 있지 않을까? 따라서 산소나 암모니아와 같은 공기 중의 기체들은 언제나 적당한 수준으로 유지되고 만약 이런 수준에서 약간만 벗어나더라도 생물들에게 치명적인 결과를 낳게 된다.

지구의 기후와 화학적 속성은 현재에도, 그리고 과거의 전 역사를 통하여 언제나 생물들의 생존에 적합하도록 되어 있었다. 그런데 이런 일이 우연히 나타났다고 생각하는 것은 마치 러시아워에 눈을 가리고 차를 운전하면서 아무런 사고도 없기를 기대하는 것과 마찬가지로 불가능하다.

여기까지 생각이 미치자 나는 그때까지는 비록 가설에 불과했지만 지구적 규모의 한 실체, 즉 그것을 이룩하는 모든 구성원들의 단순한 합으로부터는 도저히 상상할 수 없는 특별한 속성을 가진 그 어떤 실체를 처음으로 떠올리게 되었다. 그리고 이제 그 실체에 붙여줄 명칭이 필요했다. 다행스럽게도 작가 윌리엄 골딩이 당시 나와 같은 동네에 살고 있었는데, 그는 망설이지 않고 한 이름을 추천해주었다. 그가 제안한 '가이아'는 그리스 신화에 등장하는 대지의 여신을 지칭하는 이름인데, 이 여신은 게(Ge)라고도 불려서 지리학(geography)이나 지질학(geology)과 같은 학문의 명칭에서 그 자취를 찾아볼 수 있다. 나는 물론 고전문학에는 전혀 문외한이지만 가이아란 이름이 적합하다는 것은 명백히 인정할 수 있었다. 그 단어는 단지 네 글자에 불과하고 또한 실물을 의미하는 것이기 때문에 속된 약어, 예를 들어 BUSTH(Biocybernetic Universal System Tendency / Homeostasis)와 같은 단어를 만드는 것보다 훨씬 세련되어 보였다. 그리고 내가 생각하기로는 과거 고대 그리스의 시대에는 비록 정식으로 표현되지는 못했다고 해도 그런 실체가 생물체의 한 개념으로 아마도 사람들에게 친숙하게 이해되었으리라고 여겨졌다.

일반적으로 과학자들은 그 자신뿐만 아니라 다른 사람들로 하여금 도시 생활을 선호하게 한다는 비난을 받는다. 나는 땅과 접하고 사는 시골 사람들에게는 가이아의 가설이 명백한 현상으로 이해되는 것인데도 불구하고 도시에서는 누군가가 정식으로 그런 제안을 해야만 한다는 사실을 생각할 때마다 스스로 놀라곤 한다. 시골 농부들에게 있어 가이아 가설은 오히려 당연한 것이며, 항상 그렇게 간주해왔던 것이리라.

나는 1968년 뉴저지주 프린스턴대학에서 개최된 지구에서의 생물 기원을 주제로 했던 한 학회에서 가이아 가설을 처음으로 발표했다. 아마도 그때 발표는 준비가 좀 부족했던 것 같다. 그래서 내 발표는 사람들의 관심을 별로 끌지 못했으며, 다만 이제는 고인이 된 스웨덴의 화학자 군나르 실렌(Gunnar Sillen) 교수와 보스턴대학의 린 마굴리스 박사만이 호의적인 반응을 보였다. 그로부터 4년 후, 나와 마굴리스는 보스턴에서 다시 만나 공동 연구를 시작했다. 그녀와 함께 한 공동 연구는 매우 좋은 결실을 맺었는데 생명과학자로서 그녀의 깊은 지식과 예지는 가이아 가설에 윤기를 더하는 역할을 해주었다. 우리는 그동안 많은 논문들을 함께 발표했으며 지금도 이 연구는 즐겁게 진행되고 있다.

그로부터 우리는 가이아를 지구의 생물권, 대기권, 대양 그리고 토양까지를 포함하는 하나의 복합적인 실체(complex entity)로 정의하기 시작했다. 가이아는 이 지구상의 모든 생물들이 살기 적합한 물리·화학적 환경을 조성할 수 있도록 피드백 장치나 사이버네틱 시스템을 구성하는 거대한 총합체라고 할 수 있다. 능동적 조절에 의한 비교적 균일한 상태의 유지라는 것은 '항상성(homeostasis)'이란 단어로 표현할 수 있다.

이 책에서 제시하는 가이아는 하나의 가설로 현재에도 유용하게 받아들여지고 있다. 그리고 다른 모든 유용한 가설들과 마찬가지로 그것은 자신의 이론적 가치를 이미 스스로 증명한 바 있다. 비록 가이아의 존재를 증명할 수는 없다고 해도 우리는 그것에 대하여 실험적 질문을 던지고 또 해답을 찾음으로써 유익한 사실들을 발견해낼 수 있다. 예를 들어, 만약 대기권이 다른 것들과 함께 생물권에서 유통되는 원료 물질을 이동시키는 수단이 되고 있다고 가정하자. 그러면 아이오딘(iodine)이나 황(sulphur)과 같이 모든 생물들에게 필수적인 원소들을 운반하는 매개 물질이 대기 중에 반드시 존재한다고 생각하는 것이 합리적이리라. 그런데 그런 물질들이 풍부히 존재하는 바다로부터 이 두 원소가 이송되어 공기 중으로 운반되고, 결국 이것들이 결핍된 땅 표면으로 옮겨진다는 사실을 실제로 발견했을 때 가이아 가설의 유용성을 인정할 수 있을 것이다. 그런 매개 물질, 즉 아이오딘화메틸(methyl iodide)과 디메틸황화물(dimethyl sulphide)은 해양생물들에 의해 직접 생산되고 있다. 인간들의 어찌할 수 없는 과학적 호기심이 대기 중에서 이런 물질들의 존재를 밝혀낼 것이라는 기대는 가이아 가설에 의한 자극이 중요하든 중요하지 않든 당연한 것이리라. 사실 과학자들은 가이아 가설의 결과를 인정하고 열심히 그런 물질들을 찾았으며, 그리고 그것들을 발견했다.

만약 가이아가 실제로 존재한다면, 가이아와 인류 — 복잡다기한 생물계의 한 탁월한 생물종인 인간 — 와의 관계는 어떻게 될까? 가이아와 인간 사이에 힘의 균형이 깨어진다면 말할 필요도 없이 중대한 문제가 제기되리라. 나는 이런 문제들을 이 책의 후반부에서 다루었다. 그렇지만 이 책이 그렇게 심각한 내용만을 싣고 있는 것은 아니다. 이 책을 쓴 내 일차적인 목표는 독자들의 호기심을 자극하고 지적 만족을 제공하는 데에 있다. 가이아 가설은 자연 속을 산보하거나 또는 단순히 자연 속에 서서 그것을 들여다보면서 지구에 대하여 그리고 지구의 생물들에 대하여 감탄을 발하는 그런 사람들을 위한 것이다. 또 이 가설은 지구에 인간이 존재한다는 것에 대한 의의를 생각하고자 하는 사람들을 위한 것이다. 가이아 가설은 자연을 반드시 우리가 정복해야만 하는 본원적 힘을 가진 대상으로 간주하는 이제까지의 독선적 견해에 대한 대안이 될 것이다. 또한 이 가설은 행성 지구를 아무런 목적 없이 태양계 주위를 방황하는 애달픈 우주선으로 표현하는 비관적 견해에 대한 대안이 될 수도 있을 것이다.

2

태초에는

과학적인 정의로 이언(aeon: 천문학에서 우주의 한 시대를 가리키는 시간의 단위 – 옮긴이)은 10억 년의 세월을 의미한다. 화석 기록과 방사능 연대 측정에 의해 현재까지 밝혀진 바로는 지구가 독립적인 천체로 존재해온 기간이 약 45억 년, 즉 4.5이언의 시간에 이른다. 이제까지 지구 최초 생물의 흔적은 3이언도 더 오래전에 형성된 퇴적암에서 발견되었다. 그렇지만 허버트 조지 웰스(Herbert George Wells: 미국의 유명한 공상과학 소설가 – 옮긴이)가 이미 지적한 바 있듯이 화석 흔적으로 과거 생물의 완전한 기록을 기대하는 것은 마치 은행의 예금 장부만을 보고 그 도시 주민들의 이름을 모두 알기를 원하는 것과 같다. 우리가 알지 못하는 무수히 많은 초기의 생물들, 그리고 그보다 훨씬 더 정교하지만 여전히 연약한 몸체를 가졌던 그 후손들은 설령 크게 번성했더라도 후대에 아무 흔적도 남기지 못했을 것이다. 따라서 지질학의 창고 안에는 오직 일부 생물들의 단단한 해골과 뼈대만 남겨져 있는 것이리라.

그러므로 지구의 초기 생물들에 대하여 아직까지 밝혀진 것은 거의 없으며 진화의 초기 단계도 제대로 연구된 것이 별로 없다는 것은 그리 놀라운 일이 아니다. 그러나 만약 우리가 우주의 형성 과정과 그 맥락 속에서 지구의 탄생을 유추해본다면, 이는 적어도 지성적인 사고방식이라 할 수 있다. 이런 유추 속에서 최초의 생물들, 즉 '잠재적인 가이아'가 탄생해서 공동의 삶을 이어갈 수 있게 된 환경에 대한 이해를 높일 수 있을 것이기 때문이다.

우리는 우리가 속해 있는 은하계 우주를 관찰하면서부터 별들의 세계가 생물계와 비슷하다는 것을 알게 되었다. 마치 인간 세계가 젖먹이 아이들에서 100세 노인들에 이르기까지 다양한 연령층으로 구성되어 있듯이 별들도 나이에 있어서 천차만별이다. 오래된 어떤 별들은 마치 노병(老病)이 사라지듯 그렇게 서서히 빛을 잃어가고, 또 어떤 별들은 훨씬 장엄하게 찬란한 불꽃의 섬광을 내면서 일생을 마감한다. 그 결과 별은 잔광을 내는 수많은 파편으로 나뉘고, 그 후 이 파편들은 다시 모여서 성간 먼지와 가스 구름을 형성하며 더욱 응축되면 새로운 태양과 행성을 구성한다. 이런 성간 물질들을 분광학적으로 조사해보면 그것들이 생물체의 구성원이 되는 여러 화학물질들로 이루어져 있음을 쉽게 발견할 수 있다. 사실상 우주는 생물체의 구성 물질이 여기저기 흩어져 있는 공간이라고 할 수 있다. 천문학의 첨단에서는 거의 매주일 우주 저 멀리에 존재하는 복잡한 유기물질을 한 가지씩 발견하기도 한다. 마치 은하계 우주가 생물들에 필요한 부분품들을 저장하는 거대한 창고라도 되는 듯 말이다.

만약 우리가 단지 시계의 부속품들로만 채워진 한 행성을 가정하고 충분한 시간 — 아마도 10억 년 — 을 지켜본다면 중력과 끊임없는 바람의 작용에 의해 적어도 그곳에서 하나쯤은 완성된 시계가 만들어지는 것을 목격하게 될 것이다. 지구의 생물들도 결국 이와 유사한 방법으로 창조되었을 것이다. 생물체의 기본 구성원이 되는 단순한 분자들이 무수히 많이 존재하고, 또 이들이 장구한 기간 동안 자유롭게 접촉할 수 있었던 결과 결국은 생물 활동 비슷한 기능을 할 수 있는 분자 집합체가 만들어졌으리라. 그것들은 태양빛을 받아들이고 그 에너지를 이용하여 여타의 수단으로는 도저히 불가능했거나 물리학적 법칙으로는 도저히 설명될 수 없는 어떤 획기적인 기능을 갖게 되었을 것이다(이런 관점에서 본다면 고대 그리스 신화에서 프로메테우스가 하늘에서 불을 훔친 일이나 성경에서 아담과 이브가 금지된 과일을 시험한 일은 인류의 역사에서 우리가 생각하는 것보다 훨씬 심오한 의미를 내포하고 있다는 점을 인정해야 하겠다). 그 후 이들 원시 분자 집합체들은 그 수효가 점점 더 많아져서 일부는 다시 성공적으로 결합하여 새로운 기능과 능력을 갖게 되었고, 또 이들 중 일부는 재결합하여 훨씬 강력한 능력을 갖춘, 보다 진화된 고등 분자 집합체로 변화했을 것이다. 결국 이런 결합들은 최종적으로 생물의 모든 속성을 포함하는 매우 복합적인 실체를 탄생시켰는데, 이것이 바로 '원시 미생물'이었다. 이런 미생물들은 햇빛을 흡수하고 주위 환경으로부터 필요한 분자들을 받아들여 자가 복제할 수 있었다.

이런 일련의 분자결합으로 우연히 최초의 생물적 실체가 탄생했다는 가설을 반박하는 다른 이론들도 얼마든지 있을 수 있다. 그렇지만 원시 지구에서 이 구성 분자들 사이에 임의적인 결합이 일어날 수 있는 기회는 계산할 수 없을 정도로 많았을 것이 분명하다. 그리고 분자들 사이의 임의적 결합이 그만큼 많았다면 그로 인해 생명이 탄생한다는 것이 완전히 불가능한 것은 아니다. 그리하여 이 지구상에 최초로 생물이 나타났다. 신비한 생명의 씨앗이 심어졌다거나 외계로부터 홀씨가 날아들었다거나 또는 어떤 종류의 외부적 간섭에 의해 생물이 나타났다는 생각은 잠시 접어두기로 하자. 그리고 이제부터 최초의 생물이 위의 설명처럼 그렇게 나타났다고 가정하자. 우리는 이 책에서 생명의 기원에 대해서는 일차적인 관심을 두지 않는다. 다만 행성 지구의 초기 환경 조건과 생물권의 진화 사이에 놓여진 관계에 대하여 관심을 가질 뿐이다.

지금으로부터 지상에 처음 생물체가 출현했던 약 3.5이언 이전의 지구는 과연 어떠했을까? 어떻게 지구는 자신과 가까운 자매 행성인 화성이나 금성과 달리 생물체를 번성시킬 수 있었을까? 어떠한 위험과 재난이 이제 막 태어난 생물권에 영향을 끼쳤으며, 또 가이아의 출현은 생물권이 번창하는 데 어떠한 도움을 줄 수 있었을까? 이런 흥미로운 문제들의 해답을 찾기 위해서 우리는 먼저 처음 지구가 탄생되었던 4.5이언 전으로 돌아가서 그때의 상황을 더듬어보기로 하자.

우리 태양계가 처음 열렸던 시공간과 비교적 가까운 장소에서 초신성(supernova)의 사건이 있었던 것은 거의 분명한 사실이다. 초신성이란 거대한 별의 폭발을 의미한다. 천문학자들은 다음과 같은 순서에 따라 별의 운명이 진행된다고 생각한다. 별이 연소하는 것은 처음에는 대부분 수소 원자의 융합에 의해 그리고 나중에는 헬륨 원자의 융합에 의해 일어나는데, 그 결과 실리콘이나 철 같은 보다 무거운 원소들은 타고 남은 재처럼 별의 중앙부에 축적된다. 더 이상 열과 압력을 발하지 못하는 이 죽은 원소들의 중심부가 태양의 질량을 훨씬 능가하게 되면, 자체 무게로 인한 강력한 힘에 의하여 불과 수초의 짧은 시간 동안 붕괴되고, 그 결과 부피가 수천 세제곱 마일에 이르는 물체를 형성한다. 이런 물체는 비록 부피는 대단히 작지만 무게는 태양에 비견할 만하다. 이 독특한 물체, 즉 중성자별(neutron star)의 탄생은 우주적 차원에서 가히 획기적인 사건이라 할 수 있다.

이런 탄생의 과정에 대해서는 아직 밝혀지지 않은 점도 많지만, 엄청난 규모의 핵폭발에 비견할 수 있는 거대한 별의 격동적인 사멸의 결과로 현재 우리가 존재할 수 있게 되었다는 점만은 분명하다. 초신성의 사건으로 방출되는 빛, 열 그리고 강력한 방사선의 총량은 우주의 다른 모든 별들이 가장 번성했을 때 방출하는 전체량과 맞먹는다고 할 수 있다.

그런데 이런 대폭발은 100퍼센트의 완벽한 효율성을 자랑하는 사건이 아니다. 한 개의 별이 초신성으로 끝장날 때에는 우라늄(uranium)과 플루토늄(plutonium)뿐 아니라 막대한 양의 철과 기타의 연소 부산물들을 포함하는 핵 물질을 남겨서 그것들을 마치 수소폭탄이 폭발할 때 먼지구름이 형성되듯 그렇게 우주 속으로 흩어지게 만든다. 우리가 살고 있는 이 행성에 대해 가장 이해하기 어려운 사실은, 그것이 우주적 규모의 수소폭탄의 폭발에서 생긴 낙진으로 대부분 이루어졌다는 점일 것이다. 심지어 수십억 년의 시간이 경과한 오늘날에 있어서도 지구의 표면에는 불안정한 폭발성 물질이 꽤 남아 있어서 과거의 사건을 소규모로 재구성할 수 있게 한다.

연성(binary star)이나 이중성(double star) 시스템은 은하계에 매우 많이 존재한다. 이런 사실은 태양이 과거 한때 안정되고 고요한 별이었을 시절에는 동료 별을 가졌으며, 그 별은 자신이 가졌던 수소 원소를 모두 소진함으로써 초신성으로서의 운명을 다했다는 가설을 낳게 한다. 또는 가까운 곳에서 초신성의 폭발이 일어남으로 해서 그 파편들이 성간 먼지와 가스 덩어리들과 혼합 수축되어 태양과 여러 행성으로 탄생했다는 가설을 낳기도 한다. 그 어떤 가설을 따르더라도 우리의 태양계가 초신성 폭발과 깊이 연관되어 형성되었음은 명백한 사실이다. 이런 가설들에 의하지 않고서는 지구의 여기저기에 존재하고 있는 수많은 방사성 물질을 도저히 설명하기 어렵기 때문이다. 최초로 만들어졌던 원시적인 가이거 계수관(Geiger counter: 방사성 물질을 탐지할 수 있는 계측기 - 옮긴이)은 아마도 오늘날보다 더 많은 방사성 물질의 존재를 탐지했으리라. 우리는 막대한 양의 방사성 물질과 함께 살고 있는 셈이다. 심지어 우리 몸속에도 초신성 폭발 당시 불안정한 상태로 있던 물질들이 무수히 존재하며 지금까지도 매분마다 300만 개 이상의 원자가 과거 오래전에 축적했던 에너지를 방출하면서 변환되고 있다.

지구에 존재하는 전체 우라늄의 매장분 중에서 단지 0.72%만이 위험한 동위원소인 U235이다. 이 수치로부터 우리는 약 4이언 전의 지각에는 약 15%의 우라늄이 U235였음을 쉽게 계산할 수 있다. 믿기 어렵겠지만 인류가 출현하기 훨씬 이전부터 지구에는 원자로가 존재했음이 분명하다. 실제로 약 2이언 전에 활동했던 천연 원자로가 화석의 형태로 최근 아프리카 가봉에서 발견되었는데, 그 당시 U235의 농도는 몇 퍼센트대였을 것이다. 따라서 우리는 4이언 전에는 지각의 높은 U235 함량으로 인하여 자연적인 원자핵 반응이 엄청난 규모로 진행되었다고 확실히 말할 수 있다. 요즘 유행하는 기술주의적 생각으로는 핵분열(nuclear fission) 반응이 자연적 과정이라는 점을 쉽게 잊을 수 있다. 그렇지만 만약 생물체만큼 복잡 미묘한 존재가 우연에 의해 형성될 수 있다고 믿는다면, 그보다 훨씬 더 단순한 장치인 핵분열 반응로가 자연 속에 존재한다고 해서 그리 놀랄 필요는 없을 것이다.

따라서 최초의 생물은 오늘날의 환경보호주의자들이 우려하는 수준보다 훨씬 더 방사성 물질의 농도가 높은 조건 속에서 탄생되었을 것이다. 더욱이 당시에는 공기 중에 산소나 오존이 전혀 존재하지 않았으므로 지표면에는 태양으로부터의 자외선 방사가 거의 아무런 제한 없이 직접 도달했으리라. 핵에 대한 위기의식이나 태양 자외선에 대한 공포는 오늘날 많은 사람들에게 퍼져 있으며, 어떤 사람들은 그것들이 지구의 생물들을 모두 몰살해버리지나 않을까 두려워하고 있다. 그렇지만 최초 생물이 탄생했던 그 당시의 환경은 바로 이런 강력한 에너지들이 도처에 넘쳐나던 장소였다.

여기에는 아무런 역설도 없다. 현재 우리는 핵에 대해 엄청난 두려움을 갖고 있는데 이는 상당 부분 과장되어 있다. 이런 빛에너지들은 언제나 있었으며 또한 자연환경의 일부라고 할 수 있다. 생물이 처음 진화하기 시작했을 때, 핵 방사선의 파괴적인 화학결합 절단력이 어쩌면 그들에게 도움이 되었을지도 모른다. 왜냐하면 그 힘이 분자결합의 시행착오 과정에서 형성된 실패작들을 분해시켜 원래의 단순한 화학 구조물로 바꾸게 하여 필수적인 분자결합의 과정들을 촉진시키는 데 기여했을 것이기 때문이다. 그 힘은 무엇보다도 가장 적합한 형태의 구조물이 나타날 때까지 새로운 조합물들의 임의적 생산을 부추기는 데 크게 기여했을 것이다.

해럴드 유리(Harold Clayton Urey: 미국의 화학자로 원시 생명체의 탄생에 대한 연구로 큰 업적을 남겼다 - 옮긴이)가 지적한 바 있듯이 원시 지구의 대기는 태양이 지고 나면 강력한 바람에 의해 이내 사라지고 말았을 것이다. 그래서 마치 현재의 달처럼 아무런 공기도 갖지 못했으리라. 그 후 지구 자체의 질량에 의한 압력과 방사성 물질에 저장된 고에너지들이 지구의 내부를 가열시켜서 여러 종류의 기체와 수증기를 유출하고 결국 그것들이 지표면에서 대기층과 바다를 형성하게 되었다. 이처럼 두 번째의 대기층이 형성되는 데 어느 정도의 시간이 소요되었는지는 확실히 알지 못한다. 또한 이때 생겨난 대기의 본래 조성이 어떠했는지도 알지 못한다. 그렇지만 우리는 최초 생물이 생겨났을 즈음에 지구 내부에서 분출된 기체들은 현재 화산에서 분출되는 기체들보다 수소를 더 많이 포함했을 것으로 추정하고 있다. 왜냐하면 생물체의 기본 구성 물질인 유기화합물들은 일정 부분만큼 수소가 존재해야만 만들어질 수 있으며 또 유지될 수 있기 때문이다.

우리가 생물체를 구성하는 원소들을 꼽을 때 보통 탄소(C), 질소(N), 산소(O), 인(P) 등을 생각하고 다음으로는 철(Fe), 아연(Zn), 칼슘(Ca) 등을 포함하는 여러 미량 원소들을 생각할 수 있다. 수소(H)는 어디에나 존재하는 물질로 우주의 가장 중요한 구성원이며 모든 생물체에 많이 포함되어 있기 때문에 당연히 있는 것으로 간주해버린다. 하지만 수소의 중요성은 아무리 강조해도 지나치지 않으며 그 역할 역시 매우 다양하다. 수소는 여러 가지 중요한 구성 원소들로 형성되는 생체 화합물을 구성하는 필수불가결한 부분이다. 수소는 태양을 연소시키는 연료로서 생물들을 번창하게 하는 태양에너지가 풍부하게 흐를 수 있게 해주는 주요 원동력이라고 할 수 있다. 물은 너무나도 많이 널려 있어서 보통 그 중요성을 잊어버리기 쉽다. 그렇지만 원자의 수로 볼 때 물의 3분의 2를 수소가 차지한다. 한 행성에 얼마만큼의 유효수소가 존재하는지는 산화환원전위(redox potential)로 표시되는데, 이 값은 그 환경이 산화성인지 또는 환원성인지를 판단하는 척도가 된다(산화성 환경에서는 원소가 산소와 결합한다. 그 예로 철이 녹스는 것을 들 수 있다. 환원성 환경, 즉 수소가 많은 조건에서는 화합물이 산소를 떨쳐버리려는 경향을 가져 녹이 사라지고 원래의 철로 되돌아간다).

양이온을 갖는 수소 원자의 많고 적음은 역시 산(acid)과 알칼리의 균형을 결정짓는데, 화학자들은 이를 pH로 표현한다. 이렇게 산화환원 전위와 pH 값의 두 수치는 그 행성이 생물의 생존에 적합한지 또는 열악한지를 결정짓는 중요한 환경인자라고 할 수 있다.

일찍이 화성에 착륙했던 미국 탐사선 바이킹과 금성에 도달했던 소련 탐사선 베네라(Venera)는 그곳에서 아무런 생물체도 탐지하지 못했다고 보고한 바 있다. 금성은 현재 수소를 모두 소실하고 있으므로 무생물의 세계임이 분명하다. 화성에는 아직까지 물이 존재하므로 화학적으로 결합된 수소가 존재한다고 할 수 있다. 그렇지만 화성 표면은 극단적인 산화성이어서 유기분자들이 만들어질 수 없는 상황이므로 그곳에 생물이 생겨날 수 있으리라고 기대하기는 어렵다. 이 두 행성은 이미 죽은 행성일 뿐만 아니라 앞으로도 생명의 탄생을 바랄 수 없다고 하겠다.

우리는 비록 생명이 탄생할 즈음 지구의 화학적 상태를 알려주는 직접적인 증거를 별로 가지고 있지 못하지만 적어도 그때의 상태가 오늘날의 화성이나 금성보다 목성이나 토성에 더 유사하다는 사실만큼은 인정하고 있다. 몇 이언 전에는 화성과 금성 그리고 지구 세 행성 모두 메탄가스, 수소, 암모니아, 수증기 등을 포함하는 비슷한 대기 조성을 가져서 생명이 탄생할 수 있는 가능성은 어디에서나 마찬가지였을 것이다. 그렇지만 시간이 지나면 철이 녹슬고 고무가 탄력성을 잃는 것에서 알 수 있듯이 시간 자체가 대단한 산화제로서의 역할을 수행해 왔다. 세월이 흐르면서 점차 수소가 외계로 빠져나가면 행성은 서서히 영락의 길을 걸으면서 점차 불모의 대지로 변하고 만다.

따라서 지구에서 생명체가 처음 출현할 즈음에는 대기 속에 수소가 어느 정도 존재하는 환원적 환경이었던 것이 분명하다. 이때에는 지구 내부로부터 분출되는 수소가 풍부했으므로 반드시 대기 중에 수소가 고농도로 존재할 필요는 없었다. 또 메탄가스나 암모니아 같이 수소를 갖는 분자들이 존재했으므로 여분의 수소는 충분했을 것이다.〔메탄가스(CH_4)와 암모니아(NH_3)는 산소 원자를 갖지 않으며, 대신 양적으로 많은 수소 원자를 포함하여 환원제의 역할을 한다 - 옮긴이〕 이런 원시 대기의 조성과 유사한 환경이 태양계의 바깥쪽을 도는 행성들의 위성에서는 지금도 존재한다. 이런 위성들에서는 중력이 아닌 저온에 의해 대기 중의 수소가 우주로 빠져나가지 못한 것이다. 그런데 이런 위성들과 달리 지구와 화성 그리고 금성에서는 수소를 무한정 붙잡아 둘 수 있을 만큼 강력한 중력이나 저온 현상이 존재하지 않기 때문에 만약 생물학적 작용이 없었다면 결국 수소를 모두 소실하게 되었을 것이다. 수소는 모든 원자들 중에서 가장 작고 가장 가벼운 원소이다. 따라서 주어진 온도에서 다른 어느 기체들보다 재빨리 이동한다. 분자 상태의 수소는 대기권의 가장 바깥쪽에 위치하며 태양광에 의해 두 개의 수소 원자로 나누어진다. 그리고 운동 속도가 워낙 빨라서 지구 중력의 끌어당김을 쉽게 벗어나 외계로 탈출해버린다. 이런 수소 소실 과정은 결국 지구에서 생물이 진화할 수 있는 기간을 만들어준 셈이다. 왜냐하면 수소의 손실을 보충할 만큼 새로운 수소가 만들어져야 하는데, 그 공급원이 되는 메탄가스나 암모니아 가스가 무한정 지구 내부에 존재하는 것이 아니기 때문이다. 이런 기체들은 또 다른 중요한 역할을 담당하기도 했다. 즉 아마도 과거에는 태양 복사열이 현재만큼 강력하지 못했을 것임에도 불구하고 대기 중에 포함된 이런 기체들이 '담요 역할'을 해줌으로써 지구를 따뜻하게 유지시킬 수 있었을 것이다.

지구 기후의 역사는 가이아의 존재를 인정하는 데 좋은 방증의 하나가 된다. 우리는 퇴적암의 기록을 통해 지난 3.5이언 동안 지구의 기후가 단 한순간이라도 생물의 생존에 부적당했던 때가 없었다는 사실을 잘 알고 있다. 또 이제까지 지구에서 생물 역사가 시작된 이래로 단 한 번도 단절된 적이 없었다는 사실을 통하여 과거 한때 바다가 완전히 얼어버렸다거나 또는 펄펄 끓었던 적이 결코 없었다는 주장에 적극 공감하게 된다. 사실상 암석들 속에 포함되어 있는 여러 종류의 산소 원자들의 구성비를 조사해본 결과를 통해 과거의 기후가 오늘날의 기후와 거의 같았으며 다만 빙하기에는 조금 더 추웠고 생명의 탄생 시기에는 조금 더 따뜻했을 뿐이라는 사실을 알게 되었다. 빙하가 지구를 지배했던 시절 — 보통 일컬어지는 빙하기라는 말은 종종 과장된 표현이 되기도 한다 — 에도 그것에 의해 영향을 받은 지역은 남반구와 북반구 각각의 위도 45도 이상 지역에 국한되었다. 그런데 사실은 지표면의 70%에 달하는 지역이 이 두 남북한계선의 안쪽인 중앙 부분에 분포하고 있다. 따라서 소위 빙하기에도 이것에 영향을 받았던 동식물은 나머지 30%의 지역에 서식했던 종류들에 국한되며 사실상 이 지역은 빙하기가 아닌 오늘날에도 자주 얼어붙는 장소이다.

지난 3.5이언의 기간 동안 지구의 기후가 비교적 안정된 상태를 유지해왔다는 사실이 오늘날의 우리에게는 별로 이상하지 않게 받아들여질 수도 있다. 의심의 여지없이 지구는 이미 오래전 태양 주위에 궤도를 확립했으며 태양은 더 오래전부터 균일하게 열을 발하고 있었을 것이기 때문이다. 그럼에도 불구하고 왜 우리는 다르게 생각을 해야만 할까? 그것은 우리의 확신이 별로 정확하지 못하기 때문이다. 태양은 전형적인 별(항성)이며, 또 별로서 전형적인 진화의 과정을 거쳐왔다. 그런데 이런 별의 역사를 더듬어 보면 태양은 지구가 형성되고 난 이후 현재까지 3.5이언의 기간 동안 외부로 방출하는 에너지의 양을 약 30%나 증가시켜왔다는 것이 분명하다. 다시 말해, 과거 35억 년 전의 태양은 그 빛의 강도가 오늘날보다 약 30%나 약했다. 그런데 태양열의 30% 감소는 곧 지구에서의 기온이 빙점 이하로 떨어진다는 것을 의미한다. 만약 지구의 기후가 오로지 태양열에 의해서만 결정된다면, 생물의 최초 탄생 때부터 약 1.5이언(15억 년)의 기간까지 지구는 완전히 얼어붙어 있었을 것이다. 그렇지만 우리는 화석 기록과 현재까지 생물이 지속적으로 생명을 유지해왔다는 바로 그 사실에서 그처럼 가혹한 기후 조건이 결코 존재하지 않았다는 사실을 쉽게 인정할 수 있다.

만약 행성 지구가 단순히 불활성적인 고형체에 불과하다면 그 표면의 기온은 태양이 발산하는 열의 변화에 따라서 달라지게 될 것이다. 공원에 세워진 동상의 표면에 단열재를 제아무리 두껍게 둘러도 그것이 극단의 여름 더위와 겨울 추위로부터 동상을 지켜줄 수는 없는 것이다. 그런데 지난 3.5이언 동안 지표면의 온도는 마치 우리 몸의 온도가 여름이나 겨울에도 항상 일정하듯, 그리고 우리가 극지방이나 열대 지방에 있어도 항상 동일하듯, 그렇게 일정하게 생물의 생활에 적당한 수준으로 유지돼왔다. 어떤 사람들은 지구 형성 초기에는 강력한 방사성 물질이 존재하여 그것들이 지구를 따뜻하게 할 수 있었다고 생각할지도 모른다. 그러나 방사능 붕괴의 특성상 비록 이런 초기 방사능에너지가 지구 내부에서는 축적될 수 있었을지 몰라도 지표면

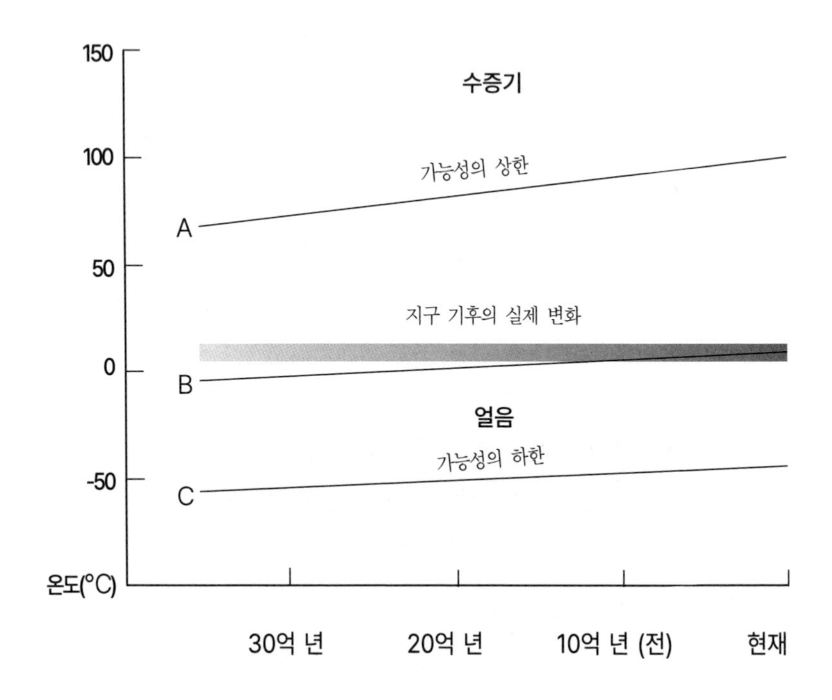

그림 1 생물의 탄생 이후 약 3.5이언 동안 지구의 평균 기온은 섭씨 10~20도 사이의 비교적 좁은 범위 내에서 잘 유지돼왔다. 만약 지구 기후가 태양복사열 및 지구 대기층과 지표면 사이에서 형성되는 열균형과 같은 무생물적 요인에 의해서 전적으로 결정된다면 극단적인 변화가 나타날 수 있었을 것이다(그림 A와 C는 그 변화의 상한선과 하한선을 나타낸다). 만약 사정이 그랬다면, 또는 태양에너지의 방출량에 비례하여 온도가 증가하는 그림 B와 같은 경로를 따랐다고 해도 지구의 모든 생물은 이내 멸종하고 말았을 것이다.

의 온도에는 별로 커다란 영향을 끼치지 못했을 것이 거의 분명하다.

천체 과학자들은 그동안 지구가 어떻게 일정한 온도를 유지해왔는지에 대해 여러 가지로 설명하곤 했다. 그런 예로 칼 세이건과 그의 동료 과학자 멀린(Mullen)은 태양열이 강력하지 못했던 초기 시대에는 대기 중에 포함된 암모니아와 같은 기체들이 지구가 흡수한 열을 보존하는 데 크게 도움이 되었을 것이라고 생각했다. 이산화탄소와 암모니아 같은 일부 기체들은 지표면으로부터 적외선 복사열을 흡수했다가 외계로 천천히 방출한다. 우리는 이제 암모니아가 그런 단열작용에 기여할 만큼 그렇게 충분하지는 않았을 것으로 생각하고 있다. 그 당시에는 아마도 이산화탄소가 훨씬 더 중요한 온실기체(greenhouse gas)로서 지구를 따뜻하게 유지하는 데 기여했을 것이다.

다른 과학자들, 특히 레스터대학의 메도스(Meadows)와 앤 헨더슨 셀러스(Ann Henderson Sellers) 교수는 태초에는 지표면의 색깔이 지금보다 짙어서 보다 많은 태양열을 흡수할 수 있었을 것이라고 생각했다. 행성 표면에서 외계로 태양빛이 반사되는 비율을 흔히 알베도(albedo)라고 부른다. 만약 행성의 표면이 완전한 백색을 띠고 있다면 모든 태양빛이 반사되어 그 행성의 기온은 매우 낮게 유지된다. 또 만약 행성이 전적으로 검은빛을 띤다면 모든 태양빛을 흡수하게 되어서 높은 온도가 될 것이다. 따라서 만약 알베도가 변화한다면 미약한 태양빛으로 인한 열 손실을 충분히 메울 수 있을 것이다. 현재의 지구 표면은 대략 백색과 흑색의 중간 정도를 띠며 구름으로 반쯤은 가려진 상태다. 지구는 유입하는 태양에너지의 약 45%를 외계로 반사한다.

생명의 싹이 처음 나타났을 때의 지구는 충분할 만큼의 태양에너지를 흡수할 수 없었음에도 불구하고 따뜻하고 안락한 환경을 조성하고 있었을 것이다. 이처럼 '겨울이 없는 안온함'이 유지될 수 있었던 것은 바로 이산화탄소와 암모니아 같은 온실기체의 단열 작용에 의했거나 또는 그 당시 육지의 면적과 배치가 현재와 달라서 알베도가 낮았기 때문이라는 해석이 가장 사실에 근접한다. 현재까지는 이 두 해석이 모두 타당한 것으로 보인다. 그런데 바로 이런 점이 최초 가이아의 존재에 대한 부정이나 또는 적어도 그것의 존재 필요성에 대한 논쟁의 발판을 제공한다.

생명체가 일단 탄생한 이후, 그들은 주로 바다에서 번식했다. 얕은 바다, 큰 강의 어귀, 강기슭, 습지 등은 그들의 좋은 서식처가 되었으리라. 그리고 그들은 점차 생활 영역을 넓혀서 마침내 전 지구를 감싸게 되었다. 이리하여 최초의 생물권이 형성되자 그 후 지구의 화학적 환경도 어찌할 수 없이 변화되었을 것이다. 마치 달걀이 그런 것처럼 처음에는 유기물이 도처에 풍부하여 그 속에서 탄생한 생물체들은 알 안에서 그 유기물들을 섭취하면서 유아기를 보낼 수 있었다. 그렇지만 병아리들과는 달리 이 어린 생물체들에게는 먹이가 크게 제한되었을 것이다. 따라서 그런 주요 먹잇감인 유기물질들이 고갈되자, 그들은 그대로 굶어 죽어버리거나 또는 주위 환경 속에 널려 분포하고 있는 보다 단순한 원료 물질을 이용하여 자신들이 필요로 하는 물질을 스스로 합성해야만 했다. 이런 과정에서 그들은 태양빛을 동력원으로 이용하는 방법을 익히게 되었을 것이다.

그런데 초기 생물들이 이처럼 자체 생존 수단을 찾아야 했던 경우가 한두 번에 그쳤던 것은 아닐 것이다. 그래서 이런 경우가 반복될 때마다 생물권은 점차 다양화되고, 점점 더 독립적이고 점점 더 견고해졌으리라. 피식자(prey)와 포식자(predator)의 관계가 확립되고 먹이 연쇄(food chain)가 확립되기 시작한 것도 아마도 그즈음이었을 것이다. 생물들의 자연적인 사멸과 분해는 주요한 생체 구성 물질을 주위 환경으로 방출했을 것이며, 또 어떤 생물종들은 다른 생물들을 잡아먹음으로써 필수 유기물질들을 보다 손쉽게 섭취할 수 있다는 것을 알게 되었을 것이다. 가이아 이론은 최근에 이르러 매우 빠르게 발전하고 있는데 생태학자들은 수학적 모델과 컴퓨터를 이용하여 포식자와 피식자의 복잡한 관계로 구성된 생태계가 몇 종의 자가영양적 생물로 구성되거나 또는 제한된 종류의 생물만으로 구성되는 생태계보다 훨씬 더 안정되고 견고하다는 사실을 증명할 수 있게 되었다. 이러한 새로운 가이아 모델들이 가지는 가장 핵심적인 특징은 생물들과 그 주위 물질적 환경과의 견고한 관련성이다. 만약 그들의 발견이 사실이라면 생물권은 진화가 진행되면서 급속하게 그 다양성이 증진되었을 가능성이 매우 크다고 하겠다.

끊임없는 생물 활동의 중요한 결과 중 하나는 생물권을 통해 대기권 기체인 이산화탄소와 메탄가스가 순환하게 되었다는 것이다. 지상의 먹이자원이 고갈되면서 이산화탄소와 메탄가스가 생물체를 구성하는 필수 원소인 탄소와 수소를 공급하게 되었을 것이다. 그 결과 대기 중에는 이 기체들이 점차 감소되게 되었다. 탄소와 질소는 생물들에 의해 고정(fixation: 단순한 원소가 유기화합물의 형태로 전환되는 현상 - 옮긴이)되어 지표면으로 옮겨졌는데, 아마도 이것들은 결국 대양의 바닥에 유기 퇴적물(detritus)의 형태로 침전되기도 하고, 또 탄산마그네슘이나 탄산칼슘의 형태로 원시 생물들의 몸체를 구성하는 일부가 되기도 했을 것이다(많은 원시 생물은 단단한 조개껍질 모양의 외피를 갖는데, 이것들이 모두 탄산칼슘이나 탄산마그네슘의 산물이다). 암모니아 가스의 분해로 만들어진 수소의 일부는 다른 원소들과 결합하기도 했는데, 특히 산소와 결합하여 물을 만드는 경우가 많았다. 하지만 어떤 수소 원자들은 수소 가스의 형태가 되어 지구를 탈출해 외계로 소실되었다. 암모니아에서 만들어진 질소는 대기 중에 그대로 남게 되었는데, 그 결과 오늘날 대기의 대부분을 불활성 기체인 질소 분자가 차지하게 되었다.

오늘날의 시간 개념으로 본다면 이런 과정들은 매우 천천히 진행되었다고 할 수 있으리라. 그러나 그 당시에는 수억 년이 경과하기도 전에 대기 중의 이산화탄소가 대부분 소실되고 다른 가스들로 대치되었다는 사실이 그야말로 커다란 변화였을 것이다. 그런데 그즈음까지 태양에너지가 미약했음에도 온실기체들에 의해 지구의 온도가 비교적 높게 유지되었다고 가정한다면, 온실기체의 고갈과 함께 지표면의 온도는 서서히 낮아지게 되었을 게 분명하다. 기후란 본래 불안정한 것이다. 우리는 유고슬라비아의 기상학자 미할라노비츠흐(Mihalanovich)의 연구에 힘입어 신생대 빙하기의 도래가 태양의 주위를 도는 지구 궤도의 사소한 변화에 의한 것이었음을 확신하고 있다. 지구 북반구에서 단지 2% 정도의 태양에너지가 감소한 것이 그처럼 장엄한 빙하시대를 도래시킨 것이다. 따라서 우리는 이제 유아기의 생물권이 얼마나 놀라운 결과를 야기시켰는지 알 수 있다. 초기 생물권은 태양에너지가 단순히 현재보다 2% 적었던 것이 아니라, 30%나 적었던 그 위기의 시기에 대기 중의 온실기체를 먹어 치웠던 것이다. 단지 2%의 에너지 유입 감소가 빙하기의 도래라는 그 엄청난 재난을 불러온 것에 비추어볼 때 생물권이 생겨난 초기에는 과연 어떤 일이 일어났을 것인가?

생물권이 이산화탄소를 먹잇감으로 먹어 치움으로써 지구의 기온이 낮아지게 되었다. 그리고 기온이 빙점에 접근하면서 빙하와 빙원이 늘어나고 그 결과 지구의 알베도가 급격히 증가하여 태양빛의 외계 반사율은 더욱 높아지게 되었다. 거기에 더해 태양에너지의 양이 25%나 적었던 그즈음에는 범지구적으로 기온이 강하해 지구 전체가 얼어붙었을 것이 틀림없었으리라. 지구는 마침내 완전히 얼어붙어 죽어버린, 흰색의 구체로 전락하고 말았을 것이다.

한편으로 만약 초기 가이아가 다른 온실기체들, 예를 들어, 메탄가스를 생산해서 '담요 역할'을 담당했던 이산화탄소를 먹어 치우는 것에 과잉으로 대응하는 국면이 전개되었다고 가정해보자. 이렇게 되면 설령 그 당시 태양열이 그다지 강력하지 못했다고 해도 일방적인 온도 상승 현상이 지속되면서 급기야 앞에서와는 정반대의 현상이 나타나게 되었을 것이다. 온도가 증가하면서 대기 중에는 더욱 많은 온실기체가 축적되고, 그 결과 외계로 빠져나가는 에너지량은 점점 더 감소하게 될 것이다. 기온 상승은 수증기의 증가와 온실기체의 증가를 부추기고 마침내는 비록 기온이 그처럼 높지는 않다고 해도 마치 오늘날의 금성과 유사한 조건을 갖추게 되었을 것이다. 아마도 기온은 생물의 생존 한계를 훨씬 넘어서는 섭씨 100도 가까이에 이르렀으리라. 그리하여 지구는 안정된, 그러나 다시 한번 죽은 행성으로서 남게 되었을 것이다.

하지만 어쩌면 구름의 형성이라든지 또는 아직까지 알려지지 않은 어떤 현상에 의한 자연스러운 음성피드백(negative feedback: 어떤 과정이 진행될 때 그 결과가 과정의 진행을 정지 또는 억제시키는 현상 - 옮긴이)이 작용하여 적어도 생물이 생존할 수 있는 범위 안에서 지구의 온도가 유지되었을 가능성도 없지는 않을 것이다. 만약 그런 비상 안전장치가 신통치 못했다면 당연히 생물권 스스로가 그런 장치를 준비할 수밖에 없었으리라. 생물권은 시행착오를 거듭하면서 주위 환경을 조절할 수 있는 방법을 익히게 되었는데, 처음에는 비교적 넓은 범위 내에서 기온을 조절할 수 있는 방법을 익혔지만, 점점 미세 조절이 가능하게 되어 결국 생물의 최적 생장에 요구되는 온도를 안정되게 유지시킬 수 있게 되었을 것이다. 그런데 단순히 생물권이 소모한 만큼 이산화탄소를 보충하는 것만으로 문제가 다 해결되는 것은 아니었다. 주위 온도를 적정하게 유지하기 위해서는 기온을 감지하고 대기 중의 이산화탄소의 농도를 측정할 수 있는 수단을 발전시키는 일이 필요하다. 그래야만 이산화탄소 생산을 적당한 수준으로 유지할 수 있게 된다. 그런 능동적 조절 시스템(active control system)을 생물권이 발전시켰다는 사실은 곧 가이아가 그즈음 처음 출현했음을 인정케 하는 증거가 된다고 하겠다.

만약 우리가 가이아를 마치 하나의 생물체처럼 자신의 필요에 따라 주위 환경에 적응할 줄 아는 하나의 살아 있는 존재로 인정할 수 있다면 가이아가 그런 원시시대의 위기적 기후 문제를 해결할 수 있는 몇 가지 수단을 가졌다는 것이 그리 놀라운 일은 아닐 것이다. 많은 생물은 자신의 몸을 숨기거나 상대에게 경고하기 위하여, 또는 자신을 과시하기 위하여 몸 색깔을 바꾸기도 한다. 대기 중의 암모니아가 감소하거나 또는 대륙이 표류하여 알베도를 높이는 위치로 이동하거나 하여 지구의 온도가 떨어지게 되었더라도 생물권은 지구의 표면을 짙은 색깔로 뒤덮어서 스스로를 보전할 수 있었을지 모른다. 보스턴대학의 어래믹(Awramik)과 골루빅(Golubic) 교수는 알베도가 비교적 높게 나타나는 해변에서 늪지를 뒤덮고 자라는 미생물군이 평상시에는 옅은 색깔을 띠고 있다가 계절이 바뀌어 가을로 접어들면서 짙은 색깔로 변한다는 사실을 관찰했다. 이런 짙은 색의 미생물 융단은 아주 오랜 옛날부터 있었다. 따라서 그들이 태곳적부터 지녀왔던 보온 수단을 지금도 재현하고 있다고 말할 수 있지 않을까?

이와는 반대로 만약 과도한 기온 상승이 문제가 되었다고 가정하자. 그러면 해양의 생물군들은 바다의 표면을 뒤덮을 수 있도록 단열재의 성질을 갖는 단분자층(monomolecular layer)을 생산하여 해수의 증발을 조절함으로써 이에 대처했을지도 모른다. 만약 이런 수단에 의하여 대양의 따뜻한 지역에서 해수의 증발이 저지되었다면 대기 중의 과도한 수증기 축적이 이루어지지 못해 결국 적외선 흡수에 의한 무절제한 온도 상승이 정지되었을 것이다.

이상은 생물권이 자신의 환경을 안락하게 유지하기 위하여 능동적으로 취할 수 있었던 몇 가지 예들 가운데 한두 가지에 불과하다. 생물권보다 훨씬 단순하다고 할 수 있는 꿀벌집이나 인간 시스템(human system)을 연구해보면 온도를 조절하는 데 그들이 어떤 한 가지 수단만을 즐겨 쓰는 것이 아니라 여러 다른 수단들을 복합적으로 선택하여 이용한다는 것이 뚜렷이 부각된다. 따라서 아주 오랜 옛날에 진정 어떠한 온도 조절 방식이 동원되었는지를 알기란 거의 불가능에 가깝다고 할 수 있다. 우리는 단지 여러 가능성에 근거해서 생물들이 끊임없이 삶을 이어왔으며, 항상 변함없는 기후를 즐겨왔다고 확신할 수 있을 따름이다.

가이아가 자신의 환경을 능동적으로 변화시키고자 했던 최초의 시도는 기후와 태양에너지의 감소에 기인하는 것이었다. 그러나 생물들이 보전되기 위해서는 다른 중요한 환경적 속성들 역시 미묘한 균형이 유지되어야 한다. 어떤 필수 원소들은 대단히 많은 양이 요구되지만 또 어떤 원소들은 오직 극미량이 필요할 뿐이다. 그렇지만 이런 원소들이 때때로 시급히 필요한 경우도 있었을지 모른다. 독성을 띠는 생물체의 노폐물과 찌꺼기는 반드시 제거되어야만 하는데, 만약 재이용이 가능하다면 유용하게 다시 쓰일 수도 있다. 산도(acidity)는 항상 유심히 지켜봐야 할 사항으로 전체적인 주변 환경은 항상 중성이거나 약알칼리성으로 유지되어야만 한다. 바다는 언제나 짠맛을 지녀야 하지만 너무 염도가 높아서도 안 된다. 이상의 예들은 중요한 몇 가지 사항을 언급한 것에 불과하다. 이 외에도 여러 다른 사항들이 여기에 포함될 수 있으리라.

이미 우리가 논의했다시피, 생물계가 처음으로 지상에 확립되었던 그 시절부터 그것은 자신의 구성 요소로 중요한 물질들을 주위 환경으로부터 흡수하여 이용할 수 있었다. 그리고 이런 물질들이 모두 고갈되자 대기, 해양 그리고 지표로부터 원료 물질을 취하여 자신들의 구성 물질들을 합성할 수 있는 기술을 익히게 되었다. 생물들이 전 지구적으로 퍼져나가 점차 다양해지면서 중요한 과업 하나가 필연적으로 요구되었는데, 그것은 생물체로서의 작용과 기능을 유지하는데 반드시 필요한 미량 원소들을 충분히 확보하는 것이었다. 세포로 형성되는 생물은 모두 효소(enzyme)라 불리는 무수히 많은 종류의 화학물질, 즉 촉매 물질을 가진다. 그런데 효소들의 대부분은 그 자신이 정상적으로 기능을 발휘하기 위해서 어떤 종류의 미량 원소들을 필요로 한다. 예를 들어, 탄산탈수효소(carbonic anhydrase)는 세포 내 환경에서 이산화탄소의 유출입을 조절하는 기능을 담당하는데, 이 효소의 구성 성분에는 아연이 포함되어 있다. 다른 효소들은 철, 마그네슘, 바나듐 등을 필요로 한다. 코발트, 셀레늄, 구리, 아이오딘, 포타슘 등을 포함하는 많은 미량 원소들은 지금도 생물권이 수행하는 여러 작용들에 반드시 필요한 미량 원소들이다. 원시 가이아에서 이런 필요성들은 시시각각으로 생겨났을 것이며, 또 그런 필요들은 시간이 지나면서 하나씩 충족되었을 게 분명하다.

처음에는 이런 미량 원소들이 널리 퍼져 있었으므로 생물들이 그것들을 취하는 데 별로 어려움이 없었을 것이다. 그러나 시간이 지나면서 생물들이 점차 번성하게 되자 이 미량 원소들의 공급이 부족하게 되고, 급기야는 생물들이 자신의 번식을 위하여 경쟁적으로 그것들을 찾게 되었으리라. 최초의 생물들이 얕은 바다에서 번성하기 시작했다는 주장은 매우 타당한 논리이다. 이 주요 원소들은 생물들의 활발한 번식에 의하여 생물체에 흡수되었다가 급기야는 생물체의 사멸과 함께 죽은 세포와 골격의 형태로 진흙이나 해저의 펄 속에 묻히게 되었을 것이다. 일단 이렇게 침전된 물질들은 보통 다른 침전물들에 깔려서 덮이게 되고, 그 결과 매몰 장소는 지각의 완만한 균열에 의하여 다시 노출될 때까지 생물권과 완전히 격리된다. 지질학의 역사 도처에서 보여지는 퇴적암의 거대한 지층은 바로 이런 격리 작용의 장엄함을 나타내는 증거가 될 수 있을 것이다.

생물은 자신들의 생존을 위하여 스스로 제기한 이런 문제들을 또 자신들 스스로 해결하지 않으면 안 되었다. 생물의 진화 과정에서 나타나는 끊임없는 시행착오는 바로 이런 노력을 의미한다. 위의 경우처럼 다른 생물의 시체를 먹어 치우는 종들이 나타나 죽은 생물체가 바다 밑바닥에 묻히기 전에 그들로부터 주요 원소들을 회수함으로써 문제가 부분적으로 해결되었다. 바닷물로부터 희귀한 물질들을 추출해낼 수 있는 정교한 물리·화학적 시스템들도 이와 함께 진화했을 것이다. 그래서 시간이 지남에 따라 이제까지 독립적이었던 미량 원소의 회수수단들이 보다 높은 생산성을 위하여 서로 합쳐지고 연계되었을 것이다. 이렇게 하여 구성된 보다 복잡한 협조 체제의 네트워크는 각 부분들의 합보다 훨씬 커다란 능력과 속성을 지니게 되었을 것이며, 바로 이런 점이 가이아가 갖는 여러 특성의 한 면을 보여준다고 할 수 있다.

산업혁명 이후 인류 사회는 요긴한 물질들의 부족과 국지적인 환경오염이라는 주요한 화학적 문제들에 봉착하고 있다. 초기의 생물권도 이와 유사한 문제들에 직면했을 것이다. 생물들은 처음에는 주위 환경으로부터 아연(Zn)을 흡수할 수 있는 세포 시스템을 발전시켰으리라. 그들은 초기에는 자신의 생존을 위하여 그리고 점차 유용한 물질을 취하는 세포 시스템 속성의 일부로 아연을 흡수하게 되었는데, 점차 시간이 경과하면서 부지불식간에 아연과 유사하지만 유독성 물질인 수은(Hg)도 함께 흡수하게 되었을 것이다. 자연계의 이런 실수는 아마도 지구 최초의 환경오염 사건이라고 해도 좋을 것이다. 그렇지만 으레 그렇듯 이 문제는 자연선택(natural selection)이 진행되면서 해결되었다. 현대의 우리는 수은과 기타 유독성 원소들을 무해한 휘발성의 메틸 유도체(methyl derivative)로 전환시킬 수 있는 미생물 시스템과 공존하고 있다. 이런 생물은 유독성 물질을 처리할 수 있었던 태곳적 생물 작용을 대표하는 셈이라고 하겠다.

오염이란 흔히 우리가 말하는 도덕적 타락의 산물만은 아니다. 오히려 그것은 생물들의 생활 속에서 나타나는 회피할 수 없는 결과라

할 수 있다. 열역학 제2법칙은 생물 시스템의 낮은 엔트로피와 정교하고 역동적인 조직이 그 기능을 발휘하기 위해서는 저준위의 폐기물과 에너지를 외부 환경으로 반드시 배출시켜야만 한다는 것을 역설하고 있다. 가축의 분뇨는 초목들과 딱정벌레들, 그리고 농부들에게까지 오염 물질이 아닌 중요한 선물이 된다. 우리가 좀 더 현명하다면, 산업 폐기물을 꼭 폐기할 것이 아니라 유용하게 사용할 수 있는 방법을 고안해야 하지 않을까? 법에 의한 금지라는 부정적, 비건설적인 대처 방법은 마치 가축으로 하여금 똥오줌을 싸지 못하도록 하자는 제안만큼이나 어리석은 짓이라고 하겠다.

앞의 예들보다 초기 지구의 건강에 훨씬 더 심각했던 위협은 전 지구적인 규모로 지구 환경의 특성이 점차 파괴되었다는 것에서 찾아볼 수 있을 것이다. 메탄가스가 이산화탄소로 변환되고 황화물(sulphide)이 황산염(sulphate)으로 바뀐다든지 하는 현상은 생물들이 도저히 견디어낼 수 없을 정도까지 지구의 상태를 산성으로 몰고 갔을지도 모른다. 우리는 생물권이 어떻게 그런 어려움을 극복했는지 아직 잘 모르고 있다. 다만 우리가 알 수 있는 면 과거로부터 현재에 이르기까지 지구가 지금과 같은 화학적 중성 상태를 계속 유지해왔다는 사실만을 인정할 따름이다. 그 반면에 화성과 금성은 대기의 조성이 지구보다 훨씬 높은 산성으로 나타나며, 지구에서 생명이 탄생한 것과 같은 그런 지질학적 진화의 경과가 아직까지 없었던 것처럼 보인다.

현재 지구의 생물권은 매년 약 10억 톤 정도의 암모니아를 생산하고 있다. 그런데 이 양은 황 화합물과 질소 화합물들이 자연적으로 산화함으로써 생성되는 강산(strong acid)인 황산(H_2SO_4)과 질산(HNO_3)을 중화시키는 데 필요한 알칼리 양과 거의 일치한다. 이를 아마도 우연의 일치라고 생각할 수도 있겠지만, 어쩌면 가이아의 존재를 증명하는 상황적 증거의 또 한 예라고도 할 수 있을 것이다.

바다의 염분 농도가 엄격하게 유지되어야 하는 것은 지구의 화학적 평형이 중성으로 유지돼야 하는 것과 마찬가지로 생물의 존재에 필수적이다. 그러나 우리가 앞으로 6장에서 살펴보게 되겠지만, 이 현상은 훨씬 복잡하고 미묘하다. 유아기의 생물권은 다른 모든 일에서와 마찬가지로 염분 농도를 일정하게 유지시키는 데에 특별한 재능을 가졌을 것이 분명하다. 이 경우에서 우리는 만약 가이아가 진정 존재한다면 생명의 탄생 바로 그 시점에서부터 주위 환경을 엄격하게 통제하는 일을 실천했을 것이라는 결론을 내리게 된다. 이런 엄격한 통제가 지금까지도 계속된다고 할 수 있다.

초기 생물들에 대한 진부한 생각들 중에 하나는 그들이 지극히 낮은 수준의 가용 에너지에 구속되어 있었으며, 그 후 대기 속에 산소가 나타나면서부터 비로소 본격적인 진화가 시작되어 오늘날처럼 각양각색의 생물들로 번성하게 되었다는 주장이다. 그런데 고생대(Palaeozoic era) 초기에 해당하는 캄브리아기(Cambrian period) 동안 골격화된 동물군이 나타나기 이전에 사실상 이미 복잡하고 정교한 생물들이 존재했으며 그들이 생태학적으로 다양한 기능을 수행했음이 분명하다. 우리 자신들과 다른 동물들에게서 볼 수 있듯이 세포 속에서 유기물질을 산소와 결합시키는 산화작용이 운동에너지를 공급하는 아주 효율적인 수단이라는 점은 명백하다. 그렇지만 환원적 환경 조건, 즉 수소와 수소를 포함하는 분자들이 풍부히 존재하는 상태라고 해서 왜 그런 에너지 요구가 충족될 수 없는 것인지에 대해 생화학적으로 어떤 타당한 이유도 찾아보기 어렵다. 따라서 이제부터 에너지 이론이

그림 2 오스트레일리아 남부 지방 해안에서 발견되는 스트로마톨라이트 집단. 이것은 약 30억 년 전에 만들어진 생물들의 화석 잔존물과 구조상으로 매우 유사하다.

그 역으로 어떻게 적용될 수 있는지 살펴보기로 하자.

초기 원시 생물들은 스트로마톨라이트(stromatolite)로 알려진 화석 유물을 후세에 남겨놓았다. 이 유물은 생물 퇴적에 의한 구조물이라 할 수 있는데, 일반적으로 얇은 판 모양 암석이 포개진 형태이며 전체적인 모양은 원뿔형 또는 꽃양배추 모양을 하고 있다. 스트로마톨라이트의 구성 물질은 보통 탄산칼슘과 실리카(silica)인데, 이것들은 미생물 작용의 부산물로 알려져 있다. 이런 물질들은 30억 년도 더 오래된 부싯돌 비슷한 암석에서 발견되기도 한다. 그런데 스트로마톨라이트의 일반적 형태는 그것들이 오늘날의 남조류(blue-green algae)에 유사한 광합성 생물들에 의해 형성되었음을 보여주고 있다. 사실 우리는 초기 생물들의 일부가 태양빛을 가장 중요한 에너지원으로 이용할 수 있는 광합성 박테리아들이었다고 믿고 있다. 왜냐하면 충분히 에너지 준위가 높으며 지속적으로 많은 양을 공급할 수 있는 에너지원은 그 시대에도 태양을 제외하고는 달리 찾을 수 없었기 때문이다. 그 당시의 강력한 방사성 물질은 높은 에너지 준위의 요구를 만족시킬 수 있었을 것이다. 그러나 양적인 면에 있어서 태양에 비교할 때 그것은 한심할 정도로 소량에 불과했다.

이미 앞에서 살펴보았듯이 초기 광합성 생물들이 활동했던 시대는 주변에 수소와 수소를 포함하는 화합물들이 풍부히 존재했던 환원성 환경이었다. 이런 조건 속에서의 생물은 마치 오늘날의 식물들이 그러하듯 자신들의 필요에 맞추어 화학퍼텐셜(chemical potential)의 구배(gradient)를 확대하는 데 노력했을 것이다. 오늘날에는 세포막을 경계로 하여 산소는 그 외부에, 먹이와 수소가 많이 포함된 물질은 세포 내부에 풍부하다. 그러나 10억 년 전에는 이와는 정반대의 상태였을 것이다. 원시시대의 일부 생물들이 필요로 했던 먹이는 오늘날의 세포들이 유효수소를 꼭 필요로 하지 않는 것과 마찬가지로 반드시 자유산소일 필요는 없었을 것이라는 말이다. 그래서 수소와 반응할 때 많은 양의 에너지를 방출할 수 있는 폴리아세틸렌 지방산(polyacetylene fatty acid)과 같은 물질들이 좋은 먹이가 되었을 것이다. 이런 물질들은 오늘날의 우리에게는 매우 괴상하게 여겨질지도 모르겠다. 그러나 이와 유사한 화합물들은 일부 토양 미생물들에 의해 지금도 생산되고 있으며, 우리 몸속에 에너지원으로 저장되어 있는 지방도 이와 유사하다고 할 수 있다.

위와 같은 뒤죽박죽의 생화학은 단순히 가설로서만 존재하고 실제로는 존재하지 않았을지도 모른다. 그렇지만 여기에서의 핵심은 태양에너지를 화학에너지로 전환시킬 수 있는 능력을 갖는 생물체라면 비록 환원적 환경 속에서라 할지라도 충분히 기능을 발휘할 수 있을 만큼의 자유에너지를 가지며, 대부분의 생화학적 과정을 그대로 수행할 수 있었을 것이라는 점이다.

지구의 지질학적 기록은 생물들이 처음 나타났던 초기 시절에 철이나 그 이상으로 환원된 형태의 철을 포함하는 막대한 규모의 지각 암석들이 산화했다는 사실을 일깨워주고 있다. 결국 약 20억 년 전쯤에 이르자 지각의 지질 작용에 의하여 암석들이 지표로 노출되는 속도보다 환원성 물질들이 산화하는 속도가 훨씬 더 빠르게 되었다. 그리하여 광합성 생물들이 계속 산소를 생산하는 만큼 공기 중에는 산소의 축적이 이루어지게 되었다. 그즈음은 아마도 지구 생물의 역사에 있어서 가장 위기의 순간이었을 것이다. 무산소 상태의 대기 중에 산소가 침입하게 된 것은 지구 역사상 초유의 대기오염 사건이었으리라. 우리 시대의 생물권에는 해조류가 번성하고 있는데, 이들은 태양빛을 이용하여 해수 중에 포함된 염소 이온을 염소 가스로 전환시킬 수 있다. 그런데 이렇게 해서 공기 중에 염소 가스가 존재하게 되면 오늘날의 생물들에게는 치명적인 위험이 된다. 그렇지만 오늘날의 생물권이 감수해야 하는 이런 위험성도 20억 년 전 무산소 대기 시절에 산소가 축적됨으로써 당시의 생물들이 겪었던 경험에 비한다면 그야말로 보잘것없는 사건에 불과하다고 하겠다.

이런 전환기적 시기를 맞음으로써 그동안 지구를 따뜻하게 유지시키는 수단이 되었던 메탄가스와 암모니아의 '담요'도 그 역할에 안녕을 고하게 되었다. 자유산소와 이런 기체들은 대기 속에서 서로 급속히 반응하기 때문에 산소가 축적되면서 이런 기체들의 최대 허용 농도가 일정 한도까지 제한될 수밖에 없었던 것이다. 현재 대기 중에는 1억분의 1 정도의 농도로 메탄가스가 포함되어 있는데, 이 양은 지구를 따뜻하게 하기에는 너무나 적은 양이 아닐 수 없다.

약 20억 년 전 산소가 대기 중으로 스며들기 시작했을 때 지구 생물권은 마치 침몰된 잠수함에 갇힌 선원들처럼 위기감을 느꼈을 것이다. 생물은 자신들의 파괴되고 손상된 부위를 재건해야만 했으며, 이와 동시에 공기 중에 유독성 가스가 점점 더 많아지는 것에 절대적인 위협을 느끼게 되었을 것이다. 하지만 기발한 재능은 승리하고 위기는 마침내 극복되었다. 가이아는 과거의 질서를 회복하는 원상복구라는 인간적인 방법에 의해서가 아니라 융통성으로 다양한 변화에 적응하여 살인적인 침입자를 유쾌한 친구로 바꾸는 데 성공을 거둘 수 있었던 것이다.

대기 중에 산소가 처음 나타난 사건은 초기의 생물들에게 거의 치명적인 재난이었다. 원시 생물권이 맹목적인 우연에 의해 지독한 추위와 격렬한 고온으로부터 벗어날 수 있었으며 기아, 산성화 그리고 물질대사적 교란으로부터 탈출할 수 있었고, 마침내는 산소의 과잉축적에 의한 중독으로부터도 안전할 수 있었다는 주장에 대해 많은 의문이 제기될 수도 있을 것이다. 그러나 만약 원시 생물권이 그 당시에 이미 단순한 생물종의 나열 이상의 존재로 진화하기 시작했으며, 또 범지구적 조절 능력을 체득하고 있었다고 한다면, 오늘날 위기의 시대를 살아가는 우리들의 생존에 대해 이해하는 일이 그리 어려운 것만은 아닐지도 모른다.

과학이 재미있는 이야기를 재미없게 만드는 경우가 종종 있다.

산소에 대해 앞에서 했던 얘기는 1978년의 시점에서는 거의 진실인 듯싶었다. 하지만 오늘날 우리는 산소가 그렇게 갑자기 출현했던 것이 아니라 처음에는 아주 미량으로만 존재했다가 시간이 경과하면서 점차로 오늘날만큼 풍부하게 되었다는 것을 알고 있다. 따라서 생물들은 산소의 재난에 적응할 수 있는 충분한 시간을 가졌던 것이다.

3
가이아의 인식

태양이 작열하는 깨끗한 바닷가의 모래밭을 상상해보자. 조류(tide)는 밀려가고 또 밀려온다. 황금빛 모래로 이루어진 부드러운 곡선의 모래언덕에는 모래 알갱이들이 각각 제자리에 자리 잡고 있으며 그 어떠한 사건도 벌어지지 않고 있는 것처럼 보인다.

그렇지만 해변의 모래밭이 어찌 완전무결하게 평평하고 매끄러우며 아무런 교란도 없을 수 있겠는가. 설령 그렇다고 해도 그 상태가 얼마나 오랫동안 지속될 수 있을까? 황금빛 모래언덕은 신선한 바람과 조류에 의해 끊임없이 그 모양이 다듬어지고 변화하고 있는 것이리라. '사건(event)'이라는 것도 이에 빗대어 말할 수 있지 않을까? 어쩌면 우리가 사는 이 세상에서의 변화라는 것은 바람이 휩쓸고 지나가는 모래언덕이 시시각각으로 형상을 바꾸는 것에 비유될 수 있는 것이리라. 또는 밀물과 썰물이 모래밭에 끊임없이 자취를 남기고 또 지우고 하는 것에 비유될 수 있다.

자, 이제 이 자연의 순결한 모래언덕에 한 점 작은 파격이 존재한다고 가정하자. 그것을 가까이 다가가서 보면 누구라도 한 어린아이에 의해 만들어진 모래 더미라고 생각할 것이다. 우리는 이것을 모래성으로 부르는 데에 아무런 주저함이 없으리라. 끄트머리가 잘려나간 원뿔형의 모래 더미는 양동이에 가득 담긴 모래를 뒤집어엎어서 만든 것이 분명해 보인다. 그런데 그 옆을 마른 바람이 스쳐 지나가면 모래성의 주위에 파놓은 해자(垓字)도, 그것에 놓인 다리도, 성문의 창살도 그 형태가 점점 뭉그러진다. 아, 그것은 원래 모래의 상태, 즉 평형 상태(equilibrium state)로 되돌아가는 것이다. 우리는 당연히 그렇다고 받아들인다. 여기에서 우리는 모래성이 인공적인 것이라고 쉽게 인정할 수 있다. 적어도 우리는 모래성을 한 번 보자마자 그것을 사람이 만든 것으로 인식하도록 자연스럽게 훈련되어 있다. 그런데 만약 누군가가 그 모래 더미가 자연현상에 의해 만들어진 것이 아니라는 증거를 제시하라고 한다면 어떻게 할까? 먼저 우리는 그것이 주위의 환경과 부합되지 않는다는 점을 분명히 지적해야 할 것이다. 모래밭의 다른 부분들은 모두 바람과 파도에 휩쓸려 영속적으로 씻기고 다듬어져서 만들어진 것이다. 그러나 모래성은 아직 붕괴되지 않은 채 있지 않은가. 또 비록 어린아이가 만든 빈약한 모래성일지라도 그것의 전체적인 윤곽과 구성이 명백히 어떤 목적을 가지고 만들어졌으며, 따라서 자연의 힘에 의해 우연히 이루어진 것은 아니라는 점을 보여주고 있지 않은가.

이처럼 단순한 모래밭과 모래성의 세계에 있어서도 우리는 네 가지 명백히 다른 상태가 존재함을 인식할 수 있다. 첫 번째, 무형(featureless)의 중립과 완전 평형의 불활성 상태(inert state)(그러나 사실상 지구에서는 이런 상태를 결코 발견할 수 없다. 왜냐하면 태양열의 복사는 지구에 에너지를 제공하여 바다와 공기를 휘저으며 모래밭의 모래알들을 뒹굴게 하기 때문이다). 두 번째, 형태를 갖는(structured) 그러나 생명의 존재가 없는(lifeless) 정상 상태(steady state). 즉 모래알이 뒹굴고 바람이 구축한 모래언덕이 보이는 모래밭의 상태다. 세 번째, 마치 모래성이 만들어져 있는 모래밭에서처럼 생물의 흔적만 남겨져 있는 상태. 마지막으로 모래성을 만든 이의 형태로 이윽고 생물체가 등장한 상태.

그런데 우리가 가이아의 존재를 탐구하는 데 있어서 특히 중요한 단계는 위의 네 가지 중에서 세 번째 단계, 즉 모래성으로 대표되는 무생물적인(abiological) 또는 비생물적인(non-biological) 정상 상태와 네 번째 상태에 해당하는 생물의 존재가 보이는 중간 단계라고 할 수 있다. 비록 생물의 존재를 직접 볼 수 있는 것은 아니라 할지라도 생물체에 의해 만들어진 구조물은 그 주인이 가졌던 필요성과 의도에 대해 풍부한 정보를 제공할 수 있다. 가이아의 존재에 대한 실마리는 마치 앞의 모래성처럼 일시적인 것에 불과하다. 만약 생물계에 가이아라는 협조자가 현존하지 않는다면 마치 해변에서 어린아이들이 새로운 모래성을 계속 쌓듯이 그렇게 끊임없이 복구되고 재창조되지 못한다면, 가이아의 흔적은 벌써 사라져버리고 말았을 것이다.

그렇다면 우리는 어떻게 가이아가 만들어낸 산물과 자연력(natural force)에 의해 우연히 만들어진 산물을 구분하고 인식할 수 있을까? 또 우리는 어떻게 가이아의 존재를 인정할 수 있을까? 다행스럽게도 우리는 어느 정도의 실마리를 이미 손에 지니고 있다. 19세기 말에 볼츠만(Boltzmann)은 엔트로피에 대해 아주 격조 높은 정의를 내렸는데, 그는 엔트로피를 분자 분포의 확률을 나타내는 척도라고 했다. 이런 정의는 처음에는 모호하게 여겨졌지만, 우리가 추구하고자 하는 바를 적절하게 표현했다고 할 수 있다. 이 정의의 의미는 곧 만약 우리가 자연적으로 존재 불가능한 분자 집합체를 발견한다면 그것은 생물체이거나 생물체의 산물임이 분명하다는 것이다. 또, 만약 우리가 이런 분자 집합물을 지구 도처에서 발견하게 된다면 그것은 바로 우리가 가이아의 존재를 확인하는 것이 된다는 의미이기도 하다. 가이아는 지구에서 가장 커다란 생물체 — 또는 그 집합 — 인 것이다.

그렇다면 여러분들은 도대체 분자들의 존재 불가능한 분포란 무엇인가라고 반문할지도 모르겠다. 여기에 대한 대답은 여러 가지가 있을 수 있다. (마치 독자인 여러분의 존재와 같이) 자연적으로 존재 불가능한 분자들의 규칙적인 분포이거나 또는 (마치 공기가 그 예가 되듯) 일상적 분자들의 존재 불가능한 분포라고 대답하는 것은 그리 유용하지 못할지도 모른다.(여기에서 존재 불가능한 분자들이란 생물체를 구성하는 단백질과 같은 생체 분자를 의미하며, 이것들이 질서 정연하게 집합하여 생물의 몸을 구성하기 때문에 존재 불가능한 분자들의 규칙적인 분포라고 지칭한 것이다. 공기를 구성하는 분자들은 생물의 출현이 없더라도 무생물적으로 만들어질 수 있으므로 일상적 분자들이다. 그러나 이들의 구성 비율은 이미 앞 장에서 논의되었다시피 지구에서는 매우 특이하므로 이를 존재 불가능한 분포라 지칭했다 - 옮긴이) 존재 불가능한 분자 분포(improbable molecular distribution)의 다른 정의는 평형 상태에 있는 배경 분자들로부터 그것이 만들어질 때에 에너지의 투입이 요구되는 분포라는 것이다(즉 앞에서의 모래성은 주변의 균일한 배경과 뚜렷이 구별될 뿐만 아니라, 그것이 얼마만큼 다르냐 또는 얼마만큼 존재 불가능하느냐에 따라 곧 엔트로피 감소나 의도적인 생물 활동의 척도로 간주될 수 있는 것이다).

이제 우리는 가이아의 존재를 인식한다는 것은 곧 분자의 분포에 있어서 전 지구적인 규모로 존재 불가능성을 발견해야 하는 것과 직결되어 있음을 알았다. 여기에서 말하는 분자 분포의 존재 불가능성이란 추호의 의심도 없이 정상 상태와 이론적 평형 상태의 양쪽 모두와 확실히 구분될 수 있는 분포 상태를 의미한다.

그러면 평형 상태에서와 무생물적 정상 상태에서 지구의 모습은 어떨지 먼저 생각해보자. 이런 지구의 모습에 대하여 명확한 개념을 갖는 것은 우리가 알고자 하는 것에 매우 유용할 수 있을 것이기 때문이다. 또 우리는 화학평형(chemical equilibrium)이 의미하는 바를 이해해야만 한다.

비평형 상태(state of disequilibrium)는 적어도 원리적으로는 얼마만큼의 에너지를 추출할 수 있는 상태를 의미한다. 마치 모래알이 높은 곳에서 낮은 곳으로 떨어지듯이. 평형 상태에 이르면 에너지 준위가 모두 같아져 그 속에서 추출할 수 있는 에너지는 없게 된다. 모래알만으로 이루어진 작은 세계에서는 그 기본 입자 하나하나가 사실상 모두 같거나 또는 매우 유사한 물질들이다. 그러나 실제 세상에서는 100개 이상의 화학원소가 존재하며 그들은 매우 복잡하게 서로 결합되어 있는 것이 보통이다. 그 원소들 가운데 몇 가지는 — 탄소(C), 수소(H), 산소(O), 질소(N), 인(P), 황(S) — 거의 무한정한 정도까지 상호 결합이 가능하다. 그렇지만 우리는 대기, 공기 그리고 지표면의 암석들 속에 이런 원소들이 어느 정도의 비율로 포함되어 있는지 잘 알고 있다. 또 우리는 이 원소들이 서로 결합할 때 얼마만큼의 에너지가 방출되는지, 그리고 어떤 순서로 결합되는지도 역시 알고 있다. 따라서 만약 우리가 마치 모래밭에서 부는 변덕스러운 바람과 같이 끊임없이 상태를 교란시키는 어떤 근원이 있음을 가정한다면, 우리는 최저 에너지 상태에 도달했을 때의 화합물들의 분포를 계산할 수 있다. 여기에서의 최저 에너지 상태란 달리 표현하면 화학반응에 의해 더 이상 에너지가 얻어질 수 없는 상태를 말한다. 우리가 컴퓨터의 도움으로 이런 계산을 수행했을 때 화학평형의 세계는 〔표

〔표 1〕 현실 세계와 가상적 화학평형 세계에서의 대기와 해양의 화학적 조성 비교

	주요 구성원의 비율		(단위: %)
	물질명	현실 세계	화학평형 세계
대기	이산화탄소	0.03	98
	질소	78	0
	산소	21	0
	아르곤	1	1
해양	물	96	85
	소금	3.5	13

1〕에서 제시되는 것과 같다.

스웨덴의 저명한 화학자 실렌(Sillen)은 지구의 구성 물질을 열역학적 평형(thermodynamic equilibrium) 상태에 두었을 때의 결과를 처음으로 산출한 바 있다. 그 후 여러 학자들이 유사한 연구를 수행했는데 그들의 연구 결과는 실렌의 업적을 확인시켜주었다. 이런 연구는 무수히 많은 계산 업무를 충실하게 수행할 수 있는 컴퓨터의 도움으로 연구자의 자유로운 상상력이 빛을 발할 수 있는 분야라고 할 수 있다.

지구와 같이 엄청난 규모를 대상으로 연구를 수행할 때에는, 우리는 학문 세계에서 꺼리는 비현실성의 벽을 과감히 뛰어넘어야만 한다. 지금부터 지구를 섭씨 15도의 온도를 유지하는 우주적 규모의 보온병 속에 담아놓았다고 가정하자. 이제 보온병을 손에 쥐고 흔들어

서 지구를 완전히 균일하게 혼합한다면 그 속에서 모든 화학반응이 진행되면서 에너지가 방출될 것이다. 이 에너지가 보온병에 흡수되면 병의 내부는 여전히 일정 온도로 유지되지만 결국은 화학반응이 완료되어 더 이상 에너지 방출이 없게 되는 때에 이를 것이다. 이때 우리는 그 표면은 바다로 덮여 있지만 파도나 해류가 없고, 그 위로는 이산화탄소가 풍부하지만 산소나 질소가 없는 대기권을 갖는 지구를 기대할 수 있다. 이런 지구에서의 해양은 염분이 매우 풍부하고 해저는 규소, 규산염 및 점토광물 등으로 뒤덮여 있게 된다.

그런데 우리들의 이 가상적 화학평형의 세계에서는 화학적 조성이 꼭 어떠하고 그 화합물의 형태가 꼭 무엇인지는 그리 중요한 문제가 아니다. 보다 중요한 문제는 그런 세계에서는 어떠한 에너지원도 존재하지 않는다는 점이다. 비도 파도도 조류도 없으며, 에너지를 방출하는 어떠한 화학반응의 가능성도 물론 존재하지 않을 것이다. 그런 세계에서는 — 따뜻하고 습기가 있으며 설령 생명체에 필요한 모든 구성 물질이 구비된다고 해도 — 결코 생물이 탄생할 수 없을 것이라는 점을 우리는 명백히 알고 있어야 한다. 생물은 그 자신을 유지하기 위하여 태양으로부터 끊임없이 에너지를 공급받아야만 하는 것이다.

이런 추상적 평형의 세계는 실재적 지구, 그렇지만 생물의 존재는 없는 과거 한때 있었음직한 지구를 가정하여 이와 비교할 때 다음과 같은 점에서 크게 다르다. 실재적 지구는 자전과 함께 태양의 주위를 도는 공전 운동을 함으로써 강력한 복사에너지를 골고루 받을 수 있었을 것이다. 이런 복사에너지에는 대기권의 바깥쪽에서 분자 구조를 파괴시킬 수 있을 만큼 강렬한 복사선도 일부 포함되었을 것이다. 또 그런 지구의 내부는 고열을 유지했을 터인데, 그 열은 대규모의 핵폭발로 지구가 처음 형성될 때 남겨진 방사능 원소들의 지속적인 분열로 유지되었을 것이다. 아마도 그런 지구에서는 구름과 비가 존재할 수 있었으며, 또 약간의 육지도 형성될 수 있었으리라. 현재의 태양 복사열을 고려해볼 때 그런 시절에는 설령 극지방이라고 해도 빙하가 존재하기는 어려웠을 것으로 추측되는데, 특히 당시의 대기권에는 이산화탄소가 현재보다 풍부하여 오늘날보다 외계로 열을 내보내기가 어려웠을 것이다.

무생물의 실재적 지구에서는 물 분자가 대기권의 바깥쪽에서 분해되면서 가벼운 수소 원자는 외계로 탈출하게 될 것이므로 약간의 산소가 대기 중에 존재할 수 있었을 것으로 추측된다. 그러나 이 당시 얼마만큼의 산소가 존재할 수 있었는지는 확실치 않으며 지금도 논란의 대상이 되고 있다. 산소의 양은 지각의 안쪽으로부터 환원성 물질이 어느 정도나 배출되었는지, 그리고 외계로부터 수소가 어느 정도나 복귀될 수 있었는지에 따라서 결정되었을 것이다. 다만 우리가 현재 확신하는 바로는 만약 산소가 존재했더라도 그 양이 지금의 화성에서 발견되는 양보다 그리 많지는 않았을 것이라는 점이다. 이런 세계에서는 바람이 불고 물이 흐를 수 있었으므로 풍차와 물레방아를 돌릴 수는 있었겠지만, 화학적 에너지는 거의 발견할 수 없었으리라. 따라서 불은 물론이고 이와 약간이라도 유사한 것이라고는 전혀 존재할 수 없었을 것이다. 이는 대기권에는 비록 약간의 산소가 축적될 수 있었다고 해도 그것을 태워 없앨만한 연료는 없음을 의미한다. 비록 연료가 존재해도 그것이 연소되기 위해서는 적어도 10% 이상의 산소가 공기 중에 있어야만 한다. 무생물의 세계에서 존재하는 산소의 양은 이에 비하면 그야말로 눈곱만큼이었을 것이다.

비록 정상 상태의 무생물 세계가 가상의 화학평형 세계와 이처럼 다를 수 있다고 해도 그 두 세계 사이의 차이는 그들 가운데 어느 하나와 오늘날 우리가 살고 있는 생물 세계와의 차이에 비교할 때 그야말로 아무것도 아니라고 할 수 있다. 이들 세계에서 공기, 바다, 육지의 화학적 조성이 어떠했으며 또 어떻게 다른지는 다음 장에서 논의하게 될 것이다. 이 장에서 관심의 초점은 오늘날의 지구에서는 어느 곳에서나 화학적 힘이 풍부하고, 또 대부분의 장소에서 불이 발생할 수 있다는 사실에 있다. 만약 대기 중에 포함된 산소의 농도가 현재보다 4%만 더 증가한다면 세계의 도처에서 대화재가 발생하게 될 것이다. 또한 만약 산소의 농도가 25%까지 이르면 심지어 습기를 담뿍 품고 있는 숲이라고 해도 일단 불이 붙으면 결코 꺼지지 않을 것이다. 따라서 번갯불 등에 의하여 삼림에 화재가 발생하면 그 불은 태울 수 있는 모든 것을 소멸시킬 때까지 절대 꺼지지 않을 것이다. 공상 과학 소설에서는 공기 중에 산소가 풍부하여 사람을 원기 왕성하게 만드는 대기권이 존재하는 행성의 세계가 등장하는데, 이는 정말로 공상에 불과하다. 만약 소설의 주인공이 우주선을 타고 그런 행성에 착륙한다면 착륙과 동시에 그 행성은 완전히 파괴되고 말 것이기 때문이다.

내가 불이나 화학적 자유에너지의 이용 가능성에 관심을 갖는 것은 나의 어떤 괴벽이나 방화벽 때문이 아니다. 화학적 관점에서는 자유에너지의 강도에 의해서 그런 차이를 측정할 수 있기 때문이다(자유에너지란 예를 들면, 불을 일으킬 때 그로부터 얻을 수 있는 힘을 말한다). 바로 이런 척도 한 가지만 보더라도 우리들의 세계는 앞에서 예로 들었던 평형 상태의 세계, 그리고 정상 상태의 세계와 분명히 다르다는 사실을 쉽게 인정할 수 있다. 모래성은 만약 그것을 만드는 아이들이 지구에 존재하지 않는다면 하루 이틀 사이에 사라지고 말 것이다. 만약 지상에서 생물이 모두 소멸해버린다면 불이 탈 때 얻어지는 자유에너지는 산소가 공기 중에서 사라짐과 동시에 곧 없어질 것이다. 이런 현상은 지구상에 아직 아무런 생물도 존재하지 못했던 과거 한때 100만 년 이상 유지되었을 것이다.

자, 그러면 이런 논의에서 정말로 중요한 관점은 무엇일까? 그것은 모래성이 어떤 자연현상의 결과가 아니며, 또 그것이 바람이나 파도와 같은 무생물적 요인에 의해 만들어질 수 없는 것과 마찬가지로 지구 표면과 대기 조성의 화학적 변화 그 자체가 불을 일으킬 수 없다는 사실이다. 그렇다면 독자 여러분들은 여기에서 어떤 확신을 얻을 수 있을까? 결국 우리는 이제 현실 세계에서 벌어지고 있는 무생물적 현상의 많은 부분들 — 예를 들어 불이 붙는 것과 같은 현상들 — 이 생물이 존재함으로 해서 나타날 수 있는 직접적인 결과라는 점을 인정하는 셈이 되었다. 그러나 그렇다고 해서 이 점이 어떻게 가이아의 존재를 인정하는 데 도움이 될 수 있다는 말인가? 내 대답은 다음과 같다. 이런 심각한 비평형성이 공기 중의 산소나 메탄가스의 존재처럼, 그리고 숲속에 있는 나무들의 존재처럼 전 지구적으로 존재한다는 점은 결국 무엇인가 전 지구적 규모의 것이 그 분자들의 분포를 그처럼 특이하게 전 지구적으로 유지시키는 데에 관여하기 때문이다.

우리가 살고 있는 오늘날의 세계와 비교하기 위하여 내가 모델로 삼았던 무생물적 세계는 앞에서 그리 엄밀하게 정의되지 못했다. 따라서 지질학자들은 그런 세계에서의 원소나 화합물의 분포에 대하여 의문을 제기할지도 모른다. 무생물적 세계가 얼마만큼의 질소를 포함할 수 있을지에 대해서는 분명히 논란의 여지가 있을 수 있다. 바로 이 점에서 우리가 화성에 대하여 더 많이 알게 된다면 그것은 꽤 흥미로울 수 있을 것이다. 특히 화성 대기권의 질소 함량이 어느 정도인지, 그리고 그것이 질산염이나 다른 화합물의 형태로 지표면에 달라붙어 있는지, 또는 하버드대학의 마이클 맥엘로이(Michael McElroy) 교수가 지적하듯 외계로 모두 탈출해버렸는지를 밝히는 일은 자못 큰 관심거리가 된다고 할 수 있으리라. 화성은 당연히 무생물적 정상 상태의 세계(non-living steady-state world)의 원형으로 간주될 수 있다.

더 이상의 논란을 잠재우기 위해서 이제부터 정상 상태의 무생물적 세계를 구축하는 두 가지 방법을 생각해보고, 이것들과 이미 우리가 논의한 바 있는 가상적 세계를 서로 비교해보자. 먼저 금성과 화성을 완전한 무생물적 세계로 간주하여 그 둘 사이에 상상의 무생물 행성 지구를 놓아본다고 가정하자. 그러면 두 행성 사이에 놓인 지구의 물리·화학적 특성은 마치 핀란드(화성)와 리비아(금성) 사이의 중간에 위치하는 가상의 국가(스페인이나 프랑스)에 비유될 수 있을 것이다. 화성, 오늘날의 지구, 금성 그리고 가상의 무생물적 지구에서의 대기 조성은 〔표 2〕와 같다.

다른 방법으로 우리의 지구가 급기야는 완전히 멸망할 것이라는 예상하에 심지어 땅속 깊이 묻혀 있는 혐기성 박테리아의 세포까지도 완전히 파괴되었다고 가상해보자. 현재까지 지구의 미래에 관한 그 어떤 시나리오도 이처럼 철저한 멸망을 상정하고 있지는 않지만, 어쨌든 우리는 그것이 가능하다고 생각하자. 이 실험을 적절히 진행시켜 온갖 생물이 풍성한 현재의 세계로부터 모든 것이 사라진 죽음의 세계로 이행하는 과정에서의 화학적 변화 양상을 알아보기 위해

〔표 2〕 무생물적 세계와 생물적 세계에서의 대기 조성 비교

기체	행성			
	금성	생물이 존재하지 않는 가상의 지구	화성	오늘날의 지구
이산화탄소	98%	98%	95%	0.03%
질소	1.9%	1.9%	2.7%	78%
산소	극미량	극미량	0.13%	21%
아르곤	0.1%	0.1%	2%	1%
지표면 온도(°C)	477	290±50	-53	13
대기압력	90	60	0.064	1.0

서는, 아무런 물리적 환경의 변화 없이 단지 생물들만을 사멸시키는 어떠한 기작이 필요하다.

그런데 많은 환경보호주의자들의 주장과는 정반대로 그처럼 지구상의 생물들을 모두 사멸시킬 수 있는 적당한 방법을 찾기가 사실은 거의 불가능하다고 할 수 있다. 혹시 한 가지 가능한 방법이라고 한다면 프레온 가스 사용에 의한 대기권의 오존층 파괴를 생각해볼 수 있는데, 이렇게 되면 생물체에 치명적인 자외선 복사가 크게 증가하여 '지상의 모든 생물들'을 사멸시킬 수 있을지 모르겠다. 오존층이

완전히 또는 부분적으로 파괴되면 우리가 알고 있듯이 심각한 결과를 초래하게 될 것이다. 그렇게 된다면 인간을 비롯한 많은 생물은 생존에 지장을 받고 일부는 멸종될 것이다. 지구에서 먹이와 산소의 1차 생산자인 녹색식물들도 고통을 받을 것이다. 그렇지만 최근에 밝혀진 바 있듯이, 태고 시절에는 온 지구를 뒤덮고 번성했으며 지금도 해변에서 자라고 있는 남조류의 어떤 종들은 단파장의 자외선 복사에 저항력이 매우 강한데, 이들은 국지적으로 가장 중요한 에너지 생산자라고 할 수 있다. 이 행성(지구)의 생물은 사실상 일반인들이 생각하는 것보다도 훨씬 강인하고 튼튼하며 또 환경에 잘 적응하고 있는 것이다. 그리고 우리 인간도 이 강인한 생물계의 한 구성원이다. 무엇보다 이 생물계의 가장 필수적인 구성원은 대륙붕의 바닥과 지표면 바로 밑 토양 속에서 생활하는 생물들이다. 우리가 볼 수 있는 대형 동식물들은 사실상 그리 중요하지 않다. 이것들은 마치 자본주의 사회에서 상품을 광고하는 데 이용되는 세련된 세일즈맨과 우아한 모델들처럼 겉보기에는 좋을지 모르나 꼭 필수적인 존재는 아닌 셈이다. 진실로 강인하고 신뢰할만한 지구의 일꾼은 바로 토양 속과 바다 밑바닥에서 생활하는 미생물들인데, 그들은 주위 환경이 불투명하기 때문에 상당한 양의 자외선 복사에도 자신을 보호할 수 있다.

핵폭발에 의한 방사선 방출 역시 모든 생물을 멸종시킬 수 있는 다른 한 가능성이라고 하겠다. 만약 지구로부터 그리 멀지 않은 곳에 위치하는 어느 별 하나가 초신성이 되어 폭발하게 된다면 막대한 양의 우주선(cosmic ray)이 방출되어 지구의 생물을 완전히 멸종시키지 않을까? 또는 세계대전이 다시 벌어져서 지구에 산재한 모든 핵무기가 거의 동시에 폭발한다면 어떻게 될까? 우리 인류와 대부분의 대형 동식물들은 역시 심각할 정도의 피해를 입게 될 것이다. 그렇지만 단세포성 생물들이 그런 큰 사고를 경험할 때 생존에 지장을 받을 것인가 하는 점에는 역시 의심의 여지가 있다. 핵폭발 실험이 빈번하게 행해졌던 비키니섬(Bikini Atoll)에 대한 생태학적 조사가 과거 여러 차례에 걸쳐 있었는데, 그것은 대량의 방사능 방출이 이 산호초 섬의 생물들에게 어떠한 영향을 끼쳤는지를 연구하기 위해서였다. 그런데 놀랍게도 조사 결과들은, 그처럼 거듭된 방사능 방출에도 불구하고 핵폭발에 의해 표토가 벗겨져 암반이 드러난 지역을 제외한 이 섬의 다른 모든 지역에서 생물들의 활동이 거의 아무런 영향도 받지 않았다는 사실을 밝혀주었다.

1975년 말엽 미국의 국립과학원은 한 보고서를 발표했는데, 그것은 핵폭발의 영향과 그에 기인하는 모든 현상들을 다룬 것이었다. 그 보고서는 과학원의 저명한 과학자 8인으로 구성된 한 위원회에서 작성되었는데, 이 위원회는 다시 그 방면의 전문가 48인의 도움을 받았다. 그런데 그 보고서에서는 만약 지구상에 존재하는 핵폭탄의 절반 가량 — TNT 약 1만 메가톤 규모 — 이 핵전쟁에서 사용된다고 해도 그것이 인류와 인류가 이룩한 인공 생태계에 끼치는 영향은 그리 크지 않을 것이며, 또한 30년 이내에 그 영향은 간과할 수 있을 정도로까지 약해질 것이라고 지적했다. 물론 전쟁 당사국들은 지역적으로 엄청난 대재난을 겪을 것임이 분명하다. 그러나 전쟁 당사국들에서 멀리 떨어진, 그리고 특히 지구 생물권에서 매우 중요한 역할을 담당하는 해양과 연안 생태계들은 그 영향이 최소한에 그칠 것이라고 그 보고서는 지적했다.

오늘날까지 그 보고서에 대하여 제기된 심각한 과학적 비판은 오직 한 건에 불과하다. 그 비판이란 즉 핵전쟁으로 방출된 고열에 의해 생성되는 질소산화물이 오존층을 부분적으로 파괴시켜 범지구적인 영향을 미칠 것이라는 주장이었다. 그런데 오늘날 우리는 이런 주장을 의심하게 되었는데, 이는 성층권의 오존층이 질소산화물에 의해서 쉽게 파괴되지 않을 것으로 간주되고 있기 때문이다. 그 보고서가 발표되었을 때 미국은 이상하게도 성층권의 오존에 대해 각별한 관심을 표시했다. 오늘날에는 그것을 선견지명이 있는 연구라고 볼 수 있겠지만 예나 지금이나 그런 주장은 보잘것없는 증거를 바탕으로 하는 것이 보통이다. 1970년대 전쟁 당사국들과 그 연합국들이 핵폭발을 대수롭지 않은 문제로 여긴 것은 결코 아니었겠지만 그런 핵전쟁이 지구의 모든 것을 멸망시킬 것이라고는 좀처럼 생각하지 못했다. 사실상 제아무리 참혹한 핵전쟁이라고 해도 가이아를 결코 완전히 파괴할 수는 없을 것이다.

그런데 그 보고서는 그때나 지금이나 정치적 그리고 윤리적인 관점에서는 비판의 대상이 되곤 한다. 군사 전략가들이 더 많은 무기를 생산하도록 국민들을 설득시키는 일에나 써먹을 수 있는 것이라며 혹평받기도 한다.〔1980년대의 중엽에 이르러서는 핵전쟁의 영향에 대한 다른 주장이 제기되었다. 이 주장은 핵겨울(nuclear winter)이라고 불리기도 하는데, 핵전쟁의 결과 지표에서 방출된 먼지와 검댕이 성층권을 뒤덮어 햇빛의 투과를 차단하고 그로 인하여 지구의 기온이 떨어져서 모든 생물이 사멸할 것이라는 이론이다. 이 주장은 칼 세이건과 파울 에를리히 등에 의해서 제기되었는데 이제 그 진위를 의심받고 있다 - 옮긴이〕

현재로서는 지구의 물리적 조건을 변화시키지 않고 모든 생물들을 말살시키기란 거의 불가능한 것처럼 보인다. 사실상 우리는 공상

과학 소설에서나 가능한 상상에 의해 모든 생물을 멸종시킬 수 있는 것이다. 그렇지만 어쨌든 땅속 깊은 곳에 묻혀 있는 미생물의 세포까지 모든 생물을 완전히 멸종시킬 수 있는 가상의 시나리오를 다음과 같이 살펴보자.

인텐슬리 이거(Intensli Eeger: 매우 열심히 연구하는 학자라는 의미의 가상적 이름이다 - 옮긴이) 박사는 아주 탁월한 과학자로서 국제적인 명성을 갖는 한 농업 연구기관에 소속되어 있다. 그는 옥스팜(Oxfam: 영국에 있는 유명한 국제 자선단체로 개발도상국의 아동 보호를 위하여 기금을 모으고 자선사업을 펴는 비영리단체 - 옮긴이)의 보고서를 읽고서 기아에 허덕이는 제3세계 어린이들에게 깊은 연민을 갖게 된다. 그래서 그는 자신이 지닌 과학적 재능과 기술을 전 세계의 식량 증산을 위하여 사용하기로 결심한다. 특히 그는 옥스팜이 관심을 기울이고 있는 개발도상국들의 식량 증산에 전력을 기울였다. 그의 연구 계획은 개발도상국에서의 식량 생산은 무엇보다도 비료의 결핍에 의해서 장해를 받는다는 견해를 바탕으로 하는 것이었다. 그는 선진국들이 후진국들이 필요로 하는 만큼 질소 비료와 인산염(phosphate: 식물 생장에 필요한 3대 원소 중의 하나 - 옮긴이) 단순 비료를 충분히 생산하여 그들 나라에 공급하는 것이 거의 불가능하다는 것을 잘 알고 있었다. 또한 그는 단지 화학비료만을 사용하는 데 따르는 문제점들도 충분히 인식하고 있었다. 따라서 그는 대용책으로 유전공학적 방법을 이용하여 질소 고정 능력이 아주 탁월한 미생물 균주를 개발하기로 계획했다. 이런 미생물학적 수단에 의하면 복잡한 화학 공정 없이도 공기 중의 질소를 거둬들여 토양 속에서 투입할 수 있으며, 또 이 과정은 토양 속의 화학적 평형을 파괴시키지 않는다는 장점을 갖는다.

이거 박사는 그 후 수년 동안 질소 고정의 효율이 우수한 미생물을 끈질기게 찾았다. 그러나 많은 미생물 균주들은 시험포장(농작물의 재배 실험을 행하는 실습용 밭 – 옮긴이)에서는 좋은 결과를 보였으나 열대 지방의 실제 상황에서는 대부분 실패로 돌아가고 말았다. 그런 실험을 거듭하던 어느 날, 그의 실험실을 방문한 한 농학자로부터 그는 우연히 인산염이 결핍된 토양에서도 잘 자라는 옥수수의 한 품종이 스페인에서 개발되었다는 소식을 듣게 된다. 그때 이거 박사는 어떤 영감을 느꼈다. 그는 어떤 보조물 없이는 옥수수가 그와 같이 척박한 땅에서 자랄 리가 없다고 생각했다. 그렇지만 마치 클로버의 뿌리에서 자라면서 공기로부터 질소를 고정하는 공생 박테리아처럼 토양 속에서 인산을 끌어들여 옥수수에 제공할 수 있는 박테리아가 있다면 그것이 가능하지 않겠는가?

이거 박사는 자신의 다음 휴가를 스페인에서 보냈다. 그는 옥수수 연구를 수행하는 농업 연구센터 인근에 거처를 정하고 스페인 학자들과 많은 대화를 나눴다. 그들과 서로 논의를 거듭하며 서로의 실험 재료들을 교환하기도 했다. 영국의 실험실로 돌아오자마자 이거 박사는 그들로부터 얻은 옥수수를 재배했고, 그것으로부터 이제까지 그가 알고 있던 그 어떤 미생물보다도 토양 속에서 인산을 끌어들이는 능력이 탁월한 미생물 균주를 추출해냈다. 이거 박사처럼 훌륭한 과학적 재능을 가진 연구자에게 새로운 박테리아로 하여금 옥수수뿐 아니라 다른 작물에도 적응하여 숙주 작물과 공생관계를 맺도록 하는 것은 사실 그리 어려운 일이 아니었다. 그는 마침내 열대 지방에서 가장 중요한 식량 공급원인 벼에도 이 미생물을 이식하는 데에 성공했다. 영국의 시험포장에서 '포스포모나스 이가리(Phosphomonas eegarii:

임의적인 학명으로 그 뜻을 풀이하면 이거 박사가 만든 인산을 만드는 미생물이라는 의미이다 - 옮긴이)'라는 미생물로 처리한 벼를 심어본 결과는 대단한 성공을 거두었다. 이거 박사가 재배한 작물들은 모두 놀랄 만큼의 수확량 증가를 보여주었다. 더욱이 여러 번에 걸친 시험 중에서 이로 인해 어떤 나쁜 징후가 나타나거나 유해하다고 생각되는 결과는 단 한 번도 없었다.

그 후 마침내 오스트레일리아의 북쪽 지방 퀸즐랜드의 열대 식물 야외 시험포장에서도 시험 재배를 하는 날이 다가왔다. 실험실에서 길러진 '미생물들'은 아무런 기념식도 없이 물에 묽게 타져 조그마한 시험논에 골고루 뿌려졌다. 그런데 여기에서는 박테리아들이 예상한 대로 벼와 결합하는 것이 아니라 어느 논에서나 흔히 볼 수 있는 강인한 생명력의 남조류와 공생관계를 맺어버리고 말았다. 이런 두 미생물들의 결합은 질소 고정 생물(남조류)과 인산 흡수 생물(박테리아)의 공생이므로 그야말로 안성맞춤의 결합이었다. 그들은 열대 지방의 따뜻한 환경 속에서 자신들이 필요로 하는 모든 영양소를 공기와 토양으로부터 공급받으면서 매 20분마다 그 수가 두 배씩이나 증가했다. 미생물이 이처럼 급속히 번식할 때에는 이들을 잡아먹는 소형 생물들도 함께 급속히 번식하므로 적당한 수준에서 그 성장이 정지되는 것이 보통이다. 그런데 이 경우에는 새로운 공생 생물체가 주위 토양 속의 인산을 모두 흡수해버림으로써 그 지역이 척박하게 변해버렸고, 따라서 아무런 포식 생물들도 자랄 수 없게 되었다.

불과 몇 시간 만에 시험논과 그 주위는 짙은 녹색 빛을 띠는 끈적끈적한 물질로 뒤덮이고 말았다. 무엇인가 잘못되었음을 연구자들이 깨닫기까지에는 그리 오래 걸리지 않았으며, 그들은 곧 그것이 '

포스포모나스 이가리'와 남조류의 결합 때문이라는 것을 알게 되었다. 과학자들은 이 새로운 공생 생물체가 급속히 확산될 수 있고 그렇게 되었을 때의 위험성을 충분히 예상할 수 있었으므로 곧 전체 시험논과 그것들에 연결된 수로들에 강력한 독극물을 뿌려서 모든 생물들을 완전히 죽여 없애버리도록 조치했다.

그날 밤 이거 박사와 그의 오스트레일리아인 동료들은 피곤에 지치고 걱정에 싸여 늦게 잠자리에 들었다. 그러나 그 이튿날 새벽은 더욱 최악의 날이 되었다. 시험논으로부터 약 1마일 떨어진, 그리고 바다로부터 불과 몇 마일밖에 떨어져 있지 않은 한 조그마한 하천이 마치 진녹색 수프처럼 되어 있었던 것이다. 다시 온갖 종류의 제초제와 살균제가 새로운 생물체가 이동했음 직한 모든 곳에 뿌려졌다. 퀸즐랜드 야외 시험포장 소장은 필사적으로 정부에 간청하여 그 생물체가 통제할 수 없을 정도로 널리 퍼지기 전에 그 지역 주민들을 대피시키고 수소폭탄을 사용하도록 설득했으나 소용이 없었다.

이틀이 채 못 되어 새로운 공생 생물체는 호주 연안을 따라 퍼져갔으며, 이제는 이미 때가 늦었다. 일주일이 채 되기도 전에 그 지역의 상공을 지나는 비행기 안의 승객들은 6마일 높이의 고도에서도 연안에 널리 깔린 녹색의 띠를 볼 수 있었다. 그 후 반년쯤 세월이 지나자 모든 대양과 대륙에 이들 조류가 침범하여 거의 전 지표면과 해양의 반 정도를 뒤덮어버렸다. 짙은 녹색의 끈적끈적한 이 생물체는 숲과 초원을 뒤덮어 모든 동식물을 죽게 하고 그 사체 위에서 다시 번식을 거듭했다.

이 지경에 이르자 드디어 가이아가 치명적인 손상을 입게 되었다. 마치 우리 몸속에 하나의 비정상적인 세포가 전혀 통제를 받지 않고 증식을 거듭하면서 암세포로 변해 쉽게 인간을 쓰러뜨려버리듯, 그처럼 번식이 왕성한 조류 - 박테리아의 공생합체는 건강한 지구 생물권을 구성하고 있던 무수한 종류의 세포와 생물종들을 단번에 파괴시켜버릴 수 있는 것이다. 지구 생물권에 필수적인 여러 협동 업무를 수행하는 무수히 많은 종류의 생물들이 오직 탐욕스럽게 먹이를 흡수하고 번식만을 능사로 아는 한 종류의 생물종으로 대치되었을 때의 결과는 과연 어떠할까?

결국 우주에서 바라보는 지구는 군데군데 녹색의 반점을 갖는 퇴색된 청색의 행성이 되고 말았다. 생물이 살기에 적합하도록 지표면과 대기권의 조성을 자가조절(cybernetic control)하던 생물권 시스템은 가이아가 서서히 죽어가면서 이제 거의 파괴되었다. 생물들에 의한 암모니아 생성도 오랫동안 정지되었다. 모든 다른 생물들이 죽어 부패하고 또 막대한 양의 조류들도 함께 사멸함으로써 황 화합물의 생성이 가속화되고 그 화합물들이 대기 중에서 산화하여 황산으로 변했다. 그리하여 지표면에 떨어지는 빗물은 토양을 더욱 산성으로 변화시켰고, 그 결과 대지는 생물의 생장에 더욱 부적합하게 되었다. 그리고 점차 다른 원소들이 부족해지면서 조류들도 점점 퇴색하기 시작했다. 마침내 지구 대부분의 지역에서는 이들 조류들도 사라지고, 오직 영양분이 특히 풍부했던 일부 지역에서만 간신히 그 명맥을 유지할 수 있게 되었다.

이제 이처럼 곤욕을 겪은 지구가 어떻게 점진적으로 정상 상태의 무생물적 세계로 변화해가는지 살펴보도록 하자. 비록 여기에 소요되는 기간은 적어도 100만 년 또는 그 이상이 되겠지만 말이다. 천둥 번개와 태양과 우주로부터의 방사선은 이제 아무런 보호막도 갖지 못하게 된 지구를 무차별 강타하여 안정된 구조의 화학결합을 파괴시킬 것이다. 그리고 원소들은 평형 상태에서 나타나는 화합물들의 종류로 재편성될 것이다. 최초에 나타나는 이와 같은 반응의 가장 중요한 예는 산소와 죽은 유기체들 사이의 재결합일 것이다. 죽은 생물들의 몸체는 그 반 정도는 땅속에 묻혀서 모래와 진흙에 덮이겠지만 나머지는 공기 중의 산소와 결합하게 될 것이다. 그렇지만 이런 유기물의 산화는 대기권의 산소를 그렇게 많이는 감소시키지 못할 것이다. 나머지 산소의 대부분은 화산 폭발에서 나오는 환원성 기체들과 결합하거나 공기 중의 질소와 결합하면서 오랜 세월에 걸쳐 점진적으로 감소하게 될 것이다. 질산과 황산을 포함하는 산성비가 지표면을 씻으면서 이제까지 해양생물들에 의해 석회암과 백운암의 형태로 지각에 남겨졌던 이산화탄소의 막대한 양이 대기 속으로 되돌아가게 될 것이다.(많은 해양생물들은 바닷물에 녹아 있는 이산화탄소를 칼슘과 결합시켜 탄산칼슘의 형태로 자신의 외피를 만드는데, 이들이 죽으면 해저에 가라앉아 결국 석회암을 형성한다 - 옮긴이)

이미 앞 장에서 논의한 바 있듯이 이산화탄소는 '온실기체'이다. 공기 중에 이산화탄소가 약간 포함되어 있을 때 그것이 온도 상승에 미치는 효과는 그 양에 비례한다. 즉 수학자들의 표현을 빌리면 이 두 요소는 선형관계를 이루는 것이다. 그런데 만약 대기 중의 이산화탄소 농도가 1%를 초과하게 되면 그 선형관계는 비선형관계(nonlinear relationship)로 바뀌어 온도 상승 효과가 갑자기 급속도로 증가한다. 만약 지구에 이산화탄소를 고정시킬 수 있는 생물권이 존재하지 않았더라면 대기 중의 이산화탄소는 과거 어느 때 임계 계수(critical figure) 1%를 초과했을 것이다. 그렇게 되었더라면 대기권의 온도가 급격히 상승하여 물이 끓는 온도에 근접하게 되었으리라. 기온 상승은 화학반응을 가속시키며, 따라서 화학평형에 이르는 기간도 단축시킨다. 지구가 점차 이런 상황으로 바뀌면서 그토록 극성을 부렸던 조류-박테리아의 공생합체는 마침내 끓어오르는 바다에서 완전히 멸종하고 말았을 것이다.

현재의 지구 조건에서는 지표로부터 10킬로미터 떨어진 상공에 있는 물 분자의 거의 모두가 얼음 결정으로 존재하며 오직 100만분의 1 정도만이 수증기의 형태로 존재한다. 대기권의 상층부에서는 수증기가 해리되어 산소 분자를 만들 수 있다. 그러나 지표면으로부터 위쪽으로 이동되는 수증기의 양이 너무 적기 때문에 이렇게 만들어지는 산소의 양은 거의 무시할 수 있는 정도에 불과하다. 그런데 만약 물이 끓을 정도로 온도가 높은 바다가 존재한다면 기상 변화도 대단히 격심하여 폭풍우를 동반하는 구름이 대기권 높이까지 이를 수 있게 될 것이다. 아마도 더 많은 수증기들이 대기권 상층부에 이르게 되고, 그 결과로 온도와 습도가 훨씬 높아지게 될 것이다. 그러면 물 분자의 분해 속도가 훨씬 더 빨라지고 여기에서 생성되는 수소는 대기권 밖으로 탈출하고 산소는 그대로 지구에 잔존하게 될 것이다. 그런데 더 많은 산소가 만들어진다는 것은 곧 궁극적으로 대기 중의 모든 질소가 제거됨을 의미한다. 결국 대기는 이산화탄소와 수증기, 얼마간의 산소(아마도 1% 이하), 그리고 화학적으로는 아무런 역할도 담당하지 않는 극소량의 아르곤(argon)과 그 유사한 기체들로 채워질 것이다.

평형 상태에 이르는 다른 한 경로는 위에서의 예와 크게 다를 수도 있다. 만약 공생합체의 조류가 탐욕스럽게 성장하던 처음의 그 단계에서 조류의 과잉 번식으로 대기 중의 이산화탄소 농도가 크게 낮아졌다고 가정하자(남조류의 광합성 촉진은 이산화탄소 감소를 불러온다). 이렇게 되면 지구는 필경 저온에 시달릴 수밖에 없었을 것이다. 마치 이산화탄소의 과잉이 고온의 환경을 야기하듯 이산화탄소 결핍은 대기의 온도를 빙점 이하로 떨어뜨리게 될 것이다. 그래서 눈과 얼음이 지표면을 뒤덮게 되면 그토록 탐욕스러웠던 조류들도 어쩔 수 없이 사라지고 말 것이다. 산소와 질소의 결합은 이런 저온 조건에서는 서서히 진행되었을 것이다. 그래서 지구의 저온화는 결국 이산화탄소와 아르곤, 그리고 극히 미량의 산소와 질소로 형성되는 낮은 기압의 대기권을 형성할 것이다. 다시 말해 지구는 마치 오늘날의 화성과 유사하게 될 것이다. 다만 화성만큼 그렇게 춥지는 않겠지만.

현 단계에서 우리가 위의 경로 중 어느 쪽이 더 실현 가능성이 높을지 예상하기는 어렵다. 그렇지만 한 가지 확실한 것은 만약 가이아가 갖는 확인과 균형 기능의 수준 높은 네크워크와 정교한 시스템이 완전히 파괴돼버린다면 원상 복구가 결코 가능하지 않을 것이라는 점이다. 더 이상 다양함을 찾아볼 수 없는 무생물 상태의 지구는 가이아의 모든 기능이 파괴됨으로써 우리의 형제 행성인 화성과 금성의 중간 열에 위치하는 삭막한 불모의 한 행성으로 전락하게 될 것이다.

위에서 언급된 무생물 세계에로의 진행은 어디까지나 상상에 불과하다는 점을 여러분은 분명히 이해해야 할 것이다. 위의 가정들은 어쩌면 지구의 장래에 관한 모델로서는 과학적으로 결점이 많은 것인지도 모른다. 위의 모델들은 미생물들이 결합하여 새로운 생물체를 형성하고 그것이 아무런 장해 없이 무한정 증식할 수 있다는 가정에서만 가능한 것이다. 인간의 이익을 위하여 미생물의 유전자를 조작하는 일은 인류가 치즈와 포도주를 처음 만들기 시작한 이래 현재까지 꾸준히 있어온 일이다. 유전공학적 기술을 응용하고 있는 모든 과학자들과 이렇게 하여 만들어진 생물체를 가꾸는 농부들이 모두 함께 인정하듯 가축화, 즉 유전자 조작(genetic manipulation)이라는 것은 그 생물이 야생의 조건에서는 자랄 수 없게 만드는 작업이다. 지난 몇 년 동안 DNA 변형과 같은 유전자 조작에 따르는 위험성에 대해 일반 대중은 지대한 관심을 보여왔다. 존 포스트게이트와 같은 저명한 과학자도 유전자 조작에 따르는 위기감이 단순히 과학적 공상에 불과하다고 생각하지 않는다. 실제 현실 세계에 있어서는 모든 생물체가 공유하는 유전 암호인 DNA 코드를 작성하는 데에 많은 금기사항이 존재한다. 또 자연계에는 외부에서 침입한 무법자 종자가 제멋대로 번식하여 모든 생물체들에게 커다란 피해를 끼치지 못하도록 하는 정교한 안전장치가 마련되어 있다. 생물의 전 역사를 통하여 미생물은 무수히 많은 세대교체를 거듭해왔다. 이 과정에서 그들이 시험해보지 않았던 유전자 조합이 과연 있을 수 있을까?

진화를 거듭하면서 점점 더 규칙성을 더해가는 우리의 가이아는 필경 내부적으로 유전자의 조합을 통제하는 안전장치를 보강하는 것을 그의 한 속성으로 삼았음이 분명하다고 하겠다.

4

사이버네틱스

'사이버네틱스'라는 용어는 '키잡이'를 의미하는 그리스어 '쿠버네티스'란 단어에서 유래되었는데, 살아 있는 생물체나 복잡한 기계에서 보이는 자가규제 시스템(self-regulating system)에 대해 연구하는 학문 분야를 지칭한다. 이 용어는 미국의 저명한 수학자 노버트 위너(Norbert Wiener)에 의하여 처음 사용되었다. 그런데 현재까지 개발된 많은 사이버네틱 시스템들은 그 일차적 목적이 수시로 변화하는 제반 조건들을 극복하면서 예정된 목표를 향해 나아가도록 하는 데 있으므로 이 용어의 유래가 키잡이라는 점은 매우 재미있다.

오랜 경험을 통하여 우리는 안정된 물체라는 것은 바닥에 닿는 밑면이 넓고 무게 중심이 비교적 아래에 위치하는 것임을 잘 알고 있다. 그럼에도 불구하고 우리 자신이 관절을 갖는 긴 다리와 비교적 좁은 면적의 발바닥에만 의지하여 수직으로 꼿꼿이 서서 걸을 수 있는 놀라운 능력을 소유하고 있다는 점에 대해서는 별로 대단치 않게 생각하는 경향이 있다. 우리는 다른 사람이 옆에서 밀거나 또는 버스나 배에서처럼 발을 딛고 서 있는 밑판이 흔들릴 때에도 균형을 잡고 서 있을 수 있다. 또 노면이 거친 길에서도 걷거나 달릴 수 있다. 그런가 하면 춥거나 더운 환경 속에서도 체온을 일정하게 유지할 수 있다. 이런 모든 기능들은 생물체와 고도로 자동화한 기계들만이 가질 수 있는 자가조절과 자가규제의 속성이다.

우리는 앞뒤 좌우로 흔들리는 배에서도 꼿꼿이 서 있을 수 있는데 — 이는 물론 약간의 연습을 필요로 하지만 — 그것은 우리 몸이 근육과 피부와 관절 속에 묻혀 있는 일련의 신경세포들을 지니고 있기 때문이다. 이런 감각기의 기능은 시시각각 우리 몸에 작용하는 외부적 힘뿐만 아니라 우리 몸의 각 부분들이 어느 위치에서 어떻게 움직이고 있는가 하는 정보를 끊임없이 뇌에 전달한다. 우리는 또 한 쌍의 균형 조절 기관을 양쪽 귓속에 지니고 있는데, 이것들의 역할은 마치 수준기(sprit-level)처럼 액체 속에 놓여진 작은 뼛조각의 움직임을 통하여 머리 위치의 변화를 기록하는 것이다. 또 우리 눈은 시야의 사물들을 탐색하여 그것들에 견주어서 자신의 서 있는 자세를 교정하도록 한다. 이런 모든 정보는 뇌로 전달되어 그곳에서 처리된다. 보통 뇌는 무의식적인 작용으로 이런 정보들을 처리하는데 시시각각으로 우리가 의식적으로 취하고자 하는 자세와 비교하여 우리 몸을 통제하는 것이다.

만약 우리가 흔들리는 배 안에서 자세를 고정시킨다고 가정하자. 그리고 어쩌면 부두에서 점점 멀어지는 배 안에서 망원경으로 항구를 살펴보고 있다고 가정하자. 이때 우리가 취하고자 하는 자세 — 즉 가장 몸이 흔들리지 않는 상태 — 가 바로 우리 뇌가 기준으로 삼는 자세다. 배의 흔들림 때문에 우리 몸은 수시로 흔들리게 되는데, 이때 감각기들은 자세에 관한 정보를 끊임없이 뇌로 보내고, 뇌로부터는 행동을 통제하는 정보가 운동신경을 통하여 시시각각 근육으로 전달된다. 만약 우리 몸이 옆으로 기울어지면 근육의 신축 운동이 변화하여 우리 몸을 다시 수직 자세로 유지하게 한다.

다시 말해 우리 두뇌는 우리의 의도와 실제 상황을 비교하여 그 차이를 감지하고 필요한 만큼의 힘을 정확하게 가하는 일련의 과정을 통제함으로써 우리 몸을 똑바로 일으켜 세울 수 있도록 한다. 한쪽 다리로만 걷는다든지 똑바로 선다든지 하는 것은 더욱 어려우며 자세를 익히는 데에도 더 많은 시간이 소요된다. 자전거를 타는 일은 더 더욱 어렵다. 하지만 이런 일들도 시간이 지나면 자동적으로 익힐 수 있다. 즉 우리는 우리 몸을 똑바로 지탱하는 데 필요한 과정을 계속 반복함으로써 어느덧 제2의 천성으로 자리잡게 하는 것이다.

단순히 한 장소에 서 있는 현상에 국한해서 살펴보더라도 여기에 관여하는 미묘한 기작을 충분히 엿볼 수 있다. 만약 우리 발밑의 갑판이 약간 기울어졌다고 가정해보자. 이때 기울어진 몸 자세를 바로잡기 위해 근육에 가해지는 교정력이 너무 크다면 그 힘은 우리 몸체를 오히려 반대 방향으로 치우치게 할 것이다. 또 이때 이를 다시 바로잡기 위하여 반대 방향으로 가하는 힘이 너무 크다면 우리 몸체는 다시 기울어지게 된다. 결국 우리 몸은 좌우로 계속 흔들거리거나 아니면 적어도 똑바로 서 있고자 하는 욕구를 포기할 수밖에 없게 된다.

사이버네틱 시스템에 있어서는 이런 불안정성이나 진동성이 너무나도 일반적인 형상으로 간주된다. '의도 진전(intention tremor)'이라는 널리 알려진 병리학적 증상이 있다. 안타깝게도 이 질병에 걸린 사람은 연필을 집으려 할 때 손을 연필 너머로 뻗었다가 다시 연필을 지나쳐 자신 앞으로 손을 더 뻗치고, 이를 시정하기 위하여 손을 뻗는다는 것이 다시 연필 너머로 가는 식의 좌절스러운 행동을 되풀이한다. 한쪽으로 가해지는 힘에 대항하여 반대쪽으로 힘을 가한다고 해서 꼭 물건을 잡을 수 있게 되는 것은 아니다. 우리가 의도하는 목적을 달성하기 위해서는 반드시 기민하고 정확하게 연속적으로 힘을 잘 조절해야만 하는 것이다.

그런데 이런 고찰이 가이아와 도대체 어떤 연관이 있는지 여러분은 의아하게 생각할지도 모른다. 물론 깊은 관련성이 존재할 가능성이 크다. 가장 미소한 종류에서부터 가장 거대한 종류에 이르기까지 모든 생물들이 갖는 매우 특별한 속성 가운데 하나는 그들이 어떤 목표를 설정하고 목표에 도달하기 위해 시행착오라는 사이버네틱 과정을 통하여 이에 합당한 시스템을 개발하고, 가동시키고, 또 유지하는 능력을 갖는다는 것이다. 이런 관점에서 생물체가 잘 번성하도록 적절하게 물리·화학적 조건을 확립하고 유지시키기 위한 시스템이 전 지구적 규모에서 가동되는 것을 발견할 수만 있다면 그것은 곧 우리로 하여금 가이아의 존재를 명백히 인정할 수 있도록 하는 증거가 되고도 남을 것이다.

사이버네틱 시스템은 순환논리(circular logic) 회로를 갖는 것이 보통이다. 그런데 우리는 이제까지 인과관계의 전통적인 선형논리(linear logic)만을 다뤄왔기 때문에 순환논리에 대해서는 아직 익숙하지 못하여 마치 다른 세계의 것처럼 소원하게 간주하는 경향이 있다. 여러분이 이런 어려움을 극복하고 사이버네틱 시스템에 보다 친근감을 가질 수 있도록 이제부터 가장 간단한 사이버네틱 시스템 하나를 살펴보기로 하자.

일정하게 온도를 유지하는 기능을 예로 들어보자. 현재 많은 가정에서는 전기오븐, 전기다리미 등을 사용하고 있으며 난방을 위한 자동 온도 조절 장치도 갖추고 있다. 이런 가정용 기기들의 역할이 일정한 온도를 유지하는 데에 있다는 점을 모르는 이는 아마 없을 것이다. 전기다리미는 옷을 다릴 수 있을 만큼 충분히 뜨거워야만 하지만 그렇다고 해서 옷을 태울 만큼 뜨거워져서는 안 된다. 오븐도 마찬가지로 음식물을 잘 익힐 수 있도록 온도가 유지되어야지 너무 낮거나 너무 높아서는 결코 안 된다. 또 난방장치도 실내 온도를 일정하게 유지해야지 쓸데없이 연료를 낭비하거나 온도가 적절하지 못하다면 온도로 인해 사용자가 안락감을 느끼지 못할 것이다.

이제 가정용 전기오븐을 조금 더 자세히 들여다보자. 대부분의 오븐은 커다란 하나의 상자 모양인데 열을 부엌 밖으로 내보내지 않고 안에서만 유지할 수 있도록 고안된 것이다. 오븐의 앞쪽에는 온도 조절용 패널이 부착되어 있고, 그 안쪽에는 발열 장치가 부착되어 있다. 오븐 내부에는 특별한 종류의 온도계가 설치되어 있는데, 이것은 보통 온도조절기(thermostat)라고 불린다. 물론 이 온도조절기는 일상적인 온도계처럼 현재의 온도를 가시적으로 표시하지는 않는다. 그 대신 이것의 기능은 주위 온도가 적당한 수치에 도달했을 때 스위치를 작동시키는 것이다. 적당한 온도는 온도조절용 패널의 다이얼을 돌려서 지정할 수 있는데 사실상 이 다이얼은 온도조절기에 연결되어 있다.

고급 오븐에서 발견할 수 있는 놀라운 특징의 한 가지는 오븐 내 온도가 실제 요리에 필요한 온도보다 훨씬 높은 온도까지 신속하게 도달할 수 있다는 점이다. 만약 그렇지 못하다면 요리를 위한 적정 온도에 이르기까지 너무나 많은 시간이 소요되어 별로 유용한 오븐이 되지 못할 것이기 때문이다. 예를 들어, 오븐의 온도 조절용 다이얼을 300도로 맞추고 오븐을 작동시켰다고 가정하자. 전기오븐에서는 니크롬선이 곧 벌겋게 달아오르고 많은 열이 방출되어 순식간에 오븐 내부의 온도가 300도까지 상승할 것이다. 온도조절기가 300도의 온도를 감지하는 순간 자동적으로 전기는 차단된다. 그러나 이때까지 달아오른 니크롬선에서는 계속 열이 발산되므로 오븐 내부의 온도는 잠시 동안 더 상승하게 될 것이다. 그리고 어느 정도 시간이 경과되면 오븐이 점차 식으면서 온도가 떨어지게 되고 이때 온도조절기는 내부 온도가 300도 이하에 이르렀음을 감지하여 다시 전기를 공급하게 된다. 그러나 스위치가 켜진다고 해도 니크롬선이 충분히 가열될 때까지는 오븐 내부의 온도가 잠깐 동안 하강을 계속할 것이다. 이윽고 니크롬선이 가열되면서 다시 온도 조절의 사이클은 반복된다. 결과적으로 오븐 내부 온도는 사실상 300도에서 고정되는 것이 아니라 이 온도를 축으로 하여 상하로 몇 도의 범위 내에서 오르락내리락하는 것이다. 이런 온도 조절 방식에서의 오차 범위는 실제로 모든 사이버네틱 시스템에서 발견되는 중요한 특징이다. 마치 생물계 그 자체처럼 모든 물질적 사이버네틱 시스템들도 완벽을 추구하지만 결코 완벽에 도달할 수 없는 것이다.

그렇다면 이런 사이버네틱 시스템 구성에 있어서 도대체 무엇이 특별한 것일까? 할머니들은 자동 온도조절기가 부착된 최첨단 오븐 없이도 아주 맛있는 요리를 만들지 않았던가! 옛날 할머니들이 구식 오븐으로도 요리를 꽤 잘할 수 있었던 것은 사실이다. 구식 오븐은 나무나 석탄으로 불을 때는 것인데, 만약 적당히 불기를 조절한다면 내부 온도를 알맞게 유지할 수 있었겠지만 그렇게 못 하면 음식을 태우거나 설익게 만들기 십상이다. 따라서 그때 오븐의 기능은 오늘날의 온도조절기 역할을 담당했던 주부들의 능력에 따라 전적으로 좌우되었을 것이 분명하다. 그들은 오븐이 얼마나 벌겋게 달았는지를 살펴봄으로써 언제 적당한 온도에 이르는지를 익히 알아차렸다. 또 음식이 익어가는 상태를 지켜보면서 언제 불을 서서히 줄여야 하는지도 알았다. 옛날 주부들은 간간이 음식이 얼마나 익었는지를 직접 살펴보고 음식이 끓는 소리, 냄새의 퍼짐, 음식의 색깔 등으로 판단하여 아주 맛있는 음식을 만들어낼 수 있었던 것이다. 오늘날 기술자들은 옛날 우리 할머니들의 역할을 담당하는 로봇 요리사를 고안해서 그들로 하여금 오븐의 온도를 감지하고 전원의 공급과 차단을 원격 조절하도록 한 것에 불과하다고 하겠다.

만약 누군가가 오븐 사용에 익숙한 사람을 고용하지 않거나 또는 자동온도조절기가 부착되어 있지 않은 오븐을 사용하여 요리를 하고자 한다면 그는 곧 음식을 만드는 일이 얼마나 어려운지를 절실히 깨닫게 될 것이다. 오븐의 온도를 일정하게 단 한 시간이라도 유지하기 위해서는 오븐으로부터 빠져나가는 만큼의 열을 똑같이 공급해주어야만 한다. 오븐이 놓인 장소가 춥고 건조하다든지, 전원의 전압이 수시로 바뀐다든지 또는 연료 가스의 압력이 달라진다든지, 오븐에 넣은 음식의 종류가 무엇이며 얼마만큼이나 넣었는지 하는 것들은 모두 오븐의 온도를 일정하게 유지하기 어렵게 하는 요인이 될 것이다.

우리가 음식을 만들거나 그림을 그린다든지, 글을 쓰거나 이야기를 한다든지, 또는 테니스를 한다든지 등등 그 어떤 일들을 막론하고 어느 한 가지 기술을 익힌다는 것은 우리가 사이버네틱 시스템으로서의 일을 수행한다는 것을 의미한다. 우리는 모든 일에 최선을 다하고 가능한 한 실수를 저지르지 않으려고 노력한다. 우리는 자신의 노력과 예정된 목표를 시시각각 비교하며 앞선 경험으로부터 무엇인가를 배운다. 우리는 우리가 이룩할 수 있는 만큼의 적정한 수준에 도달할 때까지 끊임없이 노력함으로써 자신의 성취를 완성해간다. 그리고 이런 달성의 과정을 시행착오라 부른다.

1930년대까지만 해도 사람들은 사이버네틱스에 대한 의식적인 이해 없이 이런 기술을 사용하곤 했다. 당시의 과학자와 엔지니어들은 정교한 기구와 기계적 장치들을 고안하는 데에 그런 기술을 응용했던 것이다. 하지만 사이버네틱 시스템이 그처럼 다양하게 사용되었음에도 불구하고 로베르 주르댕(Robert Jourdain)이 등장하기 전까지는 학문적으로 정의되거나 설명되지 못했다. 사이버네틱스를 이해하기까지 그처럼 오랜 시간이 걸려야만 했던 이유는 무엇일까?

여기에는 아마도 우리가 물려받은 구태의연한 사고방식이 은연중에 우리 자신을 지배하고 있다는 슬픈 사실이 작용했을 것이다. 사이버네틱스학에서는 인과관계가 적용되지 않는다. 어떤 과정에 있어서 무엇이 먼저고 무엇이 나중에 오는지를 말하기 어렵기 때문에 인과관계를 논하기가 사실상 불가능하다. 그리스 철학자들은 자신들이 자연은 진공 상태를 혐오한다고 믿었던 것만큼이나 강력하게 순환논법을 혐오했다. 그러나 그들이 거부했던 순환논법은 이제 사이버네틱 시스템을 이해하는 데 관건이 되고 있다. 그들은 우리가 숨 쉬고 있는 이 공기가 전 우주를 채우고 있다고 잘못 가정했듯이 순환논법의 유용성에 대해서도 잘못 짚었던 것이다.

자, 다시 자동 온도조절기가 부착된 오븐을 생각해보자. 오븐의 온도를 일정하게 유지하는 것은 전기의 공급일까? 아니면 온도조절기일까? 그것도 아니면 온도조절기가 작동시키는 스위치일까? 또는 음식을 익히는 데 적당하도록 우리가 다이얼을 조작하면서 정해놓는 바로 그 온도 세팅인가? 오븐과 같이 극도로 단순한 시스템을 이해하는 데 있어서 인과관계를 따지는 분석적 사고방식은 아무런 도움이 되지 못한다. 오븐의 부분품들을 하나씩 분리하여 차례대로 생각해보는 것은 인과관계 분석의 기본 방식이지만, 이렇게 하여 어떻게 오븐 시스템을 제대로 이해할 수 있겠는가?

사이버네틱 시스템을 보다 잘 이해할 수 있는 관건은 그것들을 마치 하나의 생명체와 같이 간주하여 부분들의 집합체가 각 부분들의 단순한 합 이상의 존재가 된다는 사실을 인정하는 데에 있다. 그것들은 오직 현재 작동 중에 있는 시스템으로서 간주되어야만 이해될 수 있는 대상인 것이다. 오븐의 스위치를 끄거나 오븐을 분해한다고 해서 오븐의 잠재적 효용성을 밝혀낼 수는 없다. 마치 죽은 시체를 해부해 본다고 인간의 속성을 알아낼 수 없듯이.

태양은 통제가 불가능한 복사열을 공급하는 근원이며 지구는 그 주위를 영원히 돌고 있다. 그런데 지구에 생명이 처음 나타난 35억 년 전 이래로 지표면의 온도는 현재 기온을 중심으로 불과 몇 도 정도의 범위 내에서 결코 벗어난 적이 없다. 그동안 원시 대기의 조성과 태양의 복사에너지의 양에는 놀라울 정도의 변화가 있었음에도 불구하고 우리 지구는 생물체가 살 수 없을 정도로 그렇게 춥거나 더웠던 적이 한 번도 없었다는 사실은 과연 무엇을 의미하는 것일까?

2장에서 나는 가이아라는 복합적 실체에 의해서 지구 온도가 적당하게 유지될 수 있는 가능성을 검토했다. 가이아는 스스로의 존재를 위해서 그렇게 능동적으로 주위 환경을 조절한 것이리라. 그렇다면 도대체 가이아의 어떤 부분이 온도조절기의 역할을 수행할 수 있었을까? 필경 범지구적 온도 조절을 위한 메커니즘이 어느 단순한 한 가지 수단에 의해 단독으로 이루어지기는 어려울 것이다. 어쩌면 가이아는 자신의 존재를 보전하기 위해서 지구의 온도를 유지할 수 있는 아주 정교한 조절 수단들을 두루 동원했으리라. 지난 35억 년의 기간은 가이아가 이처럼 정교한 온도 조절 시스템을 창안하고 그것들을 시험하고 또 발전시키기에 충분한 시간이었을 것이다. 가이아의 온도 조절 메커니즘을 하나하나 살펴보면 우리는 그 정교함과 미묘함에서 어떤 개념을 얻을 수 있으리라. 하지만 그런 메커니즘을 파헤치기에 앞서 우리 몸이 어떻게 체온을 일정하게 유지하는지에 대해 먼저 알아보기로 하자.

의료용 체온계는 의사들로 하여금 환자의 몸에 병원균이 침투했는지 또는 그렇지 않은지 알 수 있게 하는 중요한 도구이다. 체온계가 가리키는 체온의 오르내림은 외부 병원균의 침투 유무뿐만 아니라 그 균이 어떤 종류의 것인지에 대해서도 정보를 제공할 수 있다. 실제 체온계의 사용은 병을 진단하는 데 아주 중요한 도구로서 파상열과 같은 질병은 체온의 오르내림 양상에 의해서 전적으로 진단되기도 한다. 그런데 요즘같이 과학이 발달한 시대에도 우리 몸이 어떻게 체온을 조절하는지에 대해서는 잘 알려져 있지 않다. 체온 조절의 메커니즘은 환자들뿐만 아니라 의사들에게조차 자못 신비롭기까지 하다. 그런데 최근에 이르러 대단한 용기와 열정을 가진 몇몇 생리학자들이 의학자로서의 일을 포기하고 대신 시스템 공학자로서 자신의 연구 영역을 넓히고 있다. 그리고 이들의 연구 결과로 우리 몸이 어떻게 체온을 그처럼 완벽하게 조절할 수 있는지에 대한 해답이 하나씩 밝혀지기 시작했다.

우리 몸의 체온은 비록 건강이 좋을 때라 해도 언제나 일정하게 유지되는 것은 아니다. 37도가 정상 체온이라는 말은 사실 허구에 가깝다. 체온은 순간순간 필요에 따라서 항상 변하기 마련이다. 만약 우리가 달리기를 하거나 지속적으로 운동을 한다면 우리 몸의 온도는 37도에서 몇 도 더 높아지게 되는데, 이때의 온도는 고열이 날 때보다 더 높은 것이 보통이다. 이른 아침이나 또는 굶주릴 때 우리 몸의 온도는 정상 체온보다 훨씬 더 낮다. 더욱이 비록 정상 상태에 있을 때라 해도 우리 몸의 모든 부분이 37도를 유지하고 있는 것은 아니다. 정상 체온을 나타내는 부분은 우리 몸의 중요한 기관들이 들어 있는 머리와 몸통 부분에 불과하다. 우리 몸의 피부와 사지는 넓은 범위의 온도 변화에 견딜 수 있도록 되어 있어 심지어 빙점 이하의 온도에서도 아무런 불평 없이 떨기만 할 뿐이다.

시어도어 H. 벤칭거(Theodor. H. Benzinger)와 그의 동료들은 우리 몸의 체온이 신체의 다른 부분들과 협력하면서 두뇌가 판단하는 결정에 따라 순간순간 가장 적당한 상태로 유지된다는 사실을 밝혀 새로운 연구의 장을 개척했다. 우리 몸이 추구하는 최적 상태는 온도가 몇 도라는 사실이 중요한 게 아니라, 주어진 온도에서 신체의 여러 기관들이 가동하는 효율성의 범위가 얼마만큼인가 하는 것이었다. 즉 우리 두뇌가 결정하는 것은 주어진 순간에 최적 온도가 몇 도인가 하는 것이 아니라 '본질적으로' 최대의 신체 기능을 발휘하기 위해서는 과연 어떻게 해야 할 것인가라는 말이다.

이미 오래전부터 사람들은 추위를 느꼈을 때 몸을 떠는 무의식적인 현상이 단순한 신체 반응 이상의 의미가 있다는 사실을 깨닫고 있었다. 사실 이처럼 몸을 떠는 현상은 근육 활동을 증진시키고 몸속에 축적된 에너지원을 연소시켜 체온을 높이는 수단인 것이다. 이와 비슷하게 땀을 흘리는 현상은 체온을 낮추는 수단인 셈인데, 몸 표면에서 땀이 수증기로 증발하면서 다량의 열을 빼앗아가는 것이다. 그

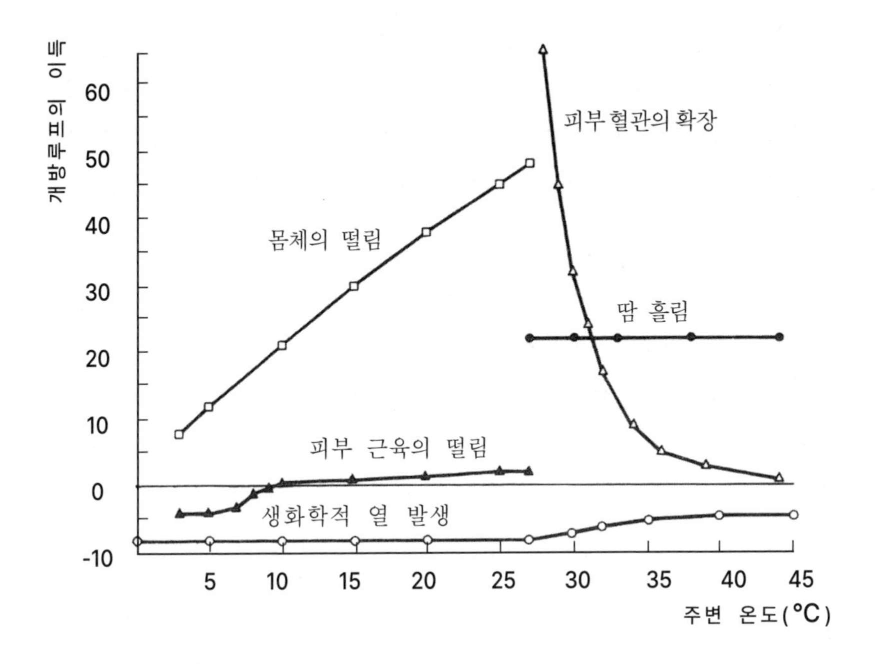

그림 3 우리 몸의 체온을 조절하는 다섯 가지 메커니즘의 기능을 설명하는 그래프. 옷을 입지 않은 상태에서 주위 온도가 달라질 때 각 기능의 효율을 보여주고 있다. 예를 들어, 주위 온도가 5도일 때에는 피부 근육의 떨림이 오히려 체온을 낮추게 하는데, 주변 온도가 10도 이상이 되면 효능이 증대되어 점차 체온을 높이는 역할을 한다. 몸이 떨리는 현상은 주위 온도가 높아질수록 체온을 더욱 급속히 상승시키는 효과가 있는 반면, 피부 혈관의 확장은 30도 정도에서는 체온을 크게 높이지만 주변 온도가 더욱 높아지면 그런 효과가 급속히 감소된다. 땀 흘림은 25도 이상에서 체온 조절의 기능이 일정하다.

런데 무수히 거듭된 땀 흘림, 몸 떨림, 그리고 기타 여러 신체 작용들을 관찰하는 과정 속에서 놀라운 사실이 발견되었다. 만약 우리가 이런 신체 활동을 정량적으로 분석한다면 우리 몸의 체온 조절을 정확하게 하고 설득력 있게 설명해낼 수 있다는 것도 입증되었다. 땀을 흘리거나 몸을 떠는 일, 음식물과 지방을 연소시키는 일, 피부와 사지로 뻗어 있는 혈관의 혈류량을 조절하는 일 등은 모두 외부 기온이 0도에서 40.5도까지 수시로 변함에도 불구하고 우리 몸체의 온도를 37도로 유지시키는 데 필요한 협동 시스템의 일환이라고 할 수 있다.

동물들은 각자 다른 정도로 이런 조절 시스템을 자신들에게 적용시키고 있다. 개들은 체온을 낮추기 위한 중요한 수단으로 혀를 길게 빼어 땀을 증발시킨다. 개들이 경주를 할 때의 광경을 유심히 바라본 사람이라면 누구든지 이를 인정할 수 있으리라. 이런 무의식적인 온도 조절 시스템을 작동시키는 것에 부수하여 인간과 다른 동물들은 외부 환경에 노출되었을 때 가장 적정한 체온 유지를 위해서 언제든지 보다 따뜻하거나 또는 보다 서늘한 장소를 찾아 헤맨다. 또 필요한 경우에는 언제든지 주변의 상황을 변화시키면서까지 체온 유지에 특별한 어려움이 없도록 한다. 인간은 옷을 껴입고 집을 짓는다. 다른 동물들은 털가죽으로 무장하거나 둥지를 만들어서 생활한다. 이런 활동은 모두 체온 조절을 위한 부수적 메커니즘이라 할 수 있는데, 우리들 몸의 자체 조절만으로는 체온의 유지가 곤란한 환경 조건(빙점에서 섭씨 40.5도 범위 밖)에서 생명을 유지하는 데 요구되는 필수적 수단이라고 할 수 있다.

이제 잠시 주제를 돌려 철학적 관점에서 이 문제를 바라보기로 하자. 신체에서 느껴지는 통증과 불쾌감의 의미는 무엇일까? 어떤 사람

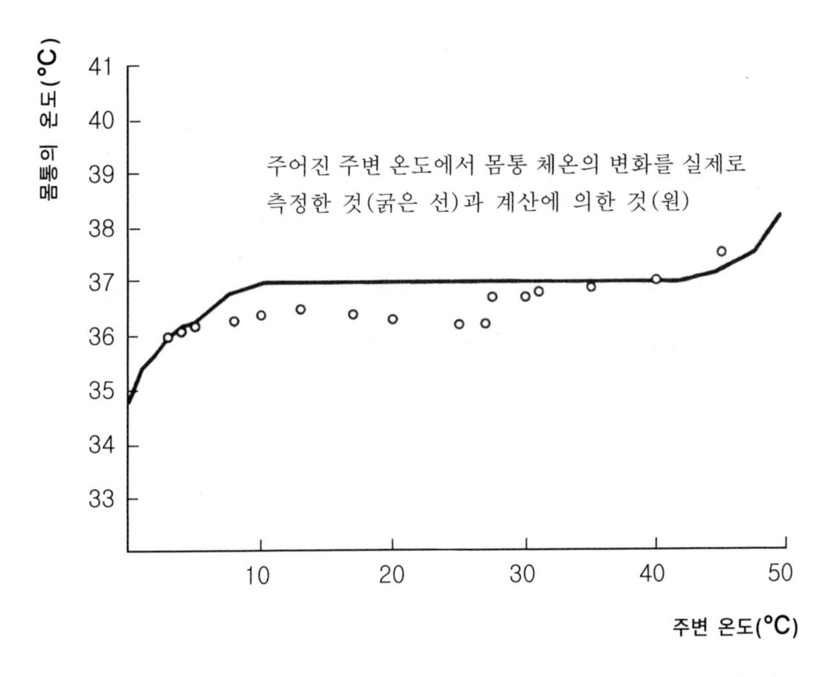

그림 4 주위 온도가 바뀜에 따라 나타나는 실제 체온의 변화와 그림 3의 정보에 의해 계산된 체온의 변화를 비교한 그래프. 여기에서 우리는 앞의 다섯 가지 메커니즘이 동시적으로 작용함으로써 체온이 정확하게 유지되는 것이라는 설명을 이끌어낼 수 있다.

들은 견딜 수 없을 정도의 고열이나 저열, 또는 여러 종류의 통증을 느낄 때 이것을 어떤 의미로든 신의 징벌이라고 생각하는 경향이 있다. 그렇지만 이런 신체적 고달픔이 있음으로써 사실상 우리 몸은 정상적으로 유지될 수 있는 것이다. 만약 우리 몸이 불같이 뜨겁다거나 또는 얼음같이 차다거나 할 때 신에 대한 두려움이 솟아나지 않는다면 아마도 우리는 이런 논의를 할 필요조차도 느끼지 않을 것이다. 또 만약 그런 고통을 정말로 느낄 수 없다면 우리 조상들은 체온의 저하로 오래전에 모두 멸종하고 말았을 것이기 때문이다. 신체의 고통을 정상적인 생리적 현상으로 보기보다 신의 징벌로 간주하는 것은 생존 본능의 관점에서 볼 때 어쩌면 당연한 것이라고 할 수 있다.

미국의 저명한 생리학자 월터 캐넌(Walter Cannon)은 다음과 같이 기술한 바 있다. "생물에게 있어 자신의 신체 상태를 최적의 정상 상태로 유지하도록 하는, 잘 조화된 여러 생리적 작용들은 너무나도 복잡 미묘하게 작용한다. 생물 그 자체뿐 아니라 그 부분품들인 신경계, 순환계, 소화계, 감각계 등은 모두 너무나 완벽하게 협력적으로 작동하면서 신체를 정상 상태로 유지시키고 있으므로, 나는 이런 상태를 가리켜 '항상성'이라는 용어로 표현하고자 한다." 이제부터 우리는 이 단어를 마음에 깊이 간직하고 어떻게 행성 지구가 자신의 온도를 조절할 수 있었는지 살펴보도록 하자. 가이아가 단순히 한두 가지의 수단에 의해서 자신의 온도를 조절할 수 있었다고 생각하는 것은 타당치 않다. 오히려 가이아는 끊임없이 최상의 온도 조절 메커니즘을 추구해왔으며, 그 결과 오늘날에야 비로소 정교한 시스템을 갖추게 된 것이리라.

생물학적 시스템은 본래 복잡한 장치다. 그렇지만 이처럼 복잡한 시스템을 엔지니어링 사이버네틱스(engineering cybernetics)의 기술을 동원하여 해석하고 이해하는 일이 이제는 가능해졌다. 오늘날의 사이버네틱스 공학은 가정용 자동 난방 조절 장치를 만들어낸 이론을 뛰어넘어 훨씬 더 발달되어 있다고 할 수 있다. 필경 우리는 에너지 절약의 필요성을 절감한 나머지 생물학적 시스템이 갖는 정도에 버금갈 수 있는 그런 정교한 온도 조절 장치를 머지않아 개발하게 될 것이다. 궁극적인 가정용 난방 시스템은 집 안에서 사람이 있는 장소만을 스스로 선택하여 그곳에만 집중적으로 가온하고 다른 장소에는 열을 공급하지 않는 기능을 갖게 될 것이다.

그러면, 우리는 어떻게 가이아에서 자동 온도 조절 시스템을 인식할 수 있을까? 우리는 열 공급원, 온도조절기, 또는 이것들이 함께 묶여 있는 복잡한 장치를 어떻게 찾을 수 있을까? 그런데 앞에서 이미 지적한 바 있듯이 각 부분품들을 따로따로 분석해보는 작업은 사이버네틱 시스템이 어떻게 작동하고 있는지 밝히는 데 별로 도움이 되지 못한다. 만약 우리가 무엇을 찾고 있는지를 제대로 알지 못한다면 그 시스템이 한 가정 규모의 것이든 또는 한 행성 규모의 것이든 관계없이 분석적 방법을 동원하여 자동 조절 시스템을 인식하려는 시도는 아마도 무위에 그치고 말 것이다.

비록 우리가 가이아의 자동 조절 시스템을 인정할 수 있다고는 해도 만약 그것이 우리 몸의 체온 조절 시스템처럼 복잡 미묘하게 작용하고 있다면 그 부속품들을 하나하나씩 찾아내어 각각의 역할을 밝혀내는 일이 결코 쉽지 않을 것이다. 그런데 모든 생물 시스템에서와 같이 가이아 시스템에 있어서도 화학적 조성을 조절하는 것은 매우 중요한 일임에 틀림없다. 그런 예로, 염분 농도의 조절은 가이아의 조절 기능 중에서도 특히 중요한 기능에 해당될 것이다. 그런데 만약 가이아의 염분 농도 조절 기능이 우리 몸의 콩팥에서 발견되는 그런 놀라운 수준에 버금가는 것이라면 우리가 가이아에서 이를 찾고자 하는 노력이 얼마나 어려운지 이해할 수 있을 것이다. 최근에 이르러서야 우리는 콩팥이 두뇌와 마찬가지로 정보 처리 기능을 지닌 장기라는 것을 알게 되었다. 혈관 속의 염분 농도를 조절하는 기능을 수행하기 위해 콩팥은 의도적으로 혈액 속의 이온 원자들을 하나씩 분류해야만 한다. 매 순간마다 콩팥은 수십억 개에 해당하는 무수히 많은 원자들을 받아들여야 할지 또는 거부해야 할지를 판정해야 하는 것이다. 콩팥에 대한 이런 새로운 지식이 세상에 알려지게 된 것은 극히 최근의 일이다. 그런데 하물며 범지구적 규모에서 가이아의 염분 농도 조절과 이에 비견하는 여러 다른 화학성분들의 조절 시스템을 파헤친다는 것은 그 얼마나 어려운 일이겠는가?

전기오븐과 같이 지극히 간단한 조절 시스템이라 해도 그것이 목적하는 바를 달성하는 데에는 여러 다양한 수단이 사용될 수 있다. 여기 한 외계인이 있는데 그가 지난 200년 동안 지구에서 진행되었던 과학 발전에 대해 거의 아무런 정보도 가지고 있지 못하다고 가정하자. 하지만 그는 아마도 곧 가스오븐의 용도를 알아차릴 수 있을 것이며, 또 어떻게 그것을 사용할 수 있는지도 깨닫게 될 것이다. 하지만 그렇다고 해서 그가 마이크로파(microwave)에 의해 음식이 조리되는 전자레인지에 대해서도 곧 그 용도를 알아차릴 수 있을까?

사이버네틱스 연구자들이 자동 조절 시스템을 인식하는 데는 다음의 일반적인 방법을 동원한다. 이 방법은 보통 '블랙박스기법(black box method)'이라 불리는데, 실제 이 방법은 전기공학에서 차용된 방법이다. 먼저, 전기공학을 배우는 학생들에게 몇 개의 전선이 연결된 검은 상자를 주고는 뚜껑을 열지 않고 그 상자의 기능을 알아내도록 요구한다. 학생들에게는 각각의 전선에 전원을 공급하거나 계측기를 연결하는 등 여러 방법을 사용하는 것이 허용되는데, 결국 학생들은 자신들의 관찰을 바탕으로 그 상자의 용도가 무엇인지 밝혀내게 된다.

사이버네틱스에서 블랙박스, 또는 이같이 취급되는 것은 정상적으로 기능이 발휘되는 시스템을 의미한다. 만약 그것이 오븐과 같은 것이라면 스위치를 켰을 때 음식이 조리될 것이다. 만약 그것이 생물체라면 그것은 살아 있고 자의식을 갖는 존재라고 할 수 있다. 그러면 우리는 주위 환경의 어떤 속성을 변화시켜보면서 그것의 반응을 시험해볼 수 있다. 바로 이렇게 해서 우리가 관찰하고자 하는 시스템이 어떻게 작동하는지 알 수 있는 것이다. 예를 들어, 만약 우리가 인간 시스템에 대해 연구한다고 가정해보자. 이때 우리는 인간이 딛고 서 있는 바닥 면을 여러 각도로 기울여보고 또 기울이는 속도에 변화를 주면서 그가 얼마나 균형을 잘 잡을 수 있는지 알아낼 수 있다. 이런 간단한 유형의 실험을 통하여 우리는 인간이라는 연구 대상물의 균형 감각에 대한 충분한 지식을 얻게 되는 것이다. 마찬가지로 만약 우리가 오븐에 대해 연구한다면, 먼저 우리는 그것을 냉동 창고 속에 넣어두거나 또는 뜨거운 태양 아래에 놓아두는 등 주위 온도를 변화시킴으로써 그 기능을 탐색해볼 수 있을 것이다. 이런 실험을 통해서 우리는 오븐의 내부 온도를 일정하게 유지할 수 있으려면 외부 온도가 과연 어느 정도의 범위 내에 있어야 하는지 알 수 있게 된다. 또 우리는 이처럼 외부의 환경 조건이 변화할 때 어느 정도의 전기 공급이 더 필요하게 되는지도 알 수 있을 것이다.

하나의 자동 조절 시스템을 이해하기 위해 그것이 조절 가능하다고 여겨지는 속성을 뒤흔들어보는 것은 분명히 가장 일반적인 방법이다. 그러나 이 방법을 활용하고자 할 때에는 그 속성을 신중히 변경해야만 한다. 자칫 잘못하면 우리가 연구하고자 하는 시스템의 기능을 크게 훼손시키거나 어쩌면 아예 완전히 파괴시킬 수도 있기 때문이다. 이런 뒤흔듦의 방법론이 발전해온 과정은 마치 다른 동물들에 대한 연구 방법론이 진화해온 과정에 비유될 수 있다. 얼마 전까지만 해도 우리가 동물을 연구할 때에는 그들을 사살하여 현장에서 해부해보는 일부터 시작하는 것이 보통이었다. 그렇지만 근래에 이르러서는 그들을 포획하여 동물원의 철창 속에 가두고 관찰하는 것이 보다 낫다는 사실을 알게 되었다. 또 최근에는 동물원에 가두는 것보다 자연 상태 그대로 방치하면서 관찰하는 방법을 선택하기도 한다. 그러나 아직까지 이런 보다 진보된 연구 방법론이 모든 분야에서 두루 쓰이고 있는 것은 아니다. 환경 관련 연구에 있어서는 위의 방법론이 비교적 자주 사용된다. 그러나 농업 분야에 있어서는 우리가 연구하고자 하는 동물을 자연 속에 방치해두었을 때 그 서식지가 파괴되는 현상을 너무나 자주 목격하게 된다. 이런 파괴는 연구 목적에서 행해진 계획적인 파괴가 아니라 인간의 불필요한 욕구 충족을 위해서 이루어지는 파괴이다. 많은 경우 이런 파괴는 밀렵꾼들의 무모한 사격이나 사냥개의 날카로운 이빨에 의해서 자행된다. 그런가 하면 매우 감성적이고 동정심 많은 사람들조차도 불도저, 트랙터, 화염방사기 등으로 자연을 파괴하는 일이 빈번하다. 그 결과 가이아 속에서 인류의 동반자인 수많은 동식물들의 서식처가 사라지고 있음에도 불구하고 우리는 이런 사실을 제대로 인식하지 못하고 있다.

따라서 오늘날 우리 지식인들이 지니고 있는 일반적인 사고방식은 살생은 거부하면서도 필요에 따른 대량 박멸은 인정하고, 또 커다란 일에는 관심조차 두지 않으면서도 오히려 작은 일에는 크게 관심을 갖는 식이다. 우리가 저지르는 행위에 대한 이런 이중적인 규범은 흔히 이타주의로 불리지만 인류의 생존을 위하여 진화된 우리 고유의 속성이라고 역설적으로 설명되기도 한다.

이제껏 우리는 사이버네틱스와 제어 이론(control theory)에 대해 매우 일반적인 논의만을 해왔다. 물론 사이버네틱스의 개념에 대해 완벽한 과학적 언어인 수학을 사용하여 설명한다는 것은 이 책의 영역을 훨씬 벗어나는 일이다. 그렇지만 모든 생물들의 복잡 미묘한 특성을 좀 더 효과적으로 설명하기 위해서 이 과학 분야에 대해 조금 더 깊이 논의하기로 하자.

공학자들은 응용 사이버네틱스 전문가라 불려도 무방할 것이다. 그들은 자신들의 아이디어를 전달하기 위하여 수학적인 표현법을 사용한다. 그들은 몇 개의 주요 단어와 문구들로 제어 이론의 중요한 개념들을 성공적으로 설명했다. 이런 표현법은 실제적이며 간단 명료하고 또 언어로 표현하는 데 이보다 더 나은 방법이 아직까지 개발되지 못했으므로 여기서 잠시 이 방법을 이용해보자.

이제부터 전기오븐을 공학자의 관점에서 다시 살펴보기로 하자. 수학적 표현은 '음성피드백'과 같은 사이버네틱스 용어를 설명하는 데도 편리하게 사용될 수 있다. 우리가 상자 하나를 가지고 있는데 이것이 강철과 유리로 만들어졌다고 가정하자. 그것은 유리솜(glass wool)이나 이와 비슷한 단열재로 채운 벽으로 둘러싸여 있는데, 그 벽은 열이 밖으로 너무 빨리 빠져나가는 것을 차단하는 역할을 할 뿐만 아니라 오븐의 바깥쪽이 너무 뜨거워져서 손을 데지 않도록 하기도 한다. 오븐의 안쪽 벽에 늘어서 있는 전선들은 니크롬선이다. 오븐에는 역시 적당한 곳에 온도 조절 장치가 설치되어 있다. 이미 앞에서 설명했던 것처럼 단순한 구조의 오븐에는 이 장치가 비교적 조잡한 것이어서 일단 원하는 온도까지 도달하면 무조건 전원이 차단되는 형태로 되어 있다. 그런데 이제부터 우리가 논의하고자 하는 오븐은 그처럼 간단한 것이 아니라 훨씬 더 정교한 것이라고 가정하자. 이런 오븐은 가정용이기보다는 실험실용이라 할 수 있다. 이런 오븐에는 온도 조절을 위하여 전원을 끊거나 이어주는 스위치가 아니라 온도감지기(temperature sensor)가 달려 있다. 이 장치는 오븐의 온도에 비례하여 전기적 신호를 발생시킨다. 그 신호라는 것은 사실상 전류를 의미하는데, 전류의 세기는 온도 표시계의 바늘을 움직이게 하는 데에는 충분한 양이지만 오븐 내부의 온도를 높이기에는 무력한 정도의 것이다. 다시 말해, 그것은 에너지를 전달하는 장치라기보다는 정보 전달을 위한 장치라고 할 수 있다.

온도감지기로부터 전해진 미약한 전기 신호는 라디오나 텔레비전 수상기의 증폭기와 거의 같은 기능을 담당하는 증폭기에 전달되는데, 여기에서는 강력한 전류가 흘러나와 오븐의 온도를 높이게 된다. 증폭기는 전기를 생산하지는 않는다. 그것은 단순히 전원으로부터 전기를 공급받아 자신이 기능을 수행하기 위해 약간의 전기를 사용하고 그 나머지를 오븐의 열선에 공급한다. 그런데 온도감지기에서 나오는 전기 신호는 오븐의 온도에 비례하여 증강되기 때문에 온도감지기가 증폭기로 직접 연결되어서는 안 된다. 만약 그렇게 연결된다면 그것은 자동 온도 조절식 오븐이 만들어지는 것이 아니라 사이버네틱스적인 사고 발생 장치가 만들어지게 되는 셈이다. 이런 위험한 장치를 공학자들은 '양성피드백(positive feedback)'의 예로 간주한다. 이 경우 오븐의 온도가 올라가면 열선에 가해지는 전기량은 더욱 증가하게 될 것이다. 그러면 오븐의 회로는 온도를 계속 올리는 역할만을 하게 되어 결국 오븐 내부에서 화재가 발생하거나 또는 퓨즈와 같은 안전장치가 파괴되어 전기 공급이 끊어질 때까지 온도 상승이 지속될 것이다.

온도감지기를 증폭기에 연결시키는 올바른 방법은 공학자들이 보통 말하는 '폐쇄 루프(close the loop)' 방식인데, 이것은 온도감지기에서 발생하는 신호가 강력할수록 증폭기에서의 전기 공급이 감소되도록 하는 것이다. 이런 식의 연결 방법을 사이버네틱스에서는 '음성피드백'이라 부른다. 우리가 논의하고 있는 오븐에 있어서는 양성피드백과 음성피드백이 온도감지기로부터 나오는 두 가닥의 전선과 어떻게 연결되는가 하는 단순한 차원의 문제에 불과하다.

그런데 양성피드백이 작용하여 온도가 화재 발생의 순간까지 급속히 상승한다거나 또는 음성피드백이 작용하여 온도 조절이 매우 정확하게 이루어진다거나 하는 것은 모두 '이득(gain)'이라 불리는 증폭기의 속성에 의해서 결정된다. 이것은 온도감지기로부터 전해지는 약한 전류를 과연 얼마만큼 증폭시켜서 열선으로 보내야 하는지를 결정짓는 증폭 배수가 된다. 만약 몇 개의 루프가 동시에 존재한다면 그 각각은 고유의 증폭기를 하나씩 갖게 되는 셈이 되는데, 이때 우리는 이들의 속성을 '루프이득(loop gain)'으로 정의한다. 우리 신체와 같은 복잡한 시스템에 있어서는 사실상 양성피드백과 음성피드백이 여러 개 공존하고 있다. 그래서 추운 날씨로 얼어붙은 몸을 정상 체온으로 회복시키고자 할 때 음성피드백 회로가 작동하기 전에 양성피드백 회로 여러 개가 동시에 작동해서 회복을 돕게 된다. 여러 개의 피드백을 동시에 갖는 데에는 이런 이점이 따른다.

우리 할머니들이 사용하셨던 오븐은 물론 온도감지기가 설치되어 있지 않아서 부엌에 아무도 없을 경우 아예 작동조차 되지 않았을 것이다. 이런 시스템을 우리는 '개방루프(open loop)' 장치라고 부른다. 우리가 가이아를 본격적으로 탐구하고자 한다면 우리들 노력의 상당 부분을 이 지구가 과연 지표의 온도를 어떻게 결정하는지, 즉 개방루프 방식이어서 우연히 조절될 수 있는 것인지, 또는 정말로 가이아가 양성피드백과 음성피드백 양쪽 팔을 모두 가지고 그것들을 적절히 조절하는 것인지를 밝히는 일에 쏟아야만 할 것이다. 또한 이런 일은 매우 흥미롭고 중요한 일이 될 것이다.

온도감지기에서 전달되는 것이 '정보'라는 사실은 매우 중요하다. 오븐에 있어 정보는 신호의 강약이 전류의 흐름에 의해 전달되는 것이라고 말할 수 있다. 물론 정보는 다른 형태의 채널을 통해서도 표현될 수 있는데, 우리의 언어도 정보 전달의 매개체다. 만약 당신이 차에 탄 승객이라고 가정하고 운전자가 도로 사정에 아랑곳하지 않고 빠른 속도로 차를 몰아가고 있다고 하자. 당신이 "차가 너무 빨리 달리잖아요. 속도를 늦추세요"라고 소리친다면 이것은 음성피드백의 예가 된다(불행하게도 운전자가 당신의 경고를 무시했다고 하자. 만약 운전석과 승객 자리 사이가 유리벽으로 가로막혀 있어서 당신이 차의 속도를 늦추라고 소리치면 칠수록 운전자는 더 빨리 차를 몰라는 독촉의 소리로 듣는다고 할 때 우리는 이것을 양성피드백의 한 예로 간주할 수 있다).

정보는 조절 시스템의 고유하고 필수적인 부분인데 어떤 면에 있어서는 기억 장치를 요구하기 때문에 더욱 중요시되기도 한다. 자동

조절 시스템은 언제든지 정보를 저장하고 끄집어낼 수 있으며 또 그것들을 서로 비교할 수 있는 기능을 반드시 가져야 하는 것과 동시에 스스로 실수를 교정할 수 있고 추구하는 목표를 항상 잃지 말아야 한다. 마지막으로 우리는 단순한 전기오븐이나 컴퓨터에 의해 관리되는 소매점 체인, 잠자는 고양이, 또는 가이아 등 그 어느 것들을 생각해보더라도 그것들이 자가적응적이고, 독자적으로 정보를 수집할 수 있고, 또 경험과 지식을 저장할 수 있다는 점에 주목할 필요가 있다. 이 모든 것들을 '시스템'으로 취급할 수 있다는 사실을 잊지 말아야 할 것인바, 이런 시스템들이 모두 사이버네틱스 연구 대상이 되는 것이다.

모든 기능이 원활하게 작동하는 조절 시스템이 어떻게 그처럼 완벽하게 맡은 바 역할을 다할 수 있는지에 대해 특히 흥미를 느끼게 되는 것은 자못 당연한 일이다. 발레의 매력은 댄서의 우아하면서도 자연스런 근육의 조절 작용에서 비롯된다. 발레리나의 섬세한 멈춤 동작과 정교한 회전 동작은 정밀한 근육의 힘이 상호작용과 반작용으로 완벽하게 조화되어 나타나는 현상이다. 인간 시스템에서 흔히 보이는 실수는 그것을 교정하려는 노력, 즉 음성피드백이 너무 늦거나 또는 너무 빨라서 야기된다. 자동차 운전을 배우는 교습자는 운전대를 이리저리 너무 많이 돌림으로써 차를 원하는 방향으로 몰고 가기는커녕 오히려 지그재그로 몰기 쉽다. 음주 운전자는 주차장에서 차를 빼낼 때 요금 계산소의 말뚝을 들이받기 십상인데 이는 알코올이 그의 반작용 기능을 둔화시켜 적절한 순간에 차를 멈추기 어렵게 하기 때문이다.

그런데 피드백 시스템에서 루프를 폐쇄시키는 데 충분한 지연이 있을 경우 자칫하면 교정 작용이 음성피드백에서 양성피드백으로 순식간에 넘어가 버릴 수 있다. 특히 이런 사건은 매우 완벽하게 조절된 시간 간격 속에서도 나타날 수 있다. 이렇게 되면 그 시스템은 주어진 기능의 양극단을 오가는 반복 행동을 보이는 실수를 저지르게 되는데 때로는 매우 광폭한 실수가 빚어지기도 한다. 이런 양상이 만약 자동차의 방향 전환 시스템에서 나타나게 된다면 그 결과는 참담할 정도에 이르고 말 것이다. 이런 시스템적 실수는 관악기, 현악기 또는 전자식 음향 기기들이 내는 소음에서도 그 예를 찾아볼 수 있는데, 특히 전자식 음향 기기들이 잘못 조율될 때 온갖 종류의 소음을 발생시키는 현상은 익히 알려져 있다.

공학자들이 생각하는 자동 조절 시스템에는 앞에서 언급한 바 있는 원시 생물들도 포함된다는 것이 이제는 명백한 사실로 받아들여지고 있다. 이런 원시 생물의 형태는 충분한 자유에너지가 존재할 때에는 언제라도 만들어질 수 있는 것이다. 생물 시스템과 무생물 시스템의 유일한 차이점은 그것들이 갖는 복잡성의 규모(the scale of their intricacy)에 있다. 그러나 이 복잡성의 규모라는 척도는 자동 조절 시스템의 기능과 역할이 점차 진화되고 복잡화됨으로써 이제는 별것 아닌 것이 되고 말았다. 현재 우리가 인공지능 시스템을 가지고 있는지 또는 그것을 가지기 위해서는 앞으로 얼마를 더 기다려야 하는지에 대해서는 논란의 여지가 적지 않다. 그러나 지금 우리는, 생물 그 자체와 마찬가지로 사이버네틱 시스템들도 일련의 사건들이 우연히 발생하는 과정에서 계속적으로 출현하고 있으며 또 진화하고 있다는 점을 결코 잊어서는 안 된다. 이런 시스템들이 발전하는 데에 필요한 것은 그 시스템들에 공급 가능한 만큼의 충분한 자유에너지와 그것들이 만들어지는 데에 요구되는 충분한 부품의 제공뿐이다. 많은 자연 호수들에서의 수위 변화는 호수에 유입되는 하천의 유량과는 놀라울 정도로 무관하게 진행된다. 그런 호수들은 자연의 무기적 조절 시스템이라고 할 수 있다. 그런 호수들이 존재할 수 있는 유일한 이유는 호수에서 물이 빠져나가는 하천의 수심이 약간만 변해도 유량에 있어서는 막대한 변화로 이어지는 형태를 가지고 있기 때문이다. 따라서 호수의 수위를 조절하는 데에는 고이득(high gain)의 음성피드백 루프가 존재하는 셈이다. 이런 종류의 무생물적 시스템이 전 지구적 규모로 나타날 수 있지만, 우리는 그것이 가이아의 의도적 산물이라고 속단해서는 안 된다. 또 그 반면에 그런 적응과 진화가 가이아의 목적에 기여할 수도 있다는 가능성을 결코 잊어서도 안 된다.

이 장에서는 복잡한 시스템의 안정성에 대해 논의했는데, 특히 어떻게 가이아가 생리적 기능들을 수행할 수 있었는지에 대해 알아보았다. 현재까지는 아직 가이아라는 존재에 대한 증거가 확실하게 드러나지 않았다. 그러나 이 장에서의 논의는 우리가 앞으로 어떤 것을 조사해야 하며 그것들을 어떻게 한 장의 회로도(circuit diagram)와 비교할 수 있을 것인지를 보여주었다. 만약 이 행성에 범지구적 규모의 조절 시스템이 존재하며, 그것이 동식물들을 부분품으로 이용하면서 능동적으로 기능을 발휘하여 지구의 기후, 화학적 조성, 지표면의 지형 등을 변화시키고 있다고 하는 이론을 뒷받침하는 충분한 증거를 발견할 수 있다면, 우리는 당연히 가이아 가설을 기정사실화하여 일반 이론으로서 정형화할 수 있을 것이다.

5

대기권

우리 인류가 사물을 인식하는 데 있어 갖게 되는 커다란 맹점 중의 하나는 자신의 조상에 대한 강박관념이다. 불과 100년 전만 해도 지성과 감성을 겸비한 헨리 메이휴(Henry Mayhew: 영국의 저널리스트이자 사회학자로, 저서로는 『런던의 노동과 런던의 빈민』이 있으며 《펑크》 지의 설립자이기도 하다 - 옮긴이)는 그의 글에서 런던의 빈민들을 외계인처럼 표현하며 그들이 자기의 생활 모습과는 다른 점이 너무나 많다는 점에 대해 자못 놀랍다는 듯이 기록했다. 빅토리아 왕조 시대에는 개인의 가문이나 사회적 배경을 마치 오늘날 우리가 지능지수(IQ)를 중요하게 여기는 것만큼 강조하기도 했다. 오늘날 우리는 누가 혈통이나 가계를 칭찬하는 말을 하는 것을 들을 때면 그가 농부나 브리더, 혹은 아마도 경마 협회나 애견가 클럽의 임원이 아닐까 비꼬기도 한다.

그러나 여전히 많은 경우, 예를 들면 구직자들을 면담할 때 상대방이 어느 고등학교와 어느 대학을 졸업했는지, 그리고 학업 성적이 어떠했는지 등이 커다란 비중을 차지하고 있는 것이 사실이다. 우리는 그 구직자의 인간됨이 어떠하고 그의 잠재 능력이 어떠한지에 대해 직접 알아보려 하기보다 차라리 서류에 나타난 과거 기록으로 그를 쉽게 평가해버린다. 그런데 최근까지 우리 대부분은 행성 지구에 대해서도 이와 비슷하게 편협한 시각을 가지고 있었다. 우리 주의력은 전적으로 지구의 과거사에 집중돼왔다. 무수히 많은 서적들과 논문들이 태고 시대의 바위와 원시 해양의 생물들을 취급했으며, 그 결과 우리는 이런 과거에 대한 연구가 지구의 속성과 잠재력에 대해 우리가 알고자 하는 모든 것을 말해줄 수 있다고 믿었다. 이것은 마치 구직자들을 평가함에 있어서 그들의 증조할머니의 뼈가 통뼈인지 아닌지를 따지는 것에 비유될 수 있는 바람직하지 못한 태도임에도 말이다.

그런데 최근에 이뤄진 우주 관련 연구들을 통해서 우리는 지구에 대해 더욱 많은 것을 알게 되었으며, 또 현재도 새로운 많은 사실들을 밝혀나가고 있다. 이런 연구 성과들이 우리 시각을 크게 변화시키고 있음은 물론이다. 우리는 달 표면에서 찍은, 태양의 둘레를 돌고 있는 아름다운 지구의 사진을 보면서 불현듯 우리가 이 미려한 행성 지구의 시민임을 깨닫게 되었다. 설령 가까이서 바라볼 때에는 추악하고 비참한 지구라 할지라도 멀리서 바라본 지구는 얼마나 매혹적인가! 과거 지구에서 어떤 일이 자행되었는지가 무슨 상관이겠는가. 오늘날의 우리는 전혀 의심의 여지없이 태양계에서 가장 아름답고 신비한 행성에서 생활하고 있으며 이곳 생물계의 떳떳한 한 구성원이 아닌가.

이제 우리가 외계에서 지구를 살펴볼 수 있게 됨으로써 오히려 우리의 관심을 자연스럽게 지구로 돌릴 수 있게 되었고, 특히 대기권의 성질을 밝히는 데에 집중할 수 있게 되었다. 이미 우리는 우리 조상들에 대해 알고 있는 것보다 지구를 둘러싸고 있는 눈에 보이지 않는 기체들의 조성과 성질에 대해 훨씬 더 많이 알고 있다. 지표면에서 가까운 두터운 공기층에는 반응성 기체들이 미묘한 비율로 혼합되어 있는데, 그것들의 유출입이 끊임없이 진행되고 있음에도 그 균형이 깨진 적은 한 번도 없었다. 대기권 바깥쪽은 기체의 농도가 낮고 그것들이 단지 지구 중력에 의해서 지탱되고 있을 따름이지만 그 범위가 1600킬로미터 이상 뻗어 있다. 하지만 대기권에서의 수소 원자 활동에 대해 알아보고 또 대기권 밖에서의 동향을 살펴보기 이전에 먼저 대기권의 전반적인 상황을 검토해보자.

지구 대기권은 잘 정의된 몇 개의 층으로 나눌 수 있다. 지표면을 떠나 우주로 여행하는 우주인은 먼저 대류권(troposphere)을 통과하게 되는데, 이 영역은 대기권 가장 아래쪽에 위치하며 기체 밀도가 가장 높은 층이다. 대류권은 지표로부터 약 10킬로미터 높이까지 해당되는데 구름이 형성되고 날씨 변화가 나타나는 공간이다. 또 이 권역은 공기 호흡을 하는 거의 대부분 생물들이 서식하는 공간이며 생물계와 무생물계가 상호작용하는 장소이기도 하다. 대류권은 전체 대기권 질량의 4분의 3을 차지한다. 다른 대기층에서는 찾아보기 어려운 대류권만이 갖는 한 특성은 그것이 적도 근처의 선을 경계로 두 부분으로 나뉘어진다는 점이다. 북반구의 공기와 남반구의 공기층은 서로 잘 혼합되지 않는다. 따라서 배를 타고 적도 지역을 가로지르는 선객들은 상대적으로 깨끗한 남반부의 공기와 비교적 혼탁한 북반구의 공기 사이에서 그 경계면을 선명히 인식할 수 있다.

최근까지도 사람들은 대류권 공기층에서는 거의 아무런 화학반응도 진행되지 않으며 단지 예외가 있다면 번개나 이와 유사한 자연적인 현상으로 고열이 방출될 때에 국한될 것이라고 믿었다. 그렇지만 우리는 이제 데이비드 베이츠 경, 크리스티안 융게, 마르셀 니콜레 등 유능한 과학자들의 업적에 힘입어 대류권의 기체들이 마치 전 지구적 규모의 저온 화염 속에서 반응하는 것처럼 그렇게 시시각각 변화하고 있다는 사실을 인정하게 되었다. 무수한 종류의 기체들이 산화하고 있는데 이처럼 산소와 결합함으로써 그것들은 대기권 속에서 사라지고 있는 셈이다. 이런 반응은 사실상 태양광에 의해서 유발되는데, 복잡한 화학반응이 연쇄적으로 발생하면서 산소보다 훨씬 더 반응성이 높은 오존, 히드록실기, 기타 화합물들이 만들어지는 것이다.

우주인들이 지구 표면의 어느 지역에서부터 출발했는지에 따라 10킬로미터에서 15킬로미터 정도까지 차이가 나기는 하지만 일단 대류권을 지나면 그들은 곧 성층권(stratosphere)으로 진입하게 된다. 이 공간이 성층(成層)권으로 불리는 이유는 비록 그곳에서 시간당 수백 킬로미터의 속도로 맹렬한 바람이 일고는 있지만 그럼에도 불구하고 공기는 수직 방향으로는 거의 혼합되지 않기 때문이다. 성층권의 아래쪽은 대류권에 면하고 있어서 권계면(tropopause)이라고 불리는데, 기온이 매우 낮으며 이곳으로부터 위로 올라갈수록 기온이 높아진다. 대류권과 성층권의 성질은 그것들 내부에서의 기온 경사에 밀접히 관련되어 있다. 대류권에서는 고공으로 100미터씩 올라감에 따라 기온은 1도씩 하강하는데, 그럼으로써 공기의 수직 상승이 가능해지며 뭉게구름이 솟아나는 것처럼 우리에게 익숙한 자연현상이 일어날 수 있게 된다.

이와 반대로 성층권에서는 위로 올라갈수록 기온이 상승하기 때문에 아래에서 따뜻해진 공기라 할지라도 위로 올라가기가 어려워져 안정된 층 구조를 갖는다. 태양으로부터 오는 단파장의 자외선은 성층권의 윗부분을 관통하면서 산소 분자(O_2)를 분해시켜 산소 원자(O)로 만들어버린다. 이렇게 만들어진 산소 원자는 다시 두 개씩이 결합하여 원래의 분자 상태로 되돌아가는데 그 가운데 일부는 산소 원자들이 세 개씩 모여서 오존(O_3)을 형성한다. 오존도 다시 자외선에 의하여 분해될 수 있으므로 분해와 생성의 속도에 균형이 이루어져 성층권에서의 오존 농도는 최대 5ppm 정도가 된다. 성층권의 공기는 화성의 대기권보다 그 밀도가 그리 높은 편은 아니며, 따라서 산소 호흡을 하는 어떠한 생물들도 그곳에서 생존할 수 없다. 또 그곳의 낮은 기압을 고려하지 않더라도 생물 세포는 오존의 독성 때문에 모두 파괴돼버릴 것이다. 1960년대 당시 처음 제작된 최신형 여객기를 타고 성층권을 여행했던 사람들은 그 공기질로 인해 심한 불쾌감을 느꼈으며 심한 경우 건강에까지 상당한 피해를 입기도 했다. 실제로 그런 성층권 대기질에 비교하면 도시의 스모그가 건강에 훨씬 더 안전하다고 할 수 있다(물론 요즘 여객기들은 제반 보호 장치를 완벽하게 갖추고 있기 때문에 승객들은 더 이상 이런 걱정을 할 필요가 없게 되었다).

성층권의 대기에 관한 연구는 과학자들의 흥미를 크게 유발시켰다. 그곳에서는 무수히 많은 종류의 화학반응이 거의 완벽한 기체 상태에서 진행되고 있다. 실험실에서처럼 화학반응에 장애가 되는 반응 용기 규모의 제한도 없으며, 따라서 기체들의 완벽한 화학반응을 관찰할 수 있다. 따라서 대기화학(atmospheric chemistry)에 관한 거의 모든 연구가 성층권과 그 위쪽 대기권을 대상으로 진행되었다. 심지어 유명한 대기과학자 시드니 채프먼(Sidney Chapman)은 이런 연구를 가리켜서 고층 대기화학(chemical aeronomy)이라고 명명하기까지 했다. 성층권의 오존량 감소가 지구의 생물들에게 어떤 영향을 끼칠 것인지에 대해서는 추측이 무성하지만 아직까지 확실히 증명된 바는 거의 없다. 과학이라는 학문이 측정될 수 있으며 논의될 수 있는 대상에 집착하는 경향이 있음을 부인하기 어렵다. 따라서 대기권의 대부분을 구성하고 있는 대류권에 대해 1970년대까지 별로 측정된 바가 없었고, 또 알려져 있는 것도 많지 않았다는 사실이 그리 놀랄만한 것은 아니다. 대류권은 연구 대상으로는 너무도 복잡하고 측정이 어려운 것이 사실이기 때문이다. 그러나 대류권이 가이아와 가장 관련이 깊은 공기층이라는 점은 분명하다.

성층권의 윗부분은 전리권(ionosphere)이라고 불리는데 이곳은 공기가 극도로 엷고 위로 올라갈수록 태양으로부터의 여과되지 않은 빛이 더욱 강렬해져서 화학반응도 더욱 맹렬히 진행된다. 이런 조건에서는 질소 분자와 일산화탄소를 제외한 거의 모든 분자들이 쪼개져서 구성 원자의 형태로 존재하게 된다. 일부 원자들과 분자들은 더욱 분열하면서 양이온과 전자의 형태로 전환되어 전기가 통과할 수 있는 전도층을 형성하기도 한다. 전리권은 라디오파를 반사하는 특성을 가지기 때문에 장거리 통신에 유용하지만 근래에는 인공위성이 지구 궤도를 돌고 있으므로 상대적으로 그 중요성이 감소하고 있다.

대기권의 가장 바깥쪽은 공기가 너무 적어서 1세제곱 센티미터당 단지 수백 개의 원자만이 존재하는데, 비슷한 정도의 원자 밀도를 갖는 태양의 대기권 가장 바깥층과 맞닿아 있는 것으로 간주되고 있다. 이 층은 외기권(exosphere)으로 불린다. 과거에는 이 외기권으로부터 수소 원자들이 외계로 탈출했으므로 오늘날 지구 대기권에 산소가 풍부해질 수 있었다고 알려졌다. 그러나 최근에는 이런 방식의 수소 유출이 대기권의 산소량을 설명해줄 수 있을 만큼 그렇게 대규모적으로 진행될 수 있었는지 의심받고 있으며, 더욱이 어떤 과학자들은 지구로부터의 수소 유출이 태양으로부터의 수소 유입으로 상쇄되거나 오히려 다소 증가될 수도 있었을 것으로 믿고 있다. 〔표 3〕은 대기권에 들어 있는 중요한 반응성 기체들의 종류와 농도, 유출입량, 그리고 그것들의 주요 기능들을 보여주고 있다.

〔표3〕 대기권에 존재하는 주요 반응성 기체들

기체	농도(%)	매년 유출입량 (단위: 메가톤)	비평형의 정도	가이아 이론에서의 주요 기능들
질소	79	300	10^{10}	대기압을 유지시킴 지표에서 발화를 억제함 해양의 질산염 농도를 조절함
산소	21	100,000	없음. 표준치로 간주함	에너지 표준 가스
이산화탄소	0.03	140,000	10^{3}	광합성에 기여함 기후 조절에 기여함
메탄가스	10^{-4}	500	무한대	산소의 농도를 규제함 무산소 상태로부터 유출됨
아산화질소	10^{-5}	30	10^{13}	산소와 오존의 농도를 규제함
암모니아	10^{-6}	300	무한대	pH를 조절함 기후를 조절함(과거)
유황 가스류	10^{-8}	100	무한대	유황 순환에 필요한 유통 가스임
염화메틸	10^{-7}	10	무한대	오존의 농도를 규제함
아이오딘화메틸	10^{-10}	1	무한대	아이오딘의 이동에 기여함

이미 앞에서 설명했듯이 나는 처음에는 지표면의 대기 환경이 여러 기체들의 단순한 집합이 아니라 그것들 각각이 생물학적으로 중요한 역할을 담당할 수 있도록 서로 미묘한 조화를 이루고 있을 것이라는 가능성에 깊은 흥미를 느끼고 있었다. 따라서 나는 만약 우리가 어떤 행성의 대기권을 조사하여 그 속에 들어 있는 기체들의 종류를 알아낼 수만 있다면 그 행성에 생물이 존재하는지 또는 그렇지 않은지를 쉽게 판단할 수 있을 것이라고 가정했다. 그런데 우리가 행한 일련의 실험에서 이런 나의 이론이 확인되었을 뿐만 아니라, 지구 대기권의 화학적 조성이 너무나도 미묘하고 화학 법칙에도 전혀 들어맞지 않아 그것들이 결코 우연히 그렇게 조성되었다거나 임의적으로 그렇게 유지되는 것이 아니라는 생각이 들었다. 대기 조성물의 거의 모두는 화학평형의 일반 원리를 거역하고 있는 것처럼 보였기 때문이다.

그러면서도 이런 명백한 무질서의 와중에서 대기권 자체가 어떻게든 비교적 원활하게 생물계에 유리한 조건을 유지하고 있다는 사실은 매우 놀라운 일이 아닐 수 없다. 이처럼 기대하기 어려운 일이 벌어지고 있는 데에 대해 그것을 우발적인 현상으로 간주할 수 없다고 한다면 이에 합당한 논리적인 설명을 찾아보는 것이 당연한 수순일 것이다. 이제부터 우리는 가이아 이론이 지구 대기권의 신비한 조성을 어떻게 설명할 수 있는지 살펴보기 위해 다음과 같이 가정해보도록 하자. 그 가정이란, 즉 생물권이 우리 주변의 대기 조성을 능동적으로 조절 유지시키고 있고, 그 결과로 자연스럽게 지상의 생물들을 위한 가장 적절한 환경이 조성되고 있다는 것이다. 지금부터 우리는 마치 생리학자가 우리 몸속의 한 부분인 혈액의 성분을 조사해서 그것이 생체 활동에서 어떤 기능을 담당하고 있는지를 밝혀내듯 그렇게 대기권의 기능을 이해하고자 그 구성 성분들을 먼저 살펴보려고 한다.

화학의 관점에서 본다면 산소는 비록 양적으로는 최대가 아니더라도 대기의 가장 중요한 기체로서 손색이 없다고 말할 수 있다. 대기에서의 산소 농도는 지구의 어느 지역에서나 적당한 연소 물질만 주어진다면 그것에 불을 붙일 수 있는 적당한 화학에너지 수준을 확보하고 있다. 한편 대기 중의 산소는 새들이 창공을 날고 우리가 뛰고 달릴 수 있으며, 겨울에는 우리 몸을 따뜻하게 유지할 수 있도록 충분한 수준의 화학적 퍼텐셜(chemical potential)의 차이를 제공한다. 현재 수준의 산소압이 오늘날의 생물권에 기여하는 바는 우리의 20세기 생활에 고전압의 전력이 기여하는 정도에 비유될 수 있다. 만약 전기가 없더라도 — 그리고 대기 중에 산소가 존재하지 않더라도 — 무릇 세상만사는 그럭저럭 굴러갈 수 있을 것이다. 그러나 그렇게 된다면 모든 일에 있어서 그 잠재력이 크게 위축될 것은 분명하다. 산소압과 전력의 비유는 매우 적절하다고 말할 수 있다. 왜냐하면 주위 환경의 산화력을 표현하는 화학적 척도는 산화환원전위가 되는데 그것은 전위차의 측정 단위인 볼트(volt)로 표시되기 때문이다. 그것은 결국 한 전극은 산소에, 또 한 전극은 먹이에 연결되어 있는 가상 전지의 전압을 측정하는 것과 비슷하다고 할 수 있다.

모든 녹색식물들과 조류(algae)들의 광합성 작용으로 만들어지는 산소는 거의 모두 대기 중으로 방출되지만, 이것들은 곧바로 생물들의 다른 활동인 호흡에 의해서 사용되는 등 재순환의 과정을 거친다. 이런 상보적 작용에 의하여 대기 중의 산소 농도는 결코 증가되지 않는 것이다. 그렇다면 이제까지 어떻게 지금의 정도로 산소가 대기 중에 축적될 수 있었을까?

최근까지도 과학자들은 산소의 주요 공급원이 대기권 바깥쪽에서 진행된 물 분자의 광분해(photolysis)였으며, 그 결과 물 분자가 수소와 산소 원자로 쪼개지고 이때 가벼운 수소 원자는 지구의 중력권을 벗어나 외계로 빠져나가고 산소 원자는 두 개씩 결합하여 산소 분자를, 세 개씩 결합해서는 오존 분자를 만들었다는 학설을 중요하게 여겨왔다. 이런 광분해 작용이 지구 대기권의 산소 농도 증가에 어느 정도 기여했음은 확실하다. 그렇지만 그것은 과거에는 중요한 기작이었을 수 있지만 이제는 산소 공급원으로서 아주 미미한 역할밖에 담당하지 못하는 것으로 간주된다. 대기 중에 보충되는 산소의 주요 공급원에 관한 새로운 이론은 1951년 윌리엄 루비가 제안했는데 녹색식물과 조류의 생체 조직에 유기물의 형태로 고정된 탄소가 일부 퇴적암층에 묻혀버리고, 그 결과 대기 중에 산소가 증가한다는 설명이다. 매년 생물권에 의해 고정되는 탄소의 약 0.1% 정도는 식물 조직의 파편 형태로 빗물에 씻겨 하천이나 바다 밑바닥에 퇴적되는데, 이때 탄소 원자 하나가 땅속으로 묻히면서 산소 한 분자씩을 지상에 남겨놓는 비율로 대기 중에 산소 농도를 증가시킨다. 만약 이런 기작이 없었다면 풍화 작용, 지각 운동, 화산 분출 등으로 대기권에 첨가되는 환원성 물질들이 산소와 반응해서 공기 중의 산소 농도는 지속적으로 낮아지게 되었을 것이다.(생물의 몸은 유기물로 만들어지는데 유기물의 주요 성분은 탄소, 수소, 산소, 질소이다. 그런데 이런 성분으로 만들어진 탄소 화합물은 땅속에 묻힐 때 탄소만 남게 되고 대부분의 수소, 산소, 질소는 대기 중으로 방출된다. 이처럼 땅속에 묻힌 탄소가 곧 석탄이나 석유의 형태이며, 이 과정에서 공기 중에 첨가되는 산소가 바로 여기에서 말하는 산소이다 – 옮긴이)

과학자의 명성은 그가 얼마나 오랫동안 자기 분야에서 어떤 업적을 쌓아왔는지에 따라서 판단될 수 있다. 그런 유명한 과학자 가운데 파스퇴르(Pasteur)가 있다. 그는 산소가 공기 중에 나타나기 이전에는 오직 하등한 형태의 생물들만이 생존할 수 있었다는 가설을 일찍부터 주장했다. 이런 이론이 오랫동안 받아들여졌던 것은 사실이지만 우리가 이미 2장에서 살펴본 것처럼 최초로 나타난 광합성 생물들도 역시 오늘날의 미생물에게 부여된 만큼의 높은 화학적 퍼텐셜 상태에서 생존했음을 인정해야 한다. 원시 생물 시대에는 대기 중에 현재 존재하고 있는 산소에 의해 제공되는 대규모적인 퍼텐셜에너지 구배(Potential Energy Gradient)가 단지 미생물들의 세포 속에서만 발견될 수 있었을 것이다. 그 후에 미생물들이 계속 번식함으로써 그들을 둘러싸고 있는 미소 환경(micro-environment) 속에서도 퍼텐셜에너지 구배가 커지게 되었을 것이다. 미생물들의 수가 더욱 불어나면서 원시 지구에 존재하던 모든 환원성 물질이 산화되었으며, 마침내 대기 중에는 자유산소가 축적되기 시작했다. 그렇지만 태초에는, 오늘날의 생물체에서 그 바깥의 산소와 세포 내의 먹이 사이에 퍼텐셜에너지 구배가 크게 존재하는 것처럼 광합성 세포의 산화제(즉 산소)와 주변의 환원적 환경 사이에 커다란 퍼텐셜에너지 차이가 존재했을 것이다.(퍼텐셜에너지라는 것은 어떤 물질이 존재하는 바로 그 상태에서 가지고 있는 본원적 에너지를 말하는데, 그 물질의 퍼텐셜에너지와 주변의 퍼텐셜에너지 사이에 차이가 있으면 그 물질은 결국 산화하여 여분의 에너지를 생물체가 이용할 수 있게 된다. 퍼텐셜에너지 구배라는 것은 이런 퍼텐셜에너지의 차이를 뜻한다 - 옮긴이)

화학적이든 전기적이든 높은 화학적 퍼텐셜의 공급원은 해로운 것이다. 산소는 특히 유해하다. 현재 대기권에 포함된 21%의 산소는 생물체의 생존을 가능케 하는 안전 농도의 최상한선이다. 산소 농도가 현재 수준에서 약간만 더 높아진다면 자연발화의 위험성은 훨씬 커진다. 현재 농도에서 1%씩 산소 농도가 증가될 때마다 번갯불에 의해 삼림 화재가 발생할 수 있는 가능성은 70%씩 상승할 수 있다. 산소 농도가 25%를 넘어서면 현재 육상의 식생 가운데 대화재에서 살아남을 수 있는 부분이 지극히 적어지는데 전형적인 열대우림과 툰드라 삼림들도 대부분 파괴될 것이다. 레딩대학의 앤드루 왓슨은 자연 삼림에 유사한 환경 속에서 산소의 농도를 달리했을 때 화재가 발생할 수 있는 가능성을 실험을 통해 제시한 바 있다. 〔그림 5〕에는 그 수치가 표시되어 있다.

현재의 산소 농도는 위험과 혜택이 절묘하게 배합된 수준이다. 사실상 삼림 화재는 아주 가끔씩 발생하는 편이다. 21%의 산소 농도가 허용하는 고생산성을 저해할 정도로 그렇게 빈번히 발생하지는 않는다. 이는 역시 전기의 공급 이론과 유사하다. 전기가 전달되는 과정에서는 불가피하게 에너지 손실이 따르게 되는데, 그 손실량은 전압이 증가함에 따라 감소하며 이때 필요한 전선의 양(구리의 양)도 적어진다. 가정용 전기의 전압을 220볼트로 규정한 것은 감전에 의한 인명 손실과 화재의 위험을 배제할 수 있는 수준에서 허용 가능한 최고의 전압치를 채택한 것이다.

발전소의 엔지니어들은 자신들의 장비가 함부로 가동되도록 방관하지 않는다. 발전 장비들은 각별한 주의와 기술을 가지고 돌볼 때에만 비로소 우리 가정에 지속적으로 안전한 전기를 보낼 수 있도록 만들어져 있다. 그렇다면 공기 중의 산소 농도는 도대체 어떻게 그처

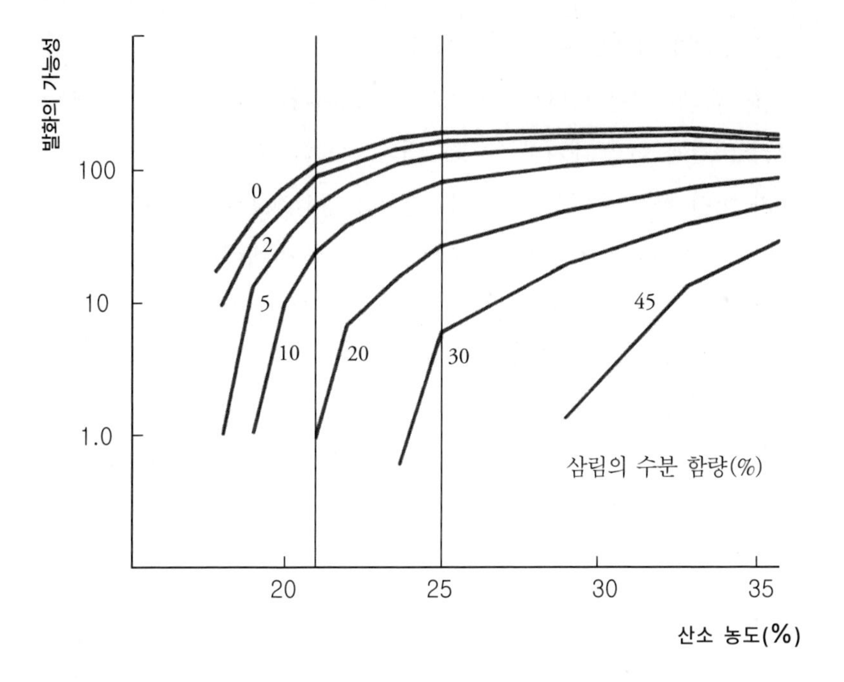

그림 5 대기 중의 산소 농도가 달라질 때 초원과 삼림에서의 화재 발생 가능성의 정도를 나타낸 그림이다. 자연발화는 번갯불이나 임의적 발화에 의해서 발생하고 발화 가능성은 자연 삼림의 수분 함량에 크게 의존한다. 그림의 각 선들은 완전히 수분이 없을 때(0%)부터 가시적으로 수분이 완전히 젖어 있을 때(45%)까지의 각기 다른 수분 함량을 표시하고 있다. 현재의 산소 농도(21%)에서는 수분 함량이 15% 이상이면 화재가 발생하지 않는다. 그러나 산소 농도가 25%로 증가하면 열대 삼림의 물에 젖은 나뭇가지와 초원이라 할지라도 자연발화가 발생할 수 있다. Y축의 발화 가능성은 현재 상태를 1로 하여 그 가능성을 수치로 표현한 것이다.

럼 일정하게 유지될 수 있는 것일까?

이 문제를 논의하면서 생물학적 조절(biological regulation)을 언급하기 이전에 먼저 대기의 조성에 대해 자세히 살펴보기로 하자. 우리가 어떤 한 종류의 기체를 현미경이나 망원경으로 살펴보거나 또는 시험관 속에서 조사한다고 해도 그것이 공기 속에서 다른 기체들과 어떤 관계를 유지하고 있는지 알아차리기는 대단히 어렵다. 이것은 마치 단어 한 개를 조사해서 그것이 들어 있는 문장 전체의 의미를 이해하려고 하는 시도와 마찬가지라고 할 수 있다. 하지만 대기권의 비밀은 여러 기체들이 조화롭게 섞여 있는 바로 그 절묘한 배합 구도에 묻혀 있다고 할 수 있지 않을까? 따라서 우리는 먼저 우리가 지정한 에너지 준거 기체인 산소가 다른 기체들과 어떻게 반응하는지 살펴보도록 하자. 먼저 산소와 메탄가스와의 관계를 알아보자.

소위 늪지 기체로 불리는 메탄가스가 생물학적 작용의 산물임을 처음으로 밝힌 사람은 허친슨이다. 처음에는 그도 메탄가스의 대부분이 되새김질을 하는 동물들의 방귀로부터 오는 것이라고 생각했다. 그런데 비록 되새김질 동물(반추동물)의 기여도를 부정할 필요는 없다고 해도 우리는 현재 대부분의 메탄가스가 해저, 늪지, 습지, 하구(estuary) 등 탄소 화합물이 풍부하게 묻혀 있는 장소들에서 박테리아의 혐기성 발효(무산소 발효)에 의해 만들어진다는 사실을 잘 알고 있다. 이처럼 미생물에 의해서 생산되는 메탄가스의 양은 엄청나게 많아서 매년 약 5억 톤이나 된다(도시 가정에서 연료로 사용하는 천연가스는 메탄가스와는 근본적으로 다르다. 천연가스는 소위 화석연료로서 석탄이나 석유가 기체화한 것이라고 할 수 있으며, 그 매장량은 전 지구적 규모로 볼 때 그리 많지 않다. 따라서 수십 년 이내에 천연가스는 공급원이 바닥날 것으로 예상된다).

그러면 이제 가이아와 관련해서 메탄가스와 같은 기체가 과연 어떤 역할을 담당하고 있는지 물어볼 수 있다. 이 질문은 마치 우리 혈액 중에서 글루코오스(glucose, 포도당)나 인슐린이 어떤 역할을 하는지 묻는 것과 같다. 메탄가스의 역할에 대해 가이아와 관련짓지 않고 해답을 찾고자 한다면 결국 우리는 순환논법에 걸려들고 말거나 또는 사실상 무의미한 대답을 얻을 수밖에 없을 것이다. 이것이 바로 왜 그토록 오랫동안 과학계에서 이런 문제가 제기될 수 없었는지에 대한 부분적인 이유라 할 수 있다.

그러면, 과연 메탄가스가 만들어지는 목적은 무엇이며 그 역할이 어떻게 산소와 관련되어 있는 것일까? 메탄가스가 지닌 한 가지 분명한 기능은 그것이 만들어지는 무생물적 환경을 원래의 조건 그대로 계속 유지시키는 것이다. 메탄가스가 악취 나는 진흙탕 속에서 방울방울 끊임없이 솟아날 때에 그것을 혐기성 미생물의 관점에서 본다면 자신들에게 해롭기 그지없는 산소 원소뿐만 아니라 비소(As)와 납(Pb) 등을 메틸 유도체의 형태로 함께 내보내는 것이 된다. 따라서 진흙탕 속에서 휘발성 유독 물질들이 효과적으로 제거되는 셈이다.

메탄가스가 대기권에 포함되면 그것은 두 가지 측면에서 산소의 농도를 규제하는 역할을 담당하는데, 한쪽 측면에 있어서는 주 조절자로서, 다른 한 측면에 있어서는 어느 정도 규제를 방임하는 방식으로 그 역할을 수행한다. 지표로부터 발생한 메탄가스는 대부분 산화하여 이산화탄소와 수증기가 되지만 일부는 산화하지 않은 채로 성층권까지 도달한다. 여기에서 메탄가스는 마침내 분해되어 이 층에 물 분자를 공급하게 되는데, 물 분자는 다시 산소와 수소로 갈라지게 된다. 그러면 수소는 외계로 탈출하지만 상대적으로 무거운 산소는 아래쪽으로 내려온다. 이런 방식으로 메탄가스는 비록 양적으로는 극히 미미하지만 오랜 기간 동안 사실상 엄청난 양이 방출됨으로써 대기권의 산소 농도를 높이는 데에 결정적인 기여를 했던 것이다. 지금처럼 대기 구성 물질들의 대차대조표가 균형을 이루고 있을 때에는 외계로 탈출하는 만큼의 수소 원자가 곧 대기권이 새로 얻게 되는 산소의 양에 해당된다고 할 수 있다.

그런데 이와 반대로 지표에서 가까운 대기층에서는 메탄가스의 산화로 매년 약 10억 톤의 산소가 소모된다. 이런 작용은 우리가 살아 숨 쉬는 주변에서 천천히 끊임없이 진행되는데, 마이클 맥엘로이와 그의 동료들에 의해서 복잡 미묘하기 그지없는 일련의 반응들이 파헤쳐졌다. 간단한 계산을 적용했을 때 만약 메탄가스가 없었더라면 공기 중의 산소 농도는 최소 2만 4000년마다 1%씩 증가할 수 있었을 것으로 보인다. 지질학적 시간 개념에서 볼 때 이런 변화는 너무나 급속한 것이며, 또 생물학적으로도 매우 위험한 것이다.

하인리히 홀랜드(Heinrich D. Holland)와 월리스 스미스 브뢰커(Wallace S. Broecker), 그리고 다른 저명한 과학자들에 의해 발전된 루비 이론(Rubey's theory)에 따른다면 대기권의 산소량은 탄소가 지각에 묻힘으로써 얻어지는 산소 증가와 지각으로부터 분출되는 환원성 물질들의 재산화에 의한 산소 감소 사이에서 균형이 이루어짐으로써 유지되는 것이라고 한다. 그렇지만, 생물권은 소위 엔지니어들이 수동형 조절 시스템이라고 부르는 조절 장치로 유지되기에는 너무나도 강력한 엔진이다. 마치 발전소에서 사용되는 연료의 양과 터빈을 돌리는 데 필요한 증기의 양 사이에서 균형이 이루어짐으로써 보일러

압력이 조절될 수 있듯이 생물권의 잠재력도 그렇게 균형이 잡혀야만 하는 것이다. 그런데 수동형 조절 시스템만을 갖는 보일러는 전기 수요가 그리 많지 않은 따뜻한 일요일에는 압력이 폭발할 지경까지 상승하고, 또 무더운 여름날 오후에는 전력 수요가 절정에 달해서 그 압력이 터빈을 돌리지 못할 정도까지 낮아질 수 있을 것이다. 바로 이런 이유 때문에 엔지니어들은 발전소에 능동형 조절 시스템을 채택하고 있다. 앞의 4장에서 설명한 것처럼 이런 시스템은 압력계나 온도계처럼 계측기를 가져서 보일러의 압력이 적정 수준에서 얼마만큼 벗어났는지 측정하고 거기에 맞추어서 연료의 소비를 적당히 조절하도록 한다.

대기 중에서 산소 농도가 일정하게 유지된다는 사실은 곧 능동적 조절 시스템의 존재를 시사하는 것이다. 아마도 무엇인가가 대기권의 산소 농도를 감지하고 그것이 적정 농도를 벗어나게 될 때 경고를 발하고 있는 것이리라. 이런 작용이 어쩌면 메탄가스의 생성과 탄소의 매몰에서 찾아질 수 있을지 모른다. 생물체의 분해 산물인 탄소화합물이 일단 지하의 무산소 지역(anaerobic zone: 산소가 전혀 존재하지 않는 지점 - 옮긴이)에 도달하게 되면 그것은 메탄가스로 변화하거나 또는 그대로 묻혀버리는 운명에 처해질 것이다. 현재 연간 약 5억 톤의 메탄가스를 생성하는 데 필요한 양보다 20배나 많은 탄소가 매년 지하에 묻히고 있다. 따라서 이 비율을 바꿀 수 있는 메커니즘이라면 그것이 무엇이든지 결국은 효과적으로 대기층의 산소 농도를 조절하는 역할을 담당하고 있다고 말할 수 있다.

공기 중에 산소 농도가 너무 높아지면 어떤 경고 신호가 보내져서 메탄가스 생산이 증대되고, 그 결과 대기권에 산소 조절 기체(메탄가스)의 양이 많아져서 산소 농도가 곧 정상 상태로 회복되는 것이리라. 메탄가스의 산화에 따르는 명백한 에너지 낭비는 즉시적·능동적 조절 시스템을 유지하는 데 필요한 어쩔 수 없는 비용으로 간주될 수 있을 것이다. 고약한 냄새가 코를 찌르는 해저, 호수, 연못 등지의 진흙탕 속에서 생존하는 혐기성 미생물의 도움 없이는 우리가 책을 쓸 수도, 글을 읽을 수도 없다는 사실은 매우 흥미롭다. 그런 미생물들이 생산하는 메탄가스가 없었다면 공기 중의 산소 농도는 계속 증가되어 한 차례의 화재가 전 세계 삼림을 모두 휩쓸어버리는 재난을 빈번히 발생시켰을 것이다. 물론 이럴 경우에도 어쩌면 습지에서 자라는 미소식물군(microflora)은 별로 커다란 피해를 입지 않았을 것이지만.

다른 한 가지 기묘한 기체는 아산화질소다. 메탄가스와 마찬가지로 아산화질소는 공기 중에 극미량, 약 0.3ppm 정도가 포함되어 있다. 이 기체는 역시 메탄가스처럼 토양과 바닷물 속의 미생물들에 의해서 만들어지는데, 현존량이 적다고 해서 생산량이 적은 것은 결코 아니다. 아산화질소는 매년 3000만 톤 정도가 만들어진다. 이 비율은 곧 질소 원소가 공기 중으로 복귀하는 양의 10분에 1에 해당한다. 공기 중에는 아주 막대한 양의 질소가 존재하는 반면 아산화질소의 양은 매우 적다. 그 이유는 질소는 매우 안정된 기체여서 공기 중에서 축적되는 반면 아산화질소는 태양으로부터의 자외선에 의해 쉽게 파괴되기 때문이다.

그런데 만약 이 괴상한 기체가 아무 쓸모 없는 것이라면 왜 생물권이 굳이 에너지를 소모하면서까지 그것을 만들려고 할까? 여기에는 두 가지 가능한 이유를 생각해볼 수 있는데, 생물학에서는 똑같은 물질이 한 가지 이상의 역할을 담당하는 것이 흔히 있는 일이므로 우리는 양쪽을 다 고려해야만 할 것이다. 첫째로, 아산화질소는 메탄가스와 마찬가지로 산소의 규제를 담당할지 모른다. 아산화질소에 의해서 토양과 해저로부터 대기 중으로 운반되는 산소의 양은 지각 내부로부터 지속적으로 방출되는 환원성 물질의 산화에 의한 손실에 비교할 때 그 두 배만큼의 양에 해당된다. 따라서 아산화질소가 메탄가스의 역할에 균형을 잡아주는 기능을 한다고 할 수 있다. 다시 말해 메탄가스와 아산화질소는 적어도 서로 상보적이라고 할 수 있으며 이 둘이 서로 연합하여 대기권의 산소 농도를 즉각적으로 조절하는 것이라고 인정할 수 있다는 것이다.(아산화질소의 분자식은 N_2O로 산소 원자를 1개 포함한다. 따라서 아산화질소 분자 한 개의 방출은 곧 한 개의 산소 원자가 대기 중에 첨가되는 것을 의미한다 - 옮긴이)

아산화질소의 다른 한 가지 중요한 기능은 성층권에서 나타나는데, 그것이 분해되면 다른 기체들과 함께 산화질소(nitric oxide)를 만들게 된다. 산화질소(NO)는 오존층 파괴에 결정적인 역할을 하는 것으로 알려져 있다. 그런데 초음속 여객기와 헤어스프레이 가스에 의해서 오존층이 파괴되는 것이라고 열심히 강조하는 있는 환경보호주의자들의 관점에서 본다면 이것은 매우 놀랄만한 일이 분명하다. 만약 질소산화물들이 지구 오존층을 파괴하는 것이라면 자연은 이미 오래전부터 오존층 파괴에 기여해왔음이 명백하기 때문이다. 그러나 너무 과다한 오존도 너무 적은 것과 마찬가지로 해롭다는 점을 명심하자. 대기권의 다른 모든 기체들과 마찬가지로 대기 중의 오존도 적정 농도 범위가 있다. 오존 농도가 현재보다 15% 정도까지는 증가할 수도 있다. 또한 우리가 아는 한, 오존이 더 많아지면 많아질수록 기후 변화에 나쁜 영향을 끼치게 된다. 우리는 태양으로부터 오는 자외선이 어떤 면에서는 매우 유익하며 오존층이 두꺼워질수록 지표면까지 도달하는 자외선의 양이 적어진다는 사실을 잘 알고 있다. 자외선에 우리 몸을 노출시키면 피부에서 비타민D가 만들어진다. 그러나 자외선이 너무 강력해지면 피부암에 걸리게 되고, 또 너무 약하게 되면 구루병을 초래하게 된다. 비록 우리가 미생물들이 생산하는 아산화질소에 의해서 한 생물종으로서 어떤 결정적인 혜택을 입고 있다고까지는 말할 수 없을지라도, 적어도 자연계에서는 다른 생물들이 우리가 미처 알지 못하는 방법으로 우리에게 각별한 혜택을 전해주고 있을지도 모른다는 주장마저 부인해서는 안 된다.

이렇게 자연 스스로가 오존층을 통제할 수 있는 수단을 지니고 있다는 사실은 적어도 생물계에는 크게 유익하게 작용할 것이다. 아산화질소는 최근에 생물학적 근원이 밝혀진 다른 한 중요한 기체인 염화메틸(methyl chloride)과 함께 이런 목적을 위해 봉사하는 중요한 기체라고 할 수 있다. 만약 그렇다면 가이아의 조절 시스템은 오존층을 통하여 유입되는 자외선의 양의 많고 적음을 측정할 수 있는 감지 수단을 가져서 아산화질소의 생산을 여기에 맞춰 조절한다고 볼 수도 있다.

토양 속과 바닷속에서 대량 생산되어 공기 중으로 방출되는 질소를 포함하는 다른 한 기체는 암모니아이다. 암모니아의 생산량을 추정하기는 대단히 어렵지만 연간 10억 톤 정도보다 적지는 않을 것이다. 메탄가스의 경우에서 보았듯이 생물권은 막대한 에너지를 소모하면서 암모니아를 생산하는데, 현재는 거의 모든 암모니아가 생물학적 작용에 의해서 만들어진다고 인정되고 있다.

암모니아의 가장 중요한 기능은 주위 환경의 산도를 조절하는 것임이 분명하다. 질소 화합물과 황 화합물의 산화에 의해서 만들어지는

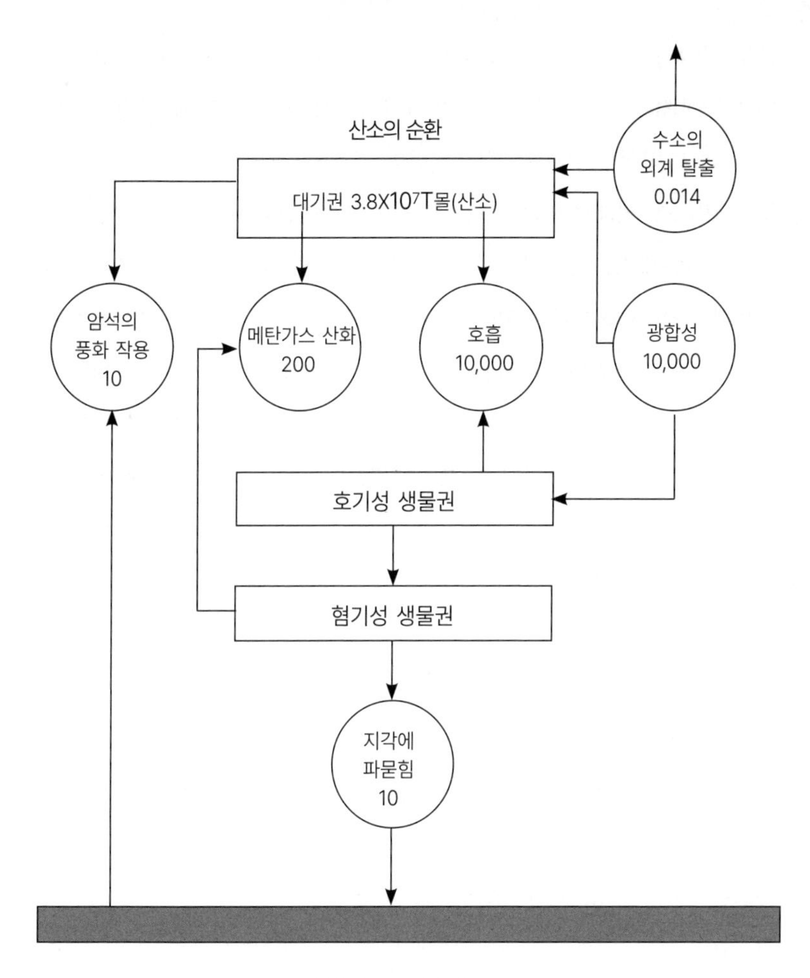

그림 6 지구의 대기권, 지각, 대양 사이에서의 산소와 탄소의 이동 경로. 매년의 이동량을 테라몰(terra mole)의 단위로 나타냈다. 1테라몰 탄소는 1200만 톤이며 1테라몰 산소는 3200만 톤이 된다. 대기권과 퇴적암권에 나타낸 수치는 현존량을 표시한 것이다. 바다와 늪지와 습지의 바닥에 묻히게 되는 탄소의 대부분은 '늪지 가스'로 불리는 메탄가스의 방출로 인해 다시 대기 중으로 복귀된다는 사실에 주목할 것.

전체 산성 물질의 양을 고려한다면, 생물권에 의해 생산되는 암모니아는 빗물의 pH를 8정도에서 유지시켜 생물들의 생활에 적당하도록 하는 데 결정적인 역할을 한다. 만약 생물권이 암모니아를 생산하지 않는다면 전 세계 어디에서나 빗물은 식초만큼이나 산도가 낮은 pH 3을 기록하게 될 것이다. 스칸디나비아반도와 북아메리카의 일부 지역에서는 이런 현상이 이미 나타나고 있으며, 그 결과 삼림의 생육이 크게 저해되고 있다. 이처럼 산성비가 내리게 되는 이유는 피해 발생 지역과 인구 밀집 지역에서 산업용과 가정용으로 너무 많은 화석연료를 연소시키기 때문으로 생각된다. 대부분의 화석연료에는 황이 포함되어 있는데 일단 연소된 이후에는 빗물에 의해 황산의 형태로 주변 지역에 떨어지지만 일부는 먼 지방까지 바람을 타고 운반된다.

생물은 산성에 비교적 잘 견딘다고 말할 수 있다. 인간 위장의 소화액이 그 실증적 예라 할 수 있다. 그러나 주변 환경의 산도가 식초에 비견할 수 있을 정도라면 그것은 정상에서 크게 벗어난 것이다. 자연계의 거의 전역에 걸쳐서 암모니아와 산성 물질들이 균형을 이루어 빗물이 너무 산성이거나 너무 알칼리성에 치우치지 않게 조절된다는 사실은 매우 다행스러운 일이라고 하겠다. 만약 이런 균형이 가이아의 사이버네틱스적 조절 시스템에 의해서 능동적으로 유지되는 것이라고 가정한다면 암모니아의 생산에 사용되는 에너지 소비는 광합성으로 얻어지는 전체 이득에서 보충되는 것이 당연하다고 할 수 있다.

현재 대기 중에 들어 있는 가장 풍부한 기체는 질소(N_2)로 우리가 숨쉬는 공기의 약 79%를 차지하고 있다. 두 개의 질소 원자가 하나의 질소 분자를 형성하기 위해 만드는 결합은 모든 화학결합 중에서 가장 강력하며, 따라서 이 기체는 다른 기체들과 반응하기가 지극히 어렵다. 질소가 대기권에 이와 같이 축적될 수 있었던 이유는 탈질소 세균(denitrifying bacteria)과 살아 있는 세포 속의 여러 대사 과정들이 질소를 생산하여 배출했기 때문이다. 공기 중의 질소는 천둥번개와 같은 무생물적 작용에 의해서 자신의 원래 고향인 바다로 서서히 복귀한다.

질소의 가장 안정된 상태가 기체 형태가 아니라 바다에 녹아 있는 질산염(NO_3)의 형태라는 것을 아는 사람은 별로 많지 않을 것이다. 이미 우리가 3장에서 살펴본 것처럼 만약 생물체의 존재가 없었더라면 공기 중 질소의 대부분은 산소와 결합하여 질산염의 형태로 바닷물에 녹아 있게 되었을 것이다. 자연이 화학평형의 법칙을 무시하고 대기권에 질소 기체를 계속 첨가시켰던 것이 생물권에는 과연 어떤 이익을 주었을까? 그런 이익에는 다음과 같은 몇 가지 가능성이 포함될 수 있다.

첫째, 기후변화가 완만해지기 위해서는 현재만큼의 대기압이 작용해야 하는데 질소는 아주 적당한 압력 보충의 수단이 된다. 둘째, 질소와 같이 반응성이 낮은 기체는 산소의 희석제로 가장 적합하다. 이미 앞에서 논의한 바 있듯이 순수한 산소 상태는 지극히 위험하다. 셋째, 만약 모든 질소가 질산염의 형태로 바닷물 속에 녹아 있다면 생물의 생존에 적당한 정도로 염도를 유지하는 데에 커다란 어려움이 따르게 될 것이다. 다음 장에서 살펴보게 될 것이지만 세포막은 주위 환경의 염분 농도에 지극히 민감해서 전체 염도가 0.8몰농도(molarity: 1리터의 용매에 녹아 있는 용질의 몰수로 농도를 표시하는 단위. 0.8몰농도는 물 1리터에 약 47그램의 소금이 녹아 있을 때의 농도에 해당한다 – 옮긴이) 이상이 되면 파괴돼버린다. 이때 염 성분이 염화물이든 질산염이든, 또는 이 두 가지가 합해진 것이든 염의 종류는 아무런 상관이 없다. 만약 모든 질소 원소가 질산염의 형태로 바닷물 속에 녹아든다면 그것의 몰농도는 현재의 0.6에서 0.8로 증가할 것이다. 이렇게 되면 바닷물의 이온 강도(ionic strength)는 현재까지 알려진 거의 모든 생물들이 생존하기에 적당치 않은 수준까지 상승하게 된다. 마지막으로 질산염의 농도가 크게 높아지면 바닷물의 염도를 높이는 효과 이외에도 독성 효과가 나타나 생물들의 생존 자체를 위협하게 될 것이다. 생물들에게는 고농도의 질산염에 적응한다는 것이 매우 어려운 일이었으므로 차라리 질산염을 질소 기체의 형태로 대기 중에 붙잡아두어 다른 어떤 기능을 수행토록 하는 것이 보다 편리했을 것이다. 이런 여러 가지 이유들로 인해 생물권이 개발한 여러 생물학적 작용들이 바다와 육지로부터 질소를 탈출시켜 공기 속에 머물도록 했던 것이라고 생각된다.

그런데 대기 중에 많이 포함되어 있다고 해서 그 기체의 역할이 크게 중요할 것이라고 지레짐작한다면 커다란 실수를 범하는 것이 될 수도 있다. 예를 들어, 암모니아는 질소보다 1억 배나 적은 농도로 대기 중에 들어 있음에도 불구하고 조절과 규제의 관점에서 본다면 질소에 동등하게 중요하다. 사실 매년 지상에서 만들어지는 암모니아의 양은 질소의 양에 견줄만하다. 다만 암모니아의 변환 속도가 질소에 비해 훨씬 더 빠르다고 할 수 있다. 즉 공기 중에 그 기체가 얼마나 많으냐 하는 문제는 그 기체의 생성 속도에 의해서가 아니라 반응 속도에 의해서 결정되는 것이다. 그리고 희귀한 기체일수록 생명을 영위케 하는 사업에 더욱 요긴한 존재임이 틀림없다.

현대 화학이 과학계에 기여한 가장 중요한 공로 중의 하나는 대기 중에 포함된 기체들 사이에서 진행되는 복잡한 화학반응들을 거의 다 밝혀냈다는 점이다. 이제 우리는 수소나 일산화탄소와 같은 희귀 기체들이 메탄가스와 산소의 반응에 의해서 생겨난 중간 생성물들이며 그것들의 선구 물질들과 마찬가지로 생물학적 작용으로 만들어진다는 사실을 잘 알고 있다. 여러 다른 반응성 희귀 기체들, 즉 오존, 일산화질소, 이산화질소 등도 그런 부류에 속하며 또 화학자들이 소위 유리기(free radical)라 부르는 무수히 많은 반응성 화합물들도 여기에 속한다. 그 가운데 하나로 우리는 메틸기(methyl radical)를 들 수 있는데, 이는 메탄가스의 산화로 생기는 일차 생성물이다. 매년 대기권 속에서 만들어지는 메틸기 양은 약 5억 톤에 달한다. 그러나 대기권 속에서 이 기체의 생존 기간이 1초 미만에 불과하기 때문에 그 현존량은 1세제곱 센티미터당 한 분자 정도에 그치고 만다. 이런 반응성 유리기들의 복잡 미묘한 화학적 성질들을 여기에서 모두 설명하기는 불가능하다. 그러나 공기 속의 여러 기체들에 대해 궁금한 사람들에게는 유리기에 대한 이야기가 좋은 자극제가 될 수 있을지 모르겠다.

공기 중에 미량으로 존재하는 소위 '비활성 기체'(noble gas)들은 이름처럼 그렇게 희귀하다거나 특별히 고귀한 존재는 결코 아니다. 과거 한때는 그런 기체들이 어떠한 화학약품에 의해서도 변화하지 않는다고 생각되었다. 마치 금이나 백금처럼 그것들은 산처리 시험(acid test)을 통과하는 것으로 간주되었다. 그러나 이제 우리는 그런 기체들 중에서 적어도 크립톤(krypton)과 제논(xenon)은 화합물을 형성한다는 사실을 알고 있다. 비활성 기체의 계열에 포함되는 기체들 중에서 가장 풍부한 종류는 아르곤인데, 같은 계열의 헬륨과 네온(neon)까지 합쳤을 때 전체 대기의 거의 1% 정도를 차지하기 때문에 굳이 희귀 기체로 부르기는 조금 곤란할 듯하다. 이런 불활성 기체(inert gas)들은 무생물적으로 만들어지는 것이 분명하다. 우리가 자연계의 무생물적 배경을 이해하는 데에 이들의 존재가 적지 않게 도움이 될 수 있을지도 모른다. 마치 완벽하게 평평한 바닷가의 모래밭에서는 오히려 생물체의 돌출을 쉽게 발견할 수 있듯이.

불화탄소 화합물들(fluorocarbons)과 같은 인공적인 기체들은 화학공업의 산물이어서 현대 산업 문명이 발달하기 이전에는 결코 대기 중에 존재하지 않았다. 따라서 이런 화합물들은 생물체의 존재를 나타내는 중요한 지표로 간주될 수 있다. 만약 외계인이 지구를 처음 방문하여 외계로부터 지구를 관찰한다고 하면, 지구 대기권 속에서 헤어스프레이용 프레온 가스의 존재를 쉽게 발견하게 될 것이다. 그러면 그는 이 행성에는 고도의 지성을 갖는 생물이 존재한다는 결론을 내리는 데에 별로 어려움을 겪지 않을 것이다. 인류는 스스로를 자연계로부터 이탈시켜 이제는 마치 자연계의 한 부분이 아닌 것처럼 생각하고 있으며, 또 인류 문명의 산물은 아예 '자연적'이 아닌 것으로 간주하려는 경향이 있다. 그러나 사실상 그것들은 지구상의 다른 모든 화학물질들과 마찬가지로 자연적인 것이 분명하다. 왜냐하면 우리 인류 자체가 바로 생물계의 일원이며, 그것들은 바로 우리들에 의해서 만들어진 것들이기 때문이다. 그런 기체들은 군사용 신경가스(nerve gas)의 예에서 보듯 어쩌면 공격적이고 유독할지도 모른다. 그러나 박테리아의 일종인 보툴리누스균(botulinus)이 만드는 물질도 유독하기는 마찬가지이다.(보툴리누스균은 밀폐된 통조림에서 번식하기 쉬운 병균으로 이에 오염된 식품을 먹게 되면 90% 이상의 높은 치사율을 보인다 - 옮긴이)

마지막으로 이제 대기권의 필수 구성원이자 생물체의 중요한 구성원이기도 한 이산화탄소와 물 분자에 대해 논의하기로 하자. 생물들에게 있어 이산화탄소와 물의 중요성은 원초적인 것이다. 그러나 과연 그것들이 생물들에 의해서 조절되고 통제되는 것인지는 밝혀내기가 대단히 어려운 작업이라 할 수 있다. 많은 지구화학자들은 대기권의 이산화탄소 농도가 단기적으로 0.03%에 머물러 있는 것은 바닷물과의 단순한 반응에 의해서라고 이구동성으로 말하고 있다. 과학에 대해 비교적 지식이 깊은 사람들은 이산화탄소와 물이 수용액 속에서 탄산수소(bicarbonic acid)와 다른 양이온의 형태로 평형 상태를 유지하고 있다는 사실을 충분히 이해하고 있을 것이다.

공기 중에 존재하는 것보다 거의 50배나 더 많은 양의 이산화탄소가 여러 가지 형태로 바닷물 속에 녹아 있다. 그런데 만약 어떤 이유에 의해서 대기 중의 이산화탄소 농도가 크게 감소하게 된다면 바닷물 속에 존재하는 막대한 양의 이산화탄소가 공기 중으로 방출되어 곧 정상 농도로 복귀될 것이다. 현재는 대기 중의 이산화탄소 농도가 점차로 증가하는 추세에 있는데, 이것은 인류가 화석연료를 대량으로 사용하고 있기 때문이다. 만약 우리가 당장 내일부터 화석연료 사용을 중단한다면 대기 중의 이산화탄소 농도가 정상으로 회복되기까지 약 1000년의 세월이 걸릴 것으로 이는 대기 중의 이산화탄소와 바닷물 속의 탄산수소 이온과의 사이에 평형이 재확립되기까지 필요한 기간이다. 화석연료의 사용으로 대기권의 이산화탄소 농도는 실제적으로 약 12%나 증가했다. 이처럼 인간이 대기권에 끼치는 심각한 영향에 대해서는 7장에서 다루기로 하자.

만약 가이아가 이산화탄소의 농도를 통제한다면 그것은 평형 상태를 파괴하려는 방식에 의해서가 아니라 평형 상태에 쉽게 도달하도록 도와주는 간접적인 방식에 의해서일 것이다. 앞서 예로 들었던 바닷가의 모래밭 이야기로 돌아간다면 모래성을 쌓기 전에 의도적으로 흐트러진 모래밭을 평평하게 다듬는 작업에 비유될 수 있다고나 할까. 그러나 자연적으로 이루어진 평형 상태와 생물권에 의해서 유도된 평형 상태 사이의 차이점을 발견하기란 그리 쉽지 않으므로 아마도 정황적인 증거만으로 확인할 수 있는 사항일 것이다.

장기간에 걸친 지질학적 시간 규모로 볼 때에는, 유리(Urey)가 제안했듯이 해저를 뒤덮고 있는 규산염 암석과 탄산염 암석 사이의 평형이 대기권의 이산화탄소 농도를 일정하게 유지하게 하는 데에 보다 커다란 역할을 담당했을 것이 분명하다. 그렇다면 이처럼 앞뒤 사정을 명백히 알고 있음에도 불구하고 가이아가 이산화탄소의 조절에 관여했다고 생각할 필요가 과연 있을까? 만약 평형 상태에 도달하기까지 소요되는 기간이 생물권의 입장에서 너무 길게 여겨졌다면 우리들의 대답은 '그렇다'라고 할 수 있다. 이것은 마치 다음과 같은 상황에 비유할 수 있으리라. 어느 날 아침, 어떤 사나이가 직장에 출근하려고 문을 나섰는데 간밤에 내린 눈으로 큰길까지 걸어가기가 곤란했다고 가정하자. 그는 따뜻한 봄 햇살이 조만간 눈을 녹여서 길을 트이게 할 것이라는 점을 잘 알고 있을 것이다. 하지만 그럼에도 불구하고 그는 자연의 힘이 눈을 녹여줄 때까지 기다리지 못하고 얼른 삽을 집어서 스스로 눈을 치우며 출근길을 서두를 것이다.

이산화탄소의 경우에 있어서도 가이아가 자연적 평형에 도달하는 점진적인 진행 과정을 참지 못하고 스스로 발 벗고 나서서 이를 촉진한 것은 아닐까 하는 몇 가지 증거들이 존재한다. 대부분의 생물은 탄산탈수효소(carbonic anhydrase)를 가지고 있는데, 이 효소의 역할은 이산화탄소와 물의 반응을 촉진하는 것이다. 바다에서는 탄산염을 포함하는 동물들의 시체가 끊임없이 해저에 쌓이는데 그것들은 백악과 석회석으로 변화하여 바다의 위층에서 이산화탄소가 축적되는 현상을 방지한다. 링우드(A. E. Ringwood)는 생물들이 토양과 암석을 끊임없이 휘저어놓음으로써 이산화탄소, 물, 탄산염 암석들 사이의 화학반응을 촉진시킨다고 주장하고 있다.

생물권의 관여 없이 이산화탄소가 생물들에게 극히 위험한 수준까지 계속 공기 중에 축적될 수 있는 가능성도 전혀 배제할 수는 없다. 이산화탄소는 이른바 '온실효과(greenhouse effect)'를 나타내는 기체인데 물 분자와 함께 공기 중에 존재하면 그렇지 못한 경우보다 대기의 온도를 수십 도 더 상승시키는 역할을 한다. 만약 화석연료 사용이 증가함으로 해서 이렇게 무생물적 평형 상태에 급속히 도달하게 된다면 기온 상승에 따르는 위험은 매우 심각할 수 있을 것이다. 그러나 다행스럽게도 온실기체는 생물권과 깊은 관계를 맺고 있다. 이산화탄소는 식물체의 광합성에 필수적인 원료일 뿐만 아니라 많은 종속 영양생물들(즉 비광합성 생물)에 의해서도 유기물로 전환된다. 심지어 동물들도 대기권의 이산화탄소와 어느 정도 연관을 맺고 있다고 할 수 있는데, 거의 모든 동물들은 호흡을 통하여 이산화탄소를 방출한다. 사실 외견상으로 무생물적 과정이 평형 또는 정상 상태를 유도하여 대기권의 기체 농도를 결정짓는 것처럼 보이면 보일수록 그것은 곧 생물학적 과정이 더욱 많은 비중을 차지할 수 있다는 것을 의미한다. 자기 주변의 환경을 능동적으로 조절하고 언제든지 현재의 조건을 자신에게 유익한 방향으로 유지하려고 하는 생물권의 속성을 생각할 때 이런 관점은 결코 그리 놀라운 것이 아니다.

기이하면서도 융통성이 많은 화합물의 하나인 산화수소(hydrogen oxide), 다른 말로 표현해서 물 분자는 이산화탄소와 비슷한 패턴을 갖지만 생물권이 관여한다는 점에서는 더욱 원초적이라 할 수 있다. 대양으로부터 대기를 통과하고 땅으로 이어지는 수증기의 순환은 주로 태양에너지에 의해서 추진되는데, 이 과정에서 생물권은 증산 작용(transpiration)으로 깊이 관여하고 있다. 태양광선은 바다로부터 물을 증발시키고 또 육지에 비를 내리게도 하지만, 그것만으로는 지표면에서 물 분자가 쪼개져서 산소가 만들어지고 다시 복잡한 화합물로 바뀌는 전환이 쉽게 이루어지지 않는다. 이런 역할의 주체는 언제나 생물체인 것이다.

지구는 물의 행성이다. 물 없이는 생물의 존재란 있을 수 없으며, 모든 생물은 완벽하게 물의 중립적 관용성에 전적으로 의존하여 생활한다고 할 수 있다. 물은 궁극적으로 모든 화학반응의 준거가 된다. 화학반응이 평형 상태에서 멀어졌다는 말은 곧 물의 준거 기준에서 그렇다는 것을 의미한다. 산성과 알칼리성, 산화력과 환원력의 속성은 모두 물의 중성적 성질을 기준으로 평가된다. 심지어 인간 종족은 평균 해수면을 기준으로 삼아 모든 것의 높이와 깊이를 측정하기도 한다.

이산화탄소와 마찬가지로 물 분자는 온실기체의 특성을 가지며 생물권과도 밀접하게 관련되어 있다. 만약 우리가 모든 생물은 그들의 필요에 맞추어 대기 환경을 능동적으로 조절하고 있고, 또 거기에 적응하고 있다는 전제를 받아들인다면 물 분자와의 관련성은 우리들로 하여금 다음과 같은 결론을 이끌어낼 수 있다. 즉 생물적 순환과 무생물적 평형 상태가 서로 양립하지 않는다고 한다면 그것은 현상을 실제보다 훨씬 과장되게 표현하는 말이 될 것이다.

6

해양

아서 클라크(Arthur Clarke: 20세기 미국을 대표하는 공상과학 소설가 - 옮긴이)는 한때 다음과 같이 설파했다. "이 행성을 지구(Earth)라고 부르는 것은 얼마나 부적절한가? 이곳은 명백히 대양(ocean)으로 불려야만 한다." 지구 표면은 거의 4분이 3은 바다로 되어 있다. 그래서 외계에서 찍은 지구의 위성사진에서는 지구가 장엄한 사파이어 빛 청색으로 뒤덮여 있고, 단지 여기에 점점이 부드러운 구름이 깔려 있으며 극지방은 흰색의 빙하로 빛나는 형태로 나타난다. 우리 지구의 아름다움은 우리의 형제 행성인 화성이나 금성의 칙칙한 빛깔에 비교해볼 때 더욱 돋보이는데, 그 이유는 전적으로 지구가 물을 지니고 있기 때문이다.

대양은 깊은 청색 바다가 널리 퍼져 있는 바로 그 상태를 일컫는다. 대양은 지구를 방문하는, 다른 별에서 온 외계인들을 놀라게 하는 특별한 매력을 지녔다. 대양은 지구라는 거대한 증기기관의 한 부분으로, 태양의 복사열을 받아들여 공기와 물의 운동을 통하여 에너지를 지구의 구석구석까지 골고루 분산시키는 막중한 역할을 담당한다. 총체적으로 대양은 거대한 '기체 저장고'라고 할 수 있어서 우리가 호흡하는 공기의 조성을 통제하고 해양생물들 — 지구상의 모든 생물군의 약 절반에 해당하는 — 에게는 안정된 생활환경을 제공하는 등으로 생물권에 기여한다.

우리는 아직까지도 바다가 어떻게 만들어졌는지에 대해 잘 알지 못한다. 바다가 처음 만들어진 시기는 생물체가 나타나기 훨씬 이전의 먼 과거였으므로 현재는 그 기원에 관한 어떠한 명백한 지질학적 증거도 남아 있지 않다. 원시 해양이 처음 어떻게 생겨났는지에 대해서는 여러 가지 분분한 가설이 있는데, 심지어 과거 한때는 노출된 육지란 전혀 없이 지구가 완전히 바다에 뒤덮여 있었으리라는 주장도 있다. 그 후로 시간이 지나면서 차차 육지가 나타나고 이어 대륙이 생겨났으리라 생각하는 것이다. 만약 이런 가설이 사실로 증명된다면 우리는 생물의 기원에 대한 이제까지의 통념을 바꿔야 하는 처지에 놓이게 된다. 그러나 아직까지는 처음 지구가 행성으로서의 면모를 갖추게 된 후 얼마 동안 온도가 매우 높았기 때문에 이 시기에 지구 내부로부터 끓어오르는 가스와 수증기가 원시 대기권과 원시 해양을 형성하기에 충분했을 것이라는 일반적인 설명이 통용되고 있다.

생물체가 태어나기 전 지구의 역사를 안다고 해도 사실상 그것은 가이아 탐구에 별로 도움이 되지 못한다. 이보다 더욱 중요하고 관심을 끄는 것은 생물 탄생 이후 해양의 물리·화학적 안정성이 과연 어떻게 이루어질 수 있었는가 하는 것이다. 지난 35억 년 이상의 기간 동안 대륙은 지구 표면을 떠돌았고 극지방의 빙하는 녹았다가 다시 얼어붙곤 했으며 해수면은 오르락내리락하는 지질학적 변화를 심각하게 경험했다. 그럼에도 불구하고 바다의 전체 부피는 거의 일정하게 유지되었다는 주장에는 명백한 증거가 뒷받침되고 있다. 오늘날의 해양은 수심이 1만 미터에 이르는 해구가 여러 곳에 존재하기는 하지만 평균 수심은 3200미터 정도이다. 해양의 부피는 12억 세제곱 킬로미터에 달하고 그 무게는 1.3X1018톤이나 된다.

이처럼 커다란 숫자의 의미를 다시 한번 살펴보자. 비록 해양의 무게가 지구 대기권 무게의 250배나 된다고 하지만 그것은 지구 전체의 무게에 비교할 때 4000분의 1에 불과하다. 만약 우리가 지구를 직경 30센티미터의 축구공이라고 가정한다면 바다의 평균 깊이라는 것은 간신히 글씨를 쓸 수 있는 얇은 종이의 두께 정도에 불과하며 비록 해구라 할지라도 그 깊이는 축구공에 나 있는 0.3밀리미터 깊이의 미세한 흠집에 비교될 수 있다.

해양학(oceanography)은 바다를 과학적으로 연구하는 학문인데 흔히 약 100년 전 영국의 탐험선 챌린저호의 탐사로부터 본격적으로 시작되었다고 한다. 이 배는 전 세계의 대양을 두루 거치면서 처음으로 조직적인 해양학적 연구를 수행했다. 이 배의 항해 목적은 해양의 물리학, 화학, 생물학을 함께 조사하는 것이었다. 그러나 이처럼 다학문적인 개척적 시도에도 불구하고 이후의 해양학은 여러 분과로 나눠지고 말았다. 그리하여 해양생물학, 해양화학, 해양지구물리학 등 여러 분과가 생겨났고, 각 분과에 소속된 학자들은 자신의 영역을 지키기에만 급급하게 되었다. 그 결과 상당히 오랫동안 해양학은 거의 방치된 채로 남아 있었다.

해양에 관한 획기적인 연구는 2차 세계대전이 끝나고 나서 비로소 시작되었는데, 이는 전적으로 식량과 에너지 확보, 그리고 전략적 우위를 차지하려고 덤비는 국제경쟁에서 비롯된 것이었다. 20세기 후반에 이르러서야 인류는 처음 챌린저호 탐사 때의 본래 정신으로 되돌아가서 바다는 여러 분과로 나누어 연구하는 대상이 될 수 없다는 사실을 인정하게 되었다. 해양의 물리학, 화학, 생물학은 이제 다시 거대한 지구과학의 상호 관련된 학문으로서 새롭게 부각된 것이다.

가이아 탐구를 위해서 해양을 대상으로 연구를 시작하고자 할 때 그 출발점은 '바다는 왜 그렇게 짤까'라는 아주 실제적인 물음이 될 수 있다. 여기에 대한 대답은 한때 정답이 있기는 했는데(지금도 많은 교과서와 백과사전에 그렇게 기재되어 있기도 하다) 대체로 다음과 같은 설명이다. 즉 태곳적부터 쏟아져 내린 비와 강물이 육지로부터 염분(salt)을 바다로 운반했기 때문에 바다가 그렇게 짜졌다는 것이다. 해양의 표면에서 물이 끊임없이 증발된다. 그것들은 다시 빗물이 되어 육지에 뿌려지곤 했지만, 증발되지 못하는 염분은 항상 바다에 남겨지게 된다. 따라서 바다는 날이 갈수록 염분 농도가 높아지기 마련이라는 것이다.

위와 같은 설명은 우리 자신까지를 포함하는 모든 생물들의 체내 염분 농도가 왜 바닷물의 농도보다 낮은지에 대해 아주 명쾌한 설명을 제공해줄 수 있다. 현재 백분율로 환산한 바닷물의 염분 농도는 — 즉 무게비로 따져서 100%를 최대로 할 때 — 약 3.4% 정도다. 그 반면에 우리 몸의 염분 농도는 현재 0.8%에 불과하다. 따라서 이 점에 대한 설명은 다음과 같다. 처음 생물이 나타났을 때 그 해양생물의 체내 염분 농도는 바닷물의 농도와 같았을 것이다. 다시 말해 당시 유기체의 체내 염분 농도와 그 주변 환경의 농도는 정확히 일치했을 것이다. 그런데 이후 생물들이 진화의 도약을 시작하면서 그들은 해양으로부터 육지로 서식처를 이동했다. 이때 동물들의 체내 염분 농도는 처음 상태 그대로 유지하게 되었는데, 말하자면 마치 화석이 그런 것처럼 원래의 체내 염분 농도에 그대로 고정되었다는 것이다. 그 후 바닷물의 염분 농도는 점차 높아졌다. 그 결과 오늘날에는 생물들의 체내 염분 농도와 바닷물 염분 농도 사이에 커다란 차이가 생겨나게 되었다.

그런데 이런 염분 축적의 이론이 정말 옳다면 우리는 당연히 바다의 나이를 정확히 계산할 수 있을 것이다. 오늘날 바닷물에 녹아 있는 총염분량을 추정하는 데에는 아무런 어려움도 없다. 따라서 만약 매년 해양으로 흘러드는 염분의 양이 특별한 변화 없이 과거부터 그대로 유지되었다고 가정한다면 그 계산은 간단한 나눗셈으로 충분하다. 매년 바다로 흘러들어 가는 염분의 양은 5억 4000만 톤 정도다. 바다의 전체 부피는 12억 세제곱 킬로미터이며 평균 염분 농도는 3.4%이다. 따라서 바닷물이 현재 수준의 염분 농도에 이르기까지 소요되는 시간은 약 8000만 년이 되는데, 이것이 바로 명백한 바다의 나이가 될 것이다. 그런데 이런 추정 나이는 고생물학의 입장에서 본다면 분명히 잘못된 것이다. 이제 문제를 다시 한번 살펴보자.

근래에 패런 매킨타이어(Ferren MacIntyre)는 대륙으로부터의 유출만이 바닷물에 녹아 있는 염분의 유일한 근원은 아니라고 지적했다. 그는 바다 밑바닥 어느 곳에서 소금을 만들어내는 맷돌이 영원히 돌고 있어서 바닷물이 짜게 되었다는 옛날 노르웨이의 동화를 예로 들었다. 어쩌면 그 동화가 그저 엉뚱한 이야기만은 아닐 것이다. 왜냐하면 우리는 실제로 대양의 밑바닥에는 갈라진 틈이 있고, 그 속으로부터 용암이 끊임없이 솟아나서 해저를 덮어나간다는 사실을 잘 알고 있기 때문이다. 이런 작용은 대륙을 서서히 이동시킬 뿐 아니라 역시 바다의 염분 농도를 높이는 구실을 한다. 이처럼 바다 밑바닥으로부터 첨가되는 염분량을 육지로부터 유입되는 염분량에 포함시키면 해양의 나이는 6000만 년으로 단축된다. 또한 17세기에 아일랜드의 어셔(Ussher) 대주교는 구약성서의 연대기를 연구하면서 지구의 나이를 계산했다. 그의 추정에 의하면 천지창조(Creation)의 연대는 기원전 4004년이 되었다. 그의 계산은 당연히 틀린 것이다. 이 계산은 실제의 시간 규모에 비교하여 본다면 6000만 년이라는 해양의 나이 추정보다도 훨씬 더 커다란 오류를 범한 것이다.

최초의 생명체가 바다에서 탄생했다는 논리는 비교적 합리적인 것으로 인정된다. 또 지질학자들은 가장 간단한 생물체, 아마도 박테리아였을 생명의 존재가 이미 35억 년 전에 나타났음을 증명하는 증거들을 많이 쌓아놓고 있다. 그렇다면 대양의 나이는 적어도 그 정도는 되는 것이 아닐까? 이런 추정은 방사능 연대 측정에 의한 지구의 나이 추정과도 잘 부합된다. 방사능 연대 측정은 지구의 나이를 약 45억 년으로 잡고 있다. 또 지질학적 증거들은 바닷물의 염분 농도가 처음 바다가 만들어지고 생물이 탄생했을 그즈음부터 오늘날까지 실제로는 그다지 변하지 않았다는 것을 입증하고 있다. 다시 말해, 그 어떤 경우에서라도 현재 바닷물의 염분 농도와 우리 몸의 염분 농도의 차이만큼에 해당하는 커다란 변화는 결코 없었다는 것이다.

이런 불일치는 우리로 하여금 바닷물은 왜 그토록 짤까 하는 문제를 다시 한번 생각하도록 만든다. 대륙으로부터의 유출(비와 하천을 통한)과 해저 확장('소금 맷돌'에 의한)을 통하여 첨가되는 염분량의 추정은 거의 정확한 수치라 할 수 있다. 그렇지만 염분 축적 이론에서 기대되는 만큼 그처럼 염분 농도가 크게 증가하지 않았다는 관찰도 매우 명백한 사실이다. 그러면 가장 가능성이 높은 결론은 해양에 소금이 더해지는 만큼 역시 해양으로부터 소금이 사라지고 있다는 것이 아니겠는가? 이제부터 우리가 '가라앉음(sink)'을 통한 염분의 소실을 본격적으로 논의하기 전에 먼저 바다의 물리학, 화학, 생물학을 잠깐 고찰해보기로 하자.

바닷물은 그 속에 무수히 많은 살아 있는 생물들과 죽은 생물체들을 포함하고, 또 물 속에 녹아 있거나 떠 있는 형태로 갖가지 무기물들을 담뿍 함유하고 있는 아주 복잡한 수용액이다. 그 중에서 가장 중요한 구성 물질은 물론 무기물의 소금이다. 화학적 용어로 '염분(salt)'이라는 단어는 한 부류의 화합물을 통틀어 일컫는 말인데, 이 중에는 우리가 일상적으로 알고 있는 소금, 즉 염화나트륨(sodium chloride)이 포함된다. 바닷물의 성분은 전 세계적으로 위치에 따라 많은 차이를 보이며, 또 바다 표면에서부터 아래로 내려갈수록 달라진다. 전체 염분 농도(total salinity)의 관점에서 본다면 그 차이는 별로 크지 않지만, 이런 차이가 해양의 제반 특성을 이해하는 데에는 관건이 되기도 한다. 그렇지만 염분 농도를 통제하는 일반적인 메커니즘에 대해 논의하고자 하는 우리의 목적을 위하여 이 문제는 잠시 접어두기로 하자.

바닷물 속에는 무게비로 평균 3.4%의 무기염(inorganic salt)이 포함되어 있는데, 이들 무기염의 90%는 염화나트륨, 즉 소금이다. 그렇지만 이렇게 이야기하는 것은 과학적으로는 다소 어폐가 있다고 할 수 있다. 왜냐하면 무기염은 물에 녹으면 서로 상반되는 전하를 갖는 두 종류의 작은 원자로 나눠지기 때문이다. 우리는 이런 원자를 이온(ion)이라 부른다. 따라서 소금은 물 속에서는 양전하를 갖는 나트륨 이온과 음전하를 갖는 염소 이온으로 나뉘어 물 분자 속에 공존하는 것이다. 그런데 서로 상반되는 전하를 갖는 이온은 서로를 끌어서 보통은 이온쌍(ion-pair)으로 존재하기 때문에 물 속에서 이처럼 분명하게 나뉘어 있다는 현상은 자못 놀라운 일이라 할 수 있다. 이처럼 소금이 용액 속에서 이온의 형태로 분리되어 존재할 수 있는 이유는 물 분자가 반대 전하를 갖는 이온들 사이의 전기력을 크게 감소시키는 속성을 갖기 때문이다. 만약 두 종류의 염(salt)이 한 용액 속에 섞여 있다면, 즉 예를 들어, 소금(염화나트륨)과 황산마그네슘(magnesium sulfate)이 함께 물에 녹아 있다고 가정한다면, 물 속에는 나트륨, 마그네슘, 염소, 황산염의 네 가지 이온이 들어 있게 된다. 사실상 어떤 적당한 조건에서라면 우리가 이 용액에서 소금과 황산마그네슘을 분리해내기보다는 황산나트륨과 염화마그네슘을 만들어내기가 훨씬 용이할 수도 있다.

따라서 엄격히 말해 바닷물 속에 염화나트륨이 '포함되어 있다'라고 말하는 것은 타당하지 않다고 할 수 있다. 오히려 염화나트륨의 이온 성분이 들어 있다고 말해야 옳다. 바닷물 속에는 역시 마그네슘과 황산염의 이온이 들어 있으며, 또 이보다 훨씬 적은 양이지만 칼슘, 중탄산염(bicarbonate), 인산염 이온 등이 포함되어 있는데, 이것들 하나하나는 모두 해양에서 벌어지는 제반 생물학적 작용에 필수불가결한 역할을 담당한다.

생물 세포가 살아 있기 위해서는 자신의 내부 수용액이나 외부 환경을 막론하고 아주 잠깐 동안이라도 그것의 염분 농도가 6%를 결코 넘어서는 안 된다는 점은 일반인들에게 별로 알려져 있지 않은 아주 중요한 사실이다. 이 경우 예외적인 경우란 극히 드문데, 염전이나 사해(dead sea)에서 생활하는 생물들이 매우 희귀하다는 관찰이 이를 증명하고 있다. 생물들에게는 그런 환경 속에서 생활한다는 것이 사실상 끓는 물 속에서 사는 것만큼이나 어려운 일인 것이다. 그런데도 이처럼 험악한 조건 속에서 생활하는 극소수 생물은 생물계의 다른 부분이 그곳에 제공하는 특별한 호의에 힘입은 바가 크다고 할 수 있다. 즉 그런 장소에는 외부에서 공급되는 산소나 먹이가 풍족해서 높은 염분 농도를 제외한다면 생활에 달리 어려운 점이 없기 때문에 이런 이점을 그곳의 생물들이 최대한 이용하고 있는 것이다. 따라서 그곳의 생물은 고온이라든지 염분 농도가 높다든지 하는 악조건을 극복하는 데 전력을 다할 수 있고, 그 결과 기이한 형태의 극소수 생물종만이 살아남게 되었던 것이다.

그런 생물의 예로 염전에 서식하는 브라인슈림프(brine shrimp: 전 세계적으로 염전 지역에 분포하는 새우류의 일종으로 고농도의 염분 속에서 생활할 수 있으며, 대량 양식이 가능하여 애완용 물고기의 먹이로 많이 사용된다 – 옮긴이)를 살펴보기로 하자. 이 동물은 아주 단단한 각질의 껍데기를 갖고 있는데, 그것은 마치 잠수함의 외피처럼 염분 이온은 물론 물 분자도 통과시키지 않는다. 따라서 브라인슈림프의 체내 염분 농도는 다른 생물들과 마찬가지로 1% 내외로 유지될 수 있다. 이처럼 단단한 껍질이 보호하지 않았다면 저농도 체액으로부터 고농도의 외부 환경으로 물이 빠져나가 브라인슈림프는 순식간에 수분을 모두 빼앗기고 말 것이다.

물리·화학자들은 염분 농도가 낮은 용액으로부터 농도가 높은 용액으로 수분이 확산되어 나가는 현상을 '삼투(osmosis)'라고 부른다. 삼투 현상은 염분이 비교적 적게 녹아 있는 용액이 보다 많이 녹아 있는 용액과 벽을 사이에 두고 마주하고 있을 때에 나타난다. 이때 이 벽은 염분 이온은 통과시키지 못하지만 물 분자는 통과시킬 수 있는 특성을 가져야만 한다. 그러면 물 분자는 염분 농도가 낮은 곳에서 농도가 높은 곳으로 자연스럽게 이동하는데, 그 결과 농도가 높은 곳은 점차 낮아지고 농도가 낮은 곳은 점점 높아져서 궁극적으로 양쪽 농도가 똑같이 되는 평형 상태에 도달하게 된다.

그런데 이런 물 분자의 이동을 막을 수 있는 방법이 있는데, 그것은 물의 이동 방향과 반대쪽에서 기계적인 힘을 가하는 것이다. 이처럼 반대편에서 가하는 힘을 삼투압(osmotic pressure)이라고 하는데, 이 힘은 수용액 속에 녹아 있는 물질의 종류와 두 수용액 사이의 농도차에 의해서 결정된다. 삼투압은 지극히 클 수도 있다. 만약 브라인슈림프를 둘러싸고 있는 껍질이 물 분자를 통과시킬 수 있다면 브라인슈림프는 자신의 탈수를 방지하기 위하여 내부로부터 껍질쪽으로 1평방 센티미터당 150킬로그램의 압력을 가해야만 할 것이다. 이런 압력은, 비유한다면 물기둥을 1.5킬로미터의 높이로 세웠을 때 그 밑바닥에 가해지는 힘에 해당된다. 이를 달리 표현해보자. 브라인슈림프가 자신의 기능을 정상적으로 유지하기 위하여 삼투 현상에 의해 외부로 빠져나가는 물에 상당하는 양만큼을 외부로부터 다시 끌어들인다고 가정하자. 그러면 브라인슈림프는 자신의 몸 안에 깊이 1.5킬로미터의 우물에서 물을 끌어올릴 수 있을 만큼 강력한 펌프를 장착해야만 한다고 말할 수 있다.

결국 삼투압은 생물체 내부와 외부의 염분 농도 차이에서 비롯된다. 그런데 이 양쪽의 염분 농도가 모두 6% 이하에 머문다면 대부분의 생물은 삼투압을 자신의 입장에 맞도록 조절하는 데에 별로 어려움을 느끼지 않을 것이다. 그러나 생물체 내부나 외부 환경이 이 6%의 절대 농도를 넘어서게 되면 생물은 문자 그대로 살아남기 어렵게 될 것이 분명하다.

살아 있는 생물체의 삶이란 대체적으로 거대 분자(macro-molecule)

들의 상호작용에 의존한다고 말할 수 있다. 세포 속에서는 매우 정밀하게 짜인 순서에 따라서 무수히 많은 생화학적 과정이 진행된다. 대표적인 생화학적 반응의 예를 들어보자. 두 개의 커다란 분자가 서로 결합하여 다른 물질로 바뀌는 것이 그 예가 될 수 있는데, 이때에는 먼저 분자들이 서로 접근하여 아귀가 꼭 맞도록 맞붙게 된다. 이렇게 서로 맞붙어서 잠시 시간을 보내는 동안 두 분자 사이에는 어떤 물질들이 교환되고, 그 후 둘은 서로 떨어지게 된다. 그런데 처음이 분자들이 아귀가 꼭 맞붙었을 때에는 각각의 분자들 표면 여기저기에 흩어져 있는 전기적 하중, 즉 전하(electrical charge)들이 기여하는 바가 크다. 한 분자의 표면에서 양전하를 띠는 부분은 다른 분자의 표면에서 음전하를 띠는 부분과 꼭 맞게 결합하는 것이다. 생물에서는 이런 상호작용들이 모두 물 환경(water environment) 속에서 이루어지는데, 이때 수질 속에 녹아 있는 이온들이 거대 분자들 표면의 전하를 약하게 만들어서 그 분자들이 가까이 접근하여 정확한 위치를 잡아 서로 결합할 수 있도록 하는 것이다.

요컨대 물 속에 녹아 있는 양이온들은 거대 분자의 음전하를 띤 부분의 주위를 둘러싸며, 또 음이온들은 양전하를 띤 부분을 둘러싸는 것이다. 이온들에 의한 포위는 마치 장막을 치는 것과 같은 효과를 발휘하여 거대 분자의 전하를 부분적으로 중화시키고, 따라서 거대 분자들 사이의 인력을 약화시킨다. 수용액 속의 염분 농도가 높으면 높을수록 이온들의 차단 효과는 커지고, 따라서 분자들 사이의 인력은 약화된다. 만약 염분 농도가 너무 높아지면 거대 분자들의 상호작용은 불가능하게 되는데, 이는 곧 세포의 기능이 일부 손상된다는 것을 의미한다. 만약 염분 농도가 너무 낮아진다면 인접한 분자들 사이의 인력이 너무 강해져 분자들은 서로 분리될 수 없게 된다. 따라서 차례로 진행되어야 하는 연쇄 반응이 중단될 수도 있다.

살아 있는 세포를 둘러싸고 있는 막(세포막)의 구성 물질은 거대 분자들의 작용에서 볼 수 있는 것처럼 그렇게 전하를 띠며 서로 맞붙어 있다. 이 세포막의 역할은 세포 내용물의 염분 농도를 허용할 수 있는 범위 내에서 일정하게 유지하는 것이다. 세포막은 비누막보다 특별히 더 복잡하다고 말할 수는 없지만, 세포 내용물이 외부로 누출되지 않도록 차단하는 기능적인 면에서는 마치 배의 철갑이나 비행기의 표면처럼 효과적이다. 그렇지만 살아 있는 세포가 자신을 주위 환경과 차단시키는 일은 배나 비행기가 물과 공기의 환경 속에서 몸체를 지탱하는 것과는 전혀 다른 차원에서 이루어진다. 즉, 후자에서는 기계적이고 정적으로 지탱되는 것이지만 전자에 있어서는 생화학적 작용이라는 능동적이고 역동적인 작용으로 그 역할이 수행되는 것이다.

모든 살아 있는 세포를 둘러싸고 있는 세포막은 세포의 필요에 따라서 외부와 내부의 이온들을 선택적으로 교환시킬 수 있는 이온 펌프(ion pump)라는 장치를 갖는다. 세포막이 이온 펌프의 기능을 원활하게 수행할 수 있게끔 하는 것은 전기력(electic force)이라는 힘에 기인한다. 그런데 만약 세포막의 안쪽이나 바깥쪽의 염분 농도가 6% 이상에 이르게 된다면 막을 지탱하고 있는 전하의 주위를 염분으로부터 나온 이온들이 빽빽이 둘러싸게 되어 전하를 약화시킨다. 그러면 세포막에 가해지는 압력이 감소되어 세포막은 붕괴되고 세포는 쪼그라들게 된다.(배추를 절일 때 나타나는 현상이 그 대표적인 예다 - 옮긴이) 따라서 염전 지대에 서식하는 특별한 종류의 박테리아(halophilic bacteria, 호염균)를 제외한 지구상의 거의 모든 생물은 일정한 염분 농도의 한계 내에서만 사실상 생존이 가능하다.

이제 우리는 생물들이 이온들의 전기력에 크게 의존하고 있다는 사실을 알게 되었다. 또 이런 전기력이 적정 수준에서 유지되기 위해서는 주위 환경의 염분 농도가 반드시 일정한 범위 내에 있어야 하며, 그 한계가 특히 6%라는 임계 농도 이하여야만 하는 이유를 이해하게 되었다. 우리가 이런 지식을 염두에 둔다면 처음에 가졌던 의문, 즉 '바닷물은 왜 짤까?'라는 물음에 관해 갑자기 흥미를 잃게 된다. 육지로부터의 염분 유출과 해저 확장에 의해 현재 수준의 염분 농도가 이루어졌다고 쉽게 설명이 가능해지기 때문이다. 하지만 이제 '왜 바닷물은 지금보다 더 짜게 되지는 않았을까?'라는 보다 중요한 질문이 뒤따르게 된다. 그러면 가이아의 개념을 이해하게 된 독자는 다음과 같이 대답할 수 있으리라. '처음 생물이 지구에 출현한 이래 해양의 염도는 생물들에 의해서 통제되었을 것이다.' 그리고 다음의 질문이 뒤따르게 된다. '어떻게 생물들에 의한 통제가 가능했을까?' 이제 비로소 우리는 문제의 핵심에 이르게 되었는데, 우리가 진정으로 알고자 하는 것은 어떻게 염분이 바다에 더해졌는가가 아니라 그것이 어떻게 바다에서 빠져나갈 수 있었는가 하는 것임이 분명해졌다. 만약 우리가 가이아 이론을 굳게 믿는다면 바닷물에서 염분이 제거되는 메커니즘이 어떠한 경로로든 생물들의 작용에 연관되어 있다는 점을 받아들이고 이를 밝히는 데 보다 많은 노력을 기울여야 하겠다.

이제 문제의 본질을 다시 생각해보자. 비록 수십억 년 동안은 아니라고 해도 적어도 지난 수억 년 동안 해양의 염분 농도가 거의 변함없이 유지되었다는 사실을 증명하는 여러 직접적 또는 간접적 증거들이 있는데 그것들의 신뢰성은 상당히 높다고 할 수 있다. 그리고 수억 년이라는 오랜 기간 별다른 진화의 과정을 거치지 않고 살아왔던 생물들을 현재의 시점에서 조사해보면 바닷물의 염분 농도가 과거 그 어떤 경우에도 6%를 넘지 않았다는 것을 명백히 알 수 있다. 현재 바닷물의 염도가 3.4%라는 점을 감안할 때, 만약 과거 한때 염도가 4%에만 이르렀더라도 해양생물은 우리가 현재 화석 기록에서 찾아볼 수 있는 종류들과는 전혀 다른 진화의 길을 걸었을 것으로 추측할 수 있다. 빗물과 하천에 의해 육지에서 바다로 씻겨 들어가는 염분의 양은 매 8000만 년마다 한 번씩 바닷물을 현재 수준의 염도로 만들 수 있을 정도가 된다. 따라서 이런 작용이 바다가 만들어진 이래 계속 진행되었다고 한다면 오늘날의 모든 대양은 아주 높은 염도로 인해 생물들이 전혀 살 수 없는 곳이 되었을 것이다.

분명 바다에는 염분이 더해지는 만큼 이를 신속히 제거할 수 있는 어떤 방법이 존재할 것이다. 그 원리를 찾고자 하는 필요성은 해양학자들에 의해 먼저 생겨났으며, 그 결과 이제까지 몇 가지 시도가 있어왔다. 그들은 여러 가지 이론을 정립한 바 있는데, 그것들은 모두 본질적으로는 무생물적 메커니즘에 기초하는 것이었다. 그런데 불행하게도 그것들 가운데 어느 한 가지도 아직까지 널리 인정받지 못하고 있다. 브뢰커는 바닷물로부터 나트륨 이온과 마그네슘 이온이 제거되는 메커니즘은 해양 화학 분야에 있어 가장 설명하기 곤란한 난제라고 말한 바 있다. 그런데 여기에는 해결해야 할 두 가지 문제가 있다. 우리는 양이온인 마그네슘 이온과 나트륨 이온, 그리고 음이온인 염소 이온과 황산염 이온을 제거하기 위해서는 별도의 메커니즘이 필요하다고 생각해야 할 것이다. 왜냐하면 물 속에서는 양이온과 음이온이 독립적으로 존재하기 때문이다. 한편 문제를 더욱 복잡하게 만드는 것은 대륙으로부터 유출되는 이온들은 그 양으로 비교할 때 염소 이온이나 황산염 이온들보다 나트륨 이온과 마그네슘 이온이 훨씬 더 많다는 점이다. 따라서 바닷물을 전기적으로 안정된 상태로 유지하기 위해서는 잉여의 나트륨 이온과 마그네슘 이온들이 알루미늄과 실리콘에 붙어 있는 음이온들과 균형을 취하고 있어야만 한다.

브뢰커는 나트륨과 마그네슘들이 미세한 파편이 되어 끊임없이 해저로 가라앉으면서 해저 퇴적물로 쌓이거나 또는 어떠한 방식으로든 해저면의 광물질과 결합하면서 바닷물로부터 제거되는 것이 아닌가 생각했다. 그러나 유감스럽게도 이런 생각을 입증할만한 증거는 아직까지 발견되지 않았다.

음이온계의 염소 이온과 황산염 이온의 제거에는 전혀 다른 메커니즘이 필요하다. 이런 두 가지 메커니즘의 필요성을 극복하기 위하여 브뢰커는 페르시아만과 같이 외떨어진 해역에서는 빗물이나 하천에 의해서 물이 유입되는 속도보다 증발되는 속도가 더 빠를 수 있다는 점을 지적했다. 만약 오랜 기간에 걸쳐 증발이 심화된다면 넓은 지역에서 소금이 만들어지게 되는데, 이 소금층은 자연적인 지질학적 작용에 의해 결국은 땅속에 묻히게 될 것이다. 이런 소금층은 전 세계적으로 대륙의 지하에나 대륙붕의 표면 바로 아래쪽에서 또는 바로 그 표면에서 발견될 것으로 예상된다.

이처럼 소금층이 형성되는 시간적 규모는 보통 수억 년에 이르기 때문에 이런 방식에 의해서 염분이 바닷물로부터 제거되었다고 가정한다면 염분 농도가 현재 수준으로 유지될 수 있다는 것을 인정할 수 있다. 그렇지만 여기에는 한 가지 중요한 난점이 있다. 만약 우리가 바닷속 어느 격리된 장소에서 소금이 만들어지고 그것이 지질학적 작용에 의해 땅속에 묻히는 과정을 전적으로 무생물적인 메커니즘으로 이해한다면, 우리는 그런 일이 시간적, 공간적으로 무작위적으로 발생했을 것이라는 점을 인정해야만 할 것이다. 이런 식의 설명은 해양의 염분 농도가 허용될 수 있는 어느 정도의 범위 내에서 평균 농도를 유지해왔다고 하는 지질학적 역사를 설명해줄 수 있을 것이다. 하지만 이 이론에 따를 때 자연의 임의적 변화에 따르는 통제 기능의 상실로 그동안 여러 차례 대규모적인 치명적 변동이 반드시 있었을 것이라는 생각을 떨쳐버릴 수 없게 된다.

그러면 이제 바다를 풍요롭게 하고 있는 생물들의 번성이 과거에 있었던 그런 치명적인 변동을 약화시킬 수 있었는지, 그리고 현재에도 이런 문제에 어떻게 대처하고 있는지 알아보아야 할 시점이 되었다. 지금부터는 전 지구적 규모로 진행되어야만 했던 그 거대한 염분 조절의 메커니즘 속에서 생물들이 담당할 수 있었던 부분들을 먼저 검토해보자.

무게로 따졌을 때 지구에 존재하는 생물들의 약 절반 정도는 바다에서 발견된다고 할 수 있다. 육지의 생물들은 대부분 중력 때문에 지표면에 붙어사는 이차원적인 생존 형태를 갖는다. 그러나 바다의 생물들과 바닷물 그 자체는 거의 비슷한 정도의 밀도를 가지기 때문에 그 결과 해양생물은 중력의 제한을 벗어난 삼차원적인 환경 속에서 생활한다. 바다의 1차생산자는 태양에너지를 포착해서 광합성 기능을 통해 먹이와 산소를 생산하는, 즉 해양 전체를 살찌우는 기능을 담당하는 미세한 단세포 조류(algae)들이다. 이들은 육상의 나무나 풀들에 비교될 수 있는데, 단지 단단한 땅에 뿌리를 박고 있는 것이 아니라 물에 자유로이 떠다니며 지낸다는 점에서만 다를 뿐이다. 해양에는 나무처럼 거대한 식물은 없으며 또 필요하지도 않다. 바다에는 초식동물들이 없는 대신 크릴(krill) 따위의 작은 생물들을 한꺼번에 엄청나게 먹어치울 수 있는 고래와 같은 거대한 육식동물들이 존재한다.

바다에서의 먹이사슬은 1차생산자의 역할을 담당하는 식물성 플랑크톤(phytoplankton)부터 시작된다. 이들은 자유로이 물 속을 떠도는 단세포 생물로, 현미경으로나 볼 수 있는 미세한 생물들인데 바다의 풀이라고 생각할 수 있다. 식물성 플랑크톤은 역시 미세한 생물인 동물성 플랑크톤(zooplankton)의 먹이가 되는데, 이 동물성 플랑크톤은 다시 그보다 몸집이 큰 소형 어류들에게 잡아먹히고, 이들 어류들은 또 다시 보다 커다란 물고기들의 먹이가 된다. 그런데 해양은 육지와는 달리 무수히 많은 미세조류(micro-algae)와 원생동물(protozoa: 특히 단세포의 동물성 플랑크톤을 일컫는다 - 옮긴이)들이 문자 그대로 바다를 구성한다고 말할 수 있는데, 이들을 총칭하여 우리는 원생생물(protista: 생물군을 크게 동물계, 식물계, 원생생물계로 구분하기도 하는데 원생생물계는 단세포의 생물로 식물이나 동물에 포함시키기 어려운 모든 생물들을 포괄한다 - 옮긴이)이라고 부른다. 원생생물은 태양광선이 미치는 곳에서만 생활할 수 있으므로 이들의 서식 영역은 바다 표면으로부터 100미터 깊이까지에 불과하다. 그런데 원생생물군들 중에서도 원석조류(coccolithopore)와 규조류(diatom)가 특히 우리의 관심을 끈다. 원석조류들은 탄산칼슘으로 만들어진 껍질을 가지며 때로는 물에 뜰 수 있는 부력을 얻기 위하여 한 방울의 기름을 몸속에 지니기도 한다. 규조류는 식물성 플랑크톤의 대표적 존재라 할 수 있는데 규산질의 골격을 갖는다. 이들 외에도 무수히 많은 생물들이 바다의 표면에서 생활하는데, 이들이 존재하는 공간을 유광대(euphotic zone)라고 부른다.

해양에서 생활하는 규조류의 역할을 자세히 살펴보면 우리는 매우 중요한 단서를 얻을 수 있다. 규조류와 그들의 친척뻘인 방산충류(radiolaria)는 특히 매우 아름다운 외형을 갖는다. 이들의 골격은 단백석(opal)으로 만들어져 있는데, 그 모양이 매우 정교하고 우아하다. 단백석은 보통 규산염이라고 부르는 이산화규소(silicon dioxide)의 한 형태인데, 오팔이라는 보석의 한 종류로 분류되기도 한다. 규산염은 모래나 수정의 주성분이기도 하다. 규소는 지각에서 가장 쉽게 발견되는 원소의 하나로 진흙에서 현무암에 이르는 거의 모든 종류의 암석에 화합물의 형태로 들어 있다. 생물학에서는 일반적으로 규소의 중요성이 무시되고 있는데, 그 이유는 우리 몸속에는 규소가 거의 들어 있지 않고 우리가 먹는 음식물 중에도 규소가 별로 발견되지 않기 때문이다. 그러나 해양생물들에 있어서는 규소가 지극히 중요한 의미를 갖는다.

브뢰커는 이제까지 육지에서 바다로 씻겨 들어간, 규산염을 함유한 광물 중 현재의 바닷물에 포함되어 있는 수는 1%도 채 되지 않는다는 사실을 발견했다. 그 반면에 사해와 같이 육지에 둘러싸여 염분 농도가 매우 높아진 호수는 전체 염분에 대한 규산염의 비율이 매우 높다. 이렇게 염도가 높은 호수에는 거의 무생물적인 환경이 조성되어 있으므로 염분 조성의 비율이 당연히 화학적 평형에 근접하여 있다고 해도 그리 놀라운 일이 아니다. 규조류는 규산염이 부족한 바다에서는 그것을 흡수하면서 번성하지만 규산염이 풍부한 염분 호수에서는 성장하지 않는다는 사실은 과연 무엇을 의미하는 것일까? 규조류는 바다의 표층에서 짧은 생애를 살면서 규산염을 흡수하고, 죽으면 가라앉아서 자신의 몸을 해저에 묻는다. 그 결과 해저에는 단백석

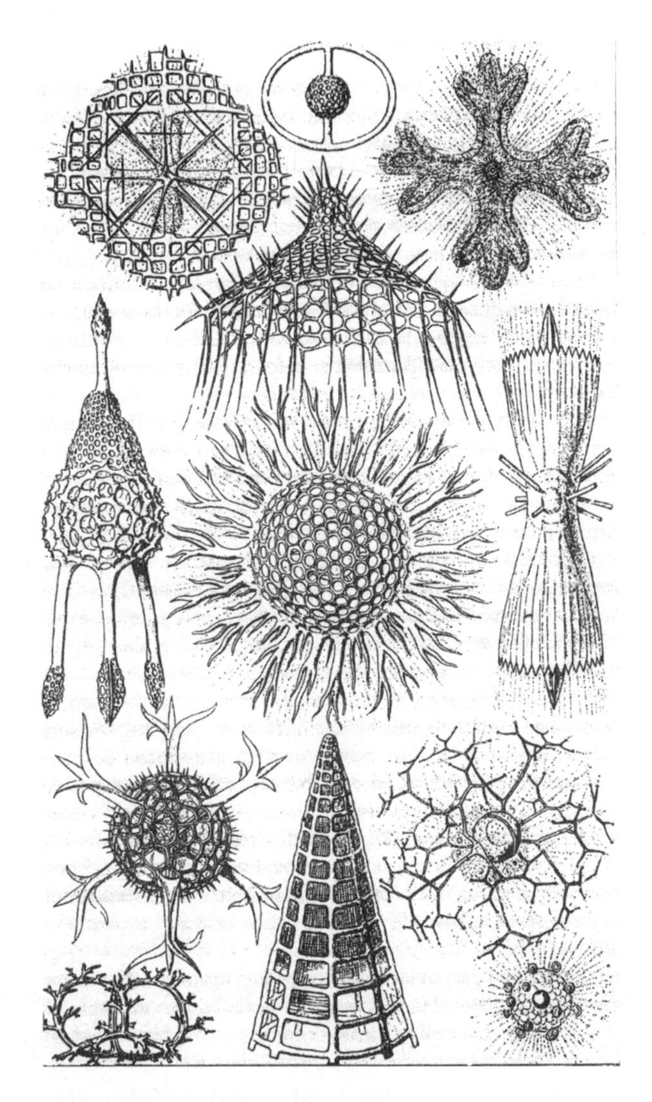

그림 7 챌린저호의 탐사에서 채집된 심해에 서식하는 방산충류(radiolaria). 헤켈(E. H. Haeckel)이 지은 『창조의 역사(History of Creation)』 제2권에서 인용했다.

의 규조류 골격이 해저 퇴적물로 쌓이게 되는데, 이렇게 하여 매년 퇴적암으로 변화되는 규산염의 총량은 약 3억 톤에 이른다. 즉, 현미경적 크기를 갖는 규조류의 생활사가 바로 바다 표층의 규산염 부족 현상을 설명해주며, 따라서 바닷물의 화학적 조성을 무생물적인 화학 평형의 상태로부터 크게 멀어지게 하는 데 기여했다고 말할 수 있다.

이처럼 규산염을 사용하고 처분하는 생물학적 과정은 바다에서의 규산염 농도를 조절하는 아주 효율 높은 메커니즘이라고 할 수 있다. 예를 들어, 만약 육지로부터 바다로 흘러드는 규산염의 양이 증가한다고 하면 바다에는 규조류가 현재보다 크게 번성해서 규산염의 농도를 낮추게 될 것이다.(그런데 여기에는 규산염뿐만 아니라 질산염이나 황산염과 같은 영양염류도 규조가 자라는 데에 부족하지 않을 만큼 충분히 존재해야 한다는 가정이 수반된다.) 만약 규산염의 공급이 정상보다 훨씬 적어진다면 규조류의 양도 적어져서 바다 표층에는 규산염 농도가 다시 증가될 것인 바, 이런 예상은 이미 현실로 증명되었다.

우리는 이제 이런 규산염 조절의 메커니즘이 바닷물의 중요한 구성 성분을 통제하는 가이아의 일반적인 수법을 따르고 있는 것이 아닌가 하고 우리 자신에게 질문해볼 수 있다. 바로 이런 방법이 바닷물의 염도를 조절·통제하는 메커니즘으로 브뢰커가 제안했던 무생물적 방법만으로는 설명하기 어려운 부분을 보충할 수 있는 것이 아니겠는가?

전 지구적 규모의 공학적 관점에서 본다면 규조류와 원석조류 들의 중요성은 그들이 죽으면 몸체의 연약한 부분은 물속으로 녹아 들어가고 정교한 껍질과 골격은 바다 밑바닥으로 가라앉는 바로 그 점에 있다. 해양학자들이 흔히 '골편'이라고 부르는 이 아름다운 껍질은 마치 지리한 장마비처럼 끊임없이 바다의 표층으로부터 해저로 떨어

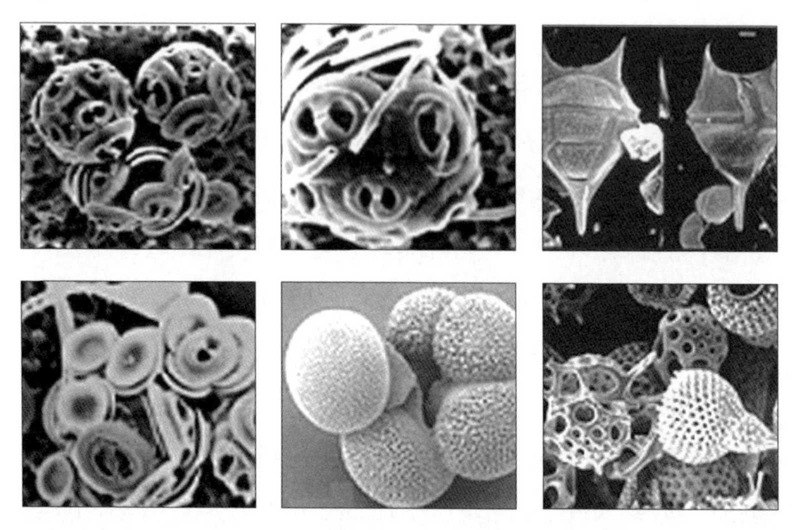

그림 8 탄산염과 규산염 껍질을 갖는 각종 해양성 플랑크톤들. 이 플랑크톤들이 죽어 그 껍질이 해저에 쌓이면 궁극적으로 석회암이 된다. 현미경으로 백 배 확대된 모습.

진다. 이런 골편은 모든 생물의 죽음이 그러하듯이 아름다운 흔적을 남기면서 수십억 년 동안 이어져서 원석조류는 해저에 백악(chalk)과 석회석의 암반을 만들고 규조류는 규산염의 암반을 형성해왔다. 이와 같은 사체들의 대량 강하를 단순히 거대한 장례식으로만 간주해서는 결코 안 된다. 이는 가이아에 의해 만들어진 컨베이어 벨트라 할 수 있으며, 이 벨트의 역할은 바다 표층의 생산 지대로부터 해저의 저장 지대까지 물질을 운반하는 통로라고 할 수 있다. 무기질의 탄산칼슘 골격과 규산염 껍질이 가라앉을 때에는 일부 유기물질들도 함께 가라앉게 되는데, 이것들은 해저에 묻혀서 황산 화합물의 광석이 되며, 때로는 순순한 황광석을 형성하기도 한다. 이런 전체적인 과정은 생물들에 의해 조절되는 융통성이 많은 메커니즘이다. 생물은 환경의 변화에 반응하고 환경을 원상태로 복구시키며, 또 환경을 자신의 생존에 적당하도록 조절하는 것이다.

이제부터 염분 농도를 조절하는 가이아의 절묘한 수단들에 대해 알아보기로 하자. 이런 수단들은 아직까지는 예측에 불과하지만 나는 그것들이 확실한 것이라고 굳게 믿고 있으며, 따라서 앞으로 보다 세련된 이론의 개발과 실험의 근거가 될 수 있다.

먼저 컨베이어 벨트 시스템의 수송력 상승을 가능케 하는 한 가지 방법에 관해 논의하기로 하자. 바다의 표층에서 살던 동식물들이 죽으면 그 사체가 분해되어 해저로 쏟아져 내리게 된다. 브뢰커가 지적했듯이 그것은 마치 지상에 내리는 비가 공기 중의 온갖 먼지를 함께 끌어내리는 것처럼 표층의 모든 물질들을 휩쓸어내려 바다 밑바닥에 퇴적시킨다. 이런 바다의 비는 원생생물의 단단한 껍질뿐만 아니라 표층의 염분 농도가 약간만 증가해도 쉽사리 죽어버리는, 염분 농도에 민감한 동물들의 사체도 포함할 것이다. 이처럼 생물들이 죽어서 침강하는 것도 표층의 염분 농도를 일정하게 유지하는 데에 도움이 될 것이다. 그러나 이런 과정에 의해서 표층으로부터 제거되는 염분의 양이 그다지 많지 않을 것이기 때문에 모든 염분의 사라짐을 오직 이것으로만 설명하기에는 역부족일 것이 분명하다. 그렇지만 앞으로 다시 논의하게 되듯 생물 외각들의 침강과 표층 염분 농도 사이에는 어느 정도 관련성이 있으며 해양의 염분 농도가 일정하게 유지되는 데에는 침강 속도가 중요한 요인이라는 것이 분명하다.

브뢰커가 염화물과 황산염을 제거하는 방법이라고 제안했던 그 이론에도 상당한 반론이 있을 수 있다. 그는 증발이 많고 유입구는 있으나 유출구는 없는 외떨어진 바다, 얕은 만, 열대 지방의 초호(lagoon:

산호초로 인해 섬 둘레에 바닷물이 얕게 괸 곳 - 옮긴이) 등에서 잉여의 염들이 증발 잔유물의 형태로 축적된다고 제안했다. 그런데 여기에서 한 가지 대담한 가정을 해보자. 즉 초호가 문자 그대로 생물들에 의해 만들어지는 것이라고 생각해보자는 것이다. 그러면 그 과정은 곧 항상성(homeostasis)으로 이어지고, 따라서 증발 잔유물은 전적으로 임의의 무생물적 원리에 의해 만들어진다는 브뢰커의 설명에서 납득하기 곤란한 부분을 자연스럽게 보충해준다.

열대 지방의 바닷가에 수천 평방 킬로미터 넓이의 거대한 울타리를 축조하는 일은 인간의 능력으로도 하기 어려운 엄청난 토목 공사라 할 수 있다. 그렇지만 이제까지 인류가 만든 그 어떤 구조물보다도 더 거대한 것이 바로 산호초(coral reef)이며, 특히 과거에 번성했던 대단한 규모의 산호초가 바로 스트로마톨라이트 산호초(stromatolite reef: 원생대에 세계 도처의 해안에서 만들어진 원시 산호초. 오늘날에도 살아 있는 스트로마톨라이트는 페르시아만, 오스트레일리아 서부, 바하마 제도 등에서 발견되는데, 이들을 잘라서 현미경으로 살펴보면 여러 종류의 다양한 미생물들이 마치 아교처럼 빽빽이 엉켜서 자라는 것을 볼 수 있다 - 옮긴이)이다. 이런 산호초들이 바로 가이아적 규모의 작품이 아닐까? 원시시대에 만들어진 스트로마톨라이트는 높이가 수 킬로미터에 이르며 길이는 수천 킬로미터에 이르는, 전적으로 살아 있는 생물들의 협동 작업에 의해서 형성된 구조물인 것이다. 오스트레일리아의 북동쪽 해안에 위치한 유명한 관광지 그레이트 베리어리프(Great Barrier Reef)는 가이아가 이제 막 부분적으로 완성시킨 증발 초호(evaporation lagoon)가 아닐까?

이런 엄청난 토목 공사도 가이아의 관점에서 본다면 그리 대단한 것은 아니리라. 그러나 지극히 단순한 생물군들이 모여 협동 작업으로 수십억 년에 걸쳐서 이룩한 이와 같은 예에서 우리는 또 다른 가능성을 발견할 수 있게 된다. 우리는 앞서 어떻게 생물들에 의해서 대기 조성이 변화해왔는지 살펴보았다. 그렇다면 가이아가 화산 활동과 대륙이동(continental drift)에도 어떤 기여를 했다고 말할 수 있지 않을까? 이 두 가지 현상은 모두 지구의 내부 운동에서 기인하는 것인데, 그렇다고 해서 가이아가 관여하지 못한다고 할 수는 없지 않겠는가? 만약 그렇다면 그런 작용들은 해저 확장(sea-floor spreading)이나 퇴적물의 이동과 같은 일차적인 영향력을 발휘하는 것과는 별도로 초호의 형성에 부수적인 메커니즘을 제공하는 것이 아닐까?(대륙이동설은 20세기 초 알프레드 베게너에 의해 처음 제안된 학설로, 대륙이 현재의 위치에 고정된 것이 아니라 지구 표면을 서서히 움직인다는 주장이다. 그 단적인 증거는 현재 멀리 떨어져 있는 대서양의 양쪽 해안이 신기할 만큼 아귀가 잘 맞는다는 사실에서도 찾아볼 수 있는데, 현재 확고부동한 지구과학 이론으로 정립되어 있다 - 옮긴이)

그런데 이런 종류의 추론은 겉보기처럼 그렇게 무리한 것이 결코 아니다. 해양학자들은 이미 해저에서 발생하는 화산 활동의 일부는 적어도 생물학적 작용으로 나타나는 마지막 결과적 현상이라는 점을 인식하고 있다. 이런 연관관계는 사실상 매우 직설적이라 할 수 있다. 대부분의 해양 지역에서 해저에 퇴적되는 침전물은 거의 순수한 규산염이다. 그런데 해저면의 얇고 연약한 암석층 위에 퇴적물이 점차 쌓이게 되면 그 무게에 의한 압력이 지반을 휘게 하고 더욱 많은 침전물이 쌓이게 되면 마침내 함몰 부분이 생기게 된다. 그동안 해저면에 쌓인 규산염의 퇴적층이 마치 담요와 같은 단열재의 역할을 함으로써 지구 내부로부터의 열이 외부로 전달하기 어렵게 되어 그 결과 퇴적물이 두텁게 쌓인 아래 부분일수록 온도가 높아지게 된다. 이처럼 온도가 높아지면 해저면은 한층 부드러워져서 함몰이 증대되고 그러면 다시 함몰 부분에 더욱 많은 퇴적물이 쌓이게 되며, 따라서 온도도 더욱 증가한다. 이것이 바로 양성피드백 현상이다. 궁극적으로 지각의 내부에 축적된 열이 충분히 많아지면 암석층을 녹일 수 있게 되고 그러면 용암이 외부로 유출되게 된다. 화산도(volcanic island)는 이런 과정을 거쳐 형성되며 아마도 일부 초호들도 마찬가지였을 것이다.(우리나라의 제주도와 울릉도는 모두 이렇게 만들어진 화산도이다 – 옮긴이) 해안 근처 위치하는 얕은 바다에는 엄청난 양의 탄산칼슘이 퇴적되기도 한다. 때로는 이런 퇴적물들이 다시 석회암이나 백악의 형태로 지상에 돌출하기도 한다.(우리나라 강원도의 석회암 지대는 한때 바다였던 곳이 유리되어 육지화된 것이다. 영국의 도버 해협에 면한 해안에 솟아 있는 백악 절벽은 현재 세계적인 절경을 이루고 있다 – 옮긴이) 그렇지 못한 경우에는 이런 퇴적물이 해저에서 지각 내부의 열을 분출시키는 돌파구 역할을 하여 화산 활동을 일으키는 데에 일조하기도 했다.

그런데 생물이 존재하지 않는 바다에서는 퇴적물이 쌓여 이처럼 일련의 사건이 만들어지기가 대단히 어려울 것이다. 화산은 생물체가 존재하지 않는 죽은 행성에서도 나타날 수 있다. 그러나 화성의 올림푸스 분화구(nix olympus)에서도 볼 수 있듯이 그런 화산들은 지구의 화산들과는 매우 판이하다. 만약 가이아가 해저면을 변형시켰다면 화산 활동이라는 무생물적 자연현상을 절묘하게 이용하여 자신의 이익에 부합되게 운영했던 것이 아닐까? 물론 나는 이제까지의 화산 활동이 모두 이런 생물학적 작용에 의한 것이라고 주장하지는 않는다.

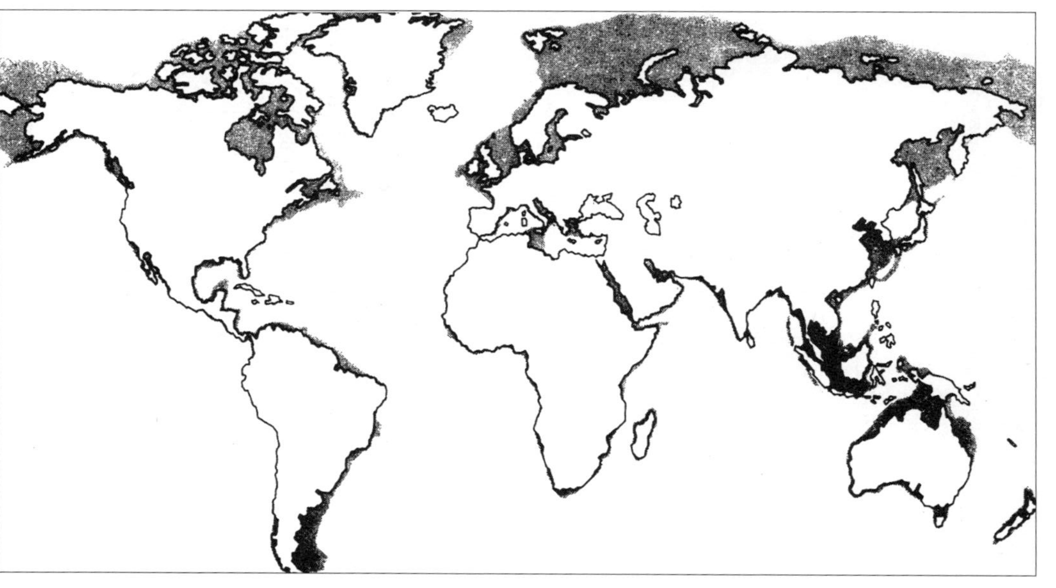

그림 9 대륙붕 분포도. 대륙붕의 면적을 전부 합치면 아프리카 대륙 넓이에 상당한다. 대륙붕은 지구로 하여금 항상성을 갖게 하는데 중요한 역할을 담당하고 있다. 이곳은 대기 중에 산소 농도가 일정하게 유지될 수 있도록 탄소가 매몰되는 장소이며, 또 지표의 생물들에게 요긴한 많은 휘발성 기체 화합물들이 만들어지는 장소이기도 하다.

또 생물학적 작용에 의해 만들어진 화산의 수효가 매우 많다고 주장하지도 않는다. 다만 내가 강조하고자 하는 바는 생물계가 자신들의 총체적 필요성에 의해서 화산 형성과 같은 현상을 절묘하게 이용할 수 있었을 것이라는 가능성에 대해 우리 모두가 한 번쯤은 진지하게 생각해볼 수 있다는 것이다.

만약 지각에서 벌어진 대규모 지반 융기가 생물권의 이익에 부합되게 유도되었다는 생각이 별로 달갑지 않게 여겨진다면 다음과 같은 점을 한 번 상기해보자. 우리 인간이 만든 어떤 댐들은 주변 지역의 지각에 가하는 압력을 변화시켜 때로는 지진을 야기하기도 했다. 그렇다면 퇴적물이 대규모로 쌓이거나 산호초가 형성되어 지각에 압력을 가할 수 있는 가능성은 얼마든지 있지 않겠는가?

우리는 이제까지 염분 농도와 그것의 조절 메커니즘에 대해 별로 충분히 논의하지 못했으며 아주 일반적인 사항만을 살펴보았다. 이제까지 나는 해양의 위치에 따라 염분 농도가 조금씩 달라진다는 사실을 말하지 않았다. 또 인산염이나 질산염처럼 아주 중요한 영양염류들과 해저의 넓은 지역에서 단괴(nodule)의 형태로 발견되는 망간, 그리고 해류와 대양의 순환 시스템이 얼마나 복잡한지에 대해서도 설명하지 않았다. 해양학자들은 아직도 인산염과 질산염의 관계에 대해 잘 이해하지 못하고 있으며, 망간 단괴가 생물학적 작용에 의한 것임을 인정하면서도 그 형성 과정을 제대로 밝히지 못하고 있다. 이상의 과정은 모두 또는 적어도 부분적으로는 생물들의 생존에 영향을 끼치거나 또는 생물들에 의해서 영향을 받는 것들이다. 이제까지 나는 무수한 종류의 해양생물들 사이에서 나타나는 생태학적 관계에 대해서는 거의 다루지 않았다. 또 나는 이런 생물들에 대해 인류가 의도적으로 또는 무의식적으로 가하는 간섭이 해양의 물리·화학적 작용에 어떠한 변화를 줄 수 있는지, 그리고 그런 변화가 결국 인류의 복지에 어떠한 악영향을 끼칠 수 있을 것인지에 대해서도 별로 논의하지 않았다. 그런 예로 고래의 대량 학살은 이 거대한 포유동물을 지구상에서 완전히 멸종시킬 수 있다는 점과는 별개로 다른 어떤 중대한 영향을 해양 생태계에 미칠 수 있을 것이다. 그러나 나는 이런 생태학적인 영향에 대해 별로 지식을 쌓고 있지 못하다. 부분적으로는 지면의 부족과 확실한 정보의 부족으로 나는 이런 문제들을 생략하기로 했다.

그런데 최근에 이르러 이런 정보의 부족을 보충할 수 있는 연구들이 다방면으로 진행되고 있음은 매우 다행스런 일이다. 이런 연구들이 반드시 엄청난 돈을 투자해서만 가능한 것은 결코 아니다. 수년 전에 일부 과학자들은 비록 규모는 작지만 가이아의 활동을 이해하는 데 중요한 기초가 되는 한 프로젝트를 수행하기도 했다. 이 연구에서 밝히고자 했던 것은 앞에서 우리가 검토했던 염분 농도의 조절과 같은 대규모적인 가이아의 활동이 아니라 보다 소규모적인 가이아의 특별한 역할이었다.

1971년에 나는 두 동료 과학자인 로버트 맥스(Robert Maggs), 로저 웨이드(Roger Wade)와 함께 수백 톤 크기에 불과한 작은 해양 조사선 섀클턴호를 타고 영국의 배리항으로부터 남극의 사우스 웨일즈항까지 항해한 적이 있었다. 이 항해 목적은 지질학적 탐사를 수행하는 것이었는데, 우리는 열외의 연구자들로서 그 배가 해양조사를 하면서 남하하는 동안 그 배를 이동 연구실로 이용했다. 우리들의 승선 목적은 그때까지 잘 알려지지 않았지만 잠재적으로 매우 중요한 황화합물로 간주되던 디메틸황화물을 포함하여 범지구적 규모의 황 수지(sulfur budget)를 따져보는 것이었다.

황의 생성량과 소멸량 사이에 설명할 수 없는 부분이 존재한다는 것을 과학자들이 처음 알아차렸던 시기는 1960년대 중엽이었다. 그들은 강물에 의해서 육지로부터 바다로 씻겨 들어가는 황의 양이 실제로 육지에 존재하는 황보다 훨씬 더 많다는 점을 이상하게 생각했다. 그들은 황을 함유하는 암석들이 풍화작용에 의해서 방출하는 양과 식물들에 의해서 땅속으로부터 추출되는 황의 양, 그리고 화석연료의 사용 때문에 대기 중으로 방출되는 황의 양을 모두 고려했지만 매년 수억 톤에 이르는 잉여의 황을 설명할 수는 없었다. 콘웨이(E. J. Conway)는 이만큼의 황이 해양으로부터 육지로 운반되는 것이라고 생각했는데, 그는 바다에서 만들어진 황화수소(hydrogen sulphide)가 대기 중으로 방출되었다가 다시 육지로 되돌려지는 것이라고 했다. 황화수소는 달걀 썩는 냄새가 나는 우리들에게 익히 알려진 기체다. 그렇지만 나를 비롯한 일부 연구자들은 그처럼 단순한 설명에 만족할 수 없었다. 한 가지 문제점은 우리나 다른 어느 연구자들도 황의 잉여분만큼에 해당하는 황화수소를 대기 중에서 발견할 수 없었다는 것이다. 또 다른 문제점은 황화수소는 산소가 풍부한 바닷물 속에서 쉽게 반응하여 비휘발성의 화합물로 바뀌기 때문에 비록 그것이 바다 속에서 만들어진다고 해도 물 표면에 도달하여 공기 중으로 방출되기는 어려울 것이라는 점이었다. 나와 동료들은 그 대신 디메틸황화물이 해양에서 육지로 황을 전달하는 매체라고 생각했다. 디메틸황화물은 황화수소의 사촌격이 되는 화합물로서 그 역할을 담당하기에 필수 요건을 지니고 있다. 즉 그것은 산소와의 결합력이 황화수소에 비교해서 훨씬 더 낮다.

우리가 디메틸황화물을 그런 매개물로 지지하는 데에는 그럴만한 이유가 있었다. 영국 리즈대학의 프레더릭 챌린저 교수(Frederick Challenger)는 지난 수년 동안의 실험을 통하여 어떤 원소에 메틸기를 붙이는 것은 생물체들이 자신에게 불필요한 잉여 물질을 기체나 휘발성 입자의 형태로 제거하기 위해서 흔히 채택하는 일반적 수단이라는 점을 밝혔다. 이처럼 메틸기가 첨가되는 과정을 '메틸화 반응(methylation)'이라고 하는데, 황이나 수은, 안티몬, 비소 등의 메틸화합물은 모두 그 원소 자체들보다 훨씬 더 휘발성이 높다. 챌린저 교수는 해초류(seaweed: 미역, 다시마와 같은 대형의 바닷말 무리를 말한다 – 옮긴이)를 포함하는 많은 종류의 해산 조류(marine algae: 광합성을 하는 식물성 플랑크톤과 해초류까지를 포함한다 – 옮긴이)가 메틸화 반응을 일으켜서 디메틸황화물을 대량으로 생산하다는 사실을 실험으로 입증한 바 있다.

우리는 그 항해에서 여러 해역의 바닷물을 분석했는데, 그 결과는 디메틸황화물이 황의 전달체로서 충분한 만큼 바닷물 속에 존재하고 있다는 점을 시사했다. 그러나 나중에 피터 리스(Peter Liss)가 계산한 바에 의하면, 우리가 대양을 횡단하면서 조사했던 디메틸황화물의 농도는 이에 근거한다면 해양으로부터 육지로 이동된 황의 양이 우리가 설명할 수 없었던 잉여의 황을 모두 보충할 수 있을 만큼 그리 충분하지 않으리라는 것이었다. 하지만 오래지 않아 우리는 섀클턴호의 항로가 디메틸황화물이 많이 생산되는 해역을 거의 통과하지 않았다는 사실을 발견했다. 바다에서 이 화합물의 주공급지는 깊은 수심의 대양이 아니라 — 이런 해역은 상대적으로 바다의 사막이라 할 수 있다 — 많은 생물들이 서식하는 얕은 연안이었다. 연안이야말로 무수한 종류의 해초류가 번성하는 장소이며, 이런 해초류들은 바닷물 속의 황산염 이온으로부터 황을 추출하여 디메틸황화물로 전환시키는 아주 우수한 메커니즘을 소유한 생산공장인 것이다. 붉은말류의 일종인 폴리시포니아 파스티기아타(*Polysiphonia fastigiata*)라는 크기가 별로 크지 않은 홍조류는 어느 해변에서나 쉽게 발견되는 해초다. 그런데 이 해초는 디메틸황화물의 생산 능력이 특히 대단해서, 만약 이 해초를 바닷물과 함께 밀폐된 용기 속에 약 30분 정도 넣어둔다면 금방 디메틸황화물이 용기의 빈 공간을 가득 채워 불을 붙일 수 있을 정도가 된다. 이 경우에 디메틸황화물의 냄새가 황화수소처럼 고약하지 않은 것은 대단히 다행스러운 일이라 할 수 있다. 디메틸황화물이 함유된 공기는 상쾌한 해변의 냄새를 나타낸다.

이제 우리는 연안에서 생산되는 디메틸황화물이 잃어버린 황의 고리를 설명해주는 중요한 전달매체라는 점을 잘 알고 있다. 많은 해초들은 바닷물과 민물의 양쪽에서 다 생활할 수 있다. 그런데 최근 들어 일본의 과학자 이시다(Ishida)는 폴리시포니아 파스티기아타가 민물과 바닷물 양쪽에서 모두 디메틸황화물을 생산할 수 있지만, 이것의 생성에 필요한 효소 시스템은 오직 바닷물 속에서만 작동된다는 사실을 발견했다. 그렇다면 이 사실은 바로 디메틸황화물을 생산하는 생물학적 수단이 황의 순환 체계에서 오직 적당한 장소에 자리잡을 때에만 작동한다는 점을 시사하는 것이 아닐까?

생물학적 메틸화 반응에는 바람직하지 못한 측면도 포함된다. 바다 밑바닥의 진흙 속에 사는 박테리아들은 특히 메틸화 반응을 자신에게 유리한 방향으로 잘 발전시켜 수은, 납, 비소 등의 유독성 원소들을 휘발성의 메틸 화합물로 쉽게 전환시킬 수 있다. 그런데 이런 화합물이 바다 표면으로 떠오르게 되면 모든 생물에 흡수될 수 있는데 물고기들도 그 예외는 아니다. 평상시에는 이런 화합물들의 농도가 지극히 낮아서 아무런 문제도 일으키지 않는 것이 보통이지만 일본에서는 심각한 재난으로 발전된 사례가 있었다. 일본의 동해 쪽에 면한 좁은 만에 위치한 한 공장에서 디메틸수은이 대량 방류되어 만으로 흘러든 적이 있었는데 그 양이 너무 많아 급기야 물고기들까지도 심각하게 오염시켰다. 이 물고기들을 잡아먹은 지역 주민들은 모두 고통을 겪었으며 그들 가운데 일부는 심각한 통증과 신체장애를 경험해야 했다. 사람들은 후에 이 지역의 이름을 따서 메틸수은과 같은 유기성 수은의 중독으로 야기되는 재난을 '미나마타병(Minamata disease)'이라고 규정했다. 그렇지만 수은의 메틸화 반응은 일반적으로 그렇게 급작스럽게 진행되지는 않기 때문에 다른 지역들에서는 별로 문제를 야기하지 않았다. 그러나 비소의 경우는 그렇게 다행스럽지 못했다. 지난 세기에는 벽지를 만들 때 비소가 포함된 초록색의 염료를 사용하곤 했다. 그런데 내부에 습기가 잘 차서 곰팡이가 많은, 환기가 잘 되지 않는 집들에서는 곰팡이가 벽지에 섞인 비소를 치명적인 트리메틸비소(trimethyl arsenic)로 전화시켰는데, 특히 침실의 벽이 그렇게 치장된 집에서는 잠을 자다가 가족들이 불구가 되거나 사망에 이르는 재난이 심심찮게 발생했다.

생물들이 메틸화 반응을 통하여 유독 물질을 합성하는 목적이 무엇때문인지는 아직 확실히 알려지지 않고 있다. 그렇지만 어쩌면 그것이 생물체로 하여금 자신에게 유독한 독성 물질을 기체의 형태로 전환시켜서 주변의 환경으로부터 제거시키는 수단일 수도 있다. 메틸화한 화합물은 자연 속에서 정상적으로 확산될 때 다른 생물들에게 별로 위협이 되지 않는다. 그러나 인간이 자연을 훼손시켜서 정상적인 균형 상태를 깨뜨리게 되면 이처럼 유용한 반응도 유해한 것으로 바뀌어 우리 인류나 다른 생물들에게 치명적인 위협이 될 수 있는 것이다.

생물체가 황을 메틸화하는 작용은 가이아가 육지와 바다의 황 사이에서 적절하게 균형을 잡아주는 현상으로 해석할 수 있다. 만약 이런 작용이 없었다면 육상에 있던 수용성 황의 대부분은 벌써 오래전에 바다로 씻겨 내려갔고 그 이후에는 결코 보충되지 못했을 것이다. 그렇게 되면 지상에서 생물들의 생존에 필요한 여러 원소들 사이의 균형이 무너져서 생물계는 심각한 고통에 처하게 되었을 것이다.

섀클턴호의 항해 동안 우리의 주의를 끌었던 다른 한 부류의 메틸기를 포함하는 화합물이 있었다. 이 화합물은 보통 '할로카본(halocarbon)'이라고 불리는데, 메탄과 같은 탄화수소류에서 한 개 또는 그 이상의 수소가 불소, 염소, 브롬, 아이오딘과 같은 할로겐족 원소와 치환된 것을 의미한다. 이 조사는 그 항해에서 얻어진 과학적 업적 중에서 가장 획기적인 것이었으며, 또한 이와 같은 기초적 탐사 연구에서는 일의 시작에 앞서 미리 세밀한 계획을 세운다는 것이 얼마나 현명치 못한 일인가를 단적으로 보여주는 좋은 예가 되기도 했다. 운이 좋게도 우리는 할로카본의 극미량까지도 측정할 수 있는 장비를 배에 싣고 있었다. 당시 우리의 주된 조사 목적은 만약 우리가 오늘날 탈취제나 살충제를 뿌리는 데 사용하는 스프레이와 같은 에어로졸(aerosol) 기체를 사용하여 공기에 표지(label)를 만든다면 북반구와 남반구 사이를 이동하는 대기의 흐름을 관찰할 수 있을 것인가의 여부를 알아보는 것이었다. 그런데 사실상 이 목적은 충분히 달성되었다. 우리는 항해하는 곳 어디에서나 쉽게 불화염화탄소 기체들(fluorochlor ocarbon gases)을 측정할 수 있었는데, 이런 발견은 오늘날 오존층에 대한 논쟁으로 이어지게 되었다. 이런 기체들이 성층권의 오존층을 심각하게 손상시킨다는 현재의 이론은 다소 과장된 감이 없지 않다.

우리의 관측장비는 역시 다른 두 종류의 중요한 할로카본을 감지할 수 있었다. 그 하나는 사염화탄소(carbon tetrachloride)였는데, 이것이 어떻게 대기 중에 존재할 수 있는지는 아직까지도 수수께끼로 남아 있다. 다른 한 기체는 아이오딘화메틸(methliodide)로 해산 조류들이 만들어내는 화합물이었다.

대형의 해초류들은 보통 바닷말(kelp)로 불리는데, 식물학적 정식 명칭으로는 라미나리아(laminaria)라고 한다. 이것들은 수심이 얕은 해안에 살면서 바닷물 속에 포함된 아이오딘을 흡수하는 특성을 지닌다. 성장기에는 막대한 양의 아이오딘화메틸(methyl iodide)을 합성한다. 이러한 바닷말들을 수확하여 불에 태우고 그 남는 재에서 아이오딘을 추출하기도 했다. 그런데 디메틸황화물이 황의 전달매체인 것처럼 아이오딘화메틸도 비슷한 역할을 수행하는 것처럼 여겨진다. 즉 아이오딘화메틸도 생물체의 필수 원소인 아이오딘을 바다로부터 육지로 되돌려보내는 데 필요한 전달매체인 셈이다. 아이오딘이 결핍되면 대부분의 동물들은 갑상선 물질대사를 조절하는 호르몬을 분비할 수 없게 되어 병에 걸리거나 결국은 죽게 된다.

우리가 대양의 대기 중에서 아이오딘화메틸을 처음 발견했을 때에는 이 기체의 대부분이 바닷물의 염소 이온과 반응하여 염화메틸을 형성한다는 사실을 인식하지 못했다. 우리에게 이 예기치 못한 사실을 처음 알려준 사람은 올리버 자피리오(Oliver Zafiriou)였는데, 우리는 그에게 크게 감사하고 있다. 왜냐하면 이런 사실로부터 우리는 대기 중에서 염소를 포함하는 가장 중요한 기체로 염화메틸을 지적할 수 있게 되었기 때문이다. 일반적인 관념에서 본다면 대기 중의 염화메틸 농도에 관심을 갖는다는 것은 약간의 화학적 호기심에 불과하다고 할 수도 있으리라. 그러나 이미 앞장에서 지적한 바 있듯이 이제 염화메틸은 성층권의 오존층을 파괴하는 데 있어서 인간이 만들어낸 에어로졸 가스와 함께 거의 주범으로 간주되고 있다. 염화메틸은 오존층의 두께를 조절하는 기능을 담당하고 있는데, 우리는 이 오존층이 너무 두터우면 너무 얇은 것과 마찬가지로 지상의 생물들에게 유해하다는 사실을 상기해야 할 것이다. 따라서 바닷물 속에 풍부히 존재하는 염소에 메틸기가 붙어서 만들어지는 이 화합물 또한 가이아의 역할을 설명할 수 있는 좋은 재료가 되는 셈이다.

셀레늄(selenium)과 같이 생물들에게 필수적으로 요구되는 다른 원소들도 메틸 화합물의 형태로 바다로부터 육지로 되돌려지는 것처럼 생각된다. 그러나 우리는 아주 중요한 원소, 즉 인(phosphorus)이 어떻게 육지로 운반되는지에 대해서는 아직 제대로 알지 못하고 있다. 우리는 인이 포함된 휘발성 화합물을 찾는 데 실패했다. 어쩌면 육상에서는 풍화작용으로 암석에서 인이 계속 유출되고 있으므로 바닷물 속의 인이 다시 옮겨질 필요성이 없을지도 모른다. 그러나 이런 가정이 옳지 않다고 생각된다면 우리는 인이 육지로 이송될 수 있는 경로를 진지하게 따져보아야 할 것이다. 혹시 바다와 육지를 회유하는 새나 물고기들이야말로 대규모적인 인의 순환에 관여하는, 가이아의 목표를 실행하는 성실한 인의 운반자들이 아닐까? 연어나 뱀장어들은 바다로부터 멀리 떨어진 내륙 하천에까지 집요한 여정을 고집하는데, 어쩌면 그것이 바로 이들이 그런 임무를 수행하고 있는 증거가 될 수 있을지 모르겠다.

바다에 대한 정보를 얻는 것, 즉 바다의 화학, 물리학, 생물학, 그리고 이들간의 상호작용의 메커니즘에 관한 지식을 쌓는 일은 우리 시대 인류가 가장 먼저 수행해야 할 사업이다. 우리가 바다에 대해 보다 많이 알면 알수록 우리는 바다로부터 유용한 자원을 더욱 많이 획득하여 인류의 삶을 보다 윤택하게 할 수 있으리라. 아니면 지구의 우점종으로서 우리 인간이 탐욕을 발휘하여 그 풍요로운 장소를 마구 약탈한 결과를 더욱 명확히 깨달을 수 있으리라. 지표면에서 육지가 차지하는 면적은 전체 면적의 3분의 1에도 미치지 못한다. 어쩌면 지구 생물권이 이제까지의 극심한 농경지 개간과 가축 사육에 의해 야기된 심각한 환경 변화에 굴복하지 않고 버텨올 수 있었던 것도 바로 이런 이유 때문인지도 모른다. 생물권은 앞으로 인구가 더욱 늘어나고 농경지가 더욱 확대되더라도 균형을 잃지 않고 번성할 수 있을 것이다. 그렇지만 우리는 바다, 특히 대륙붕의 풍요로운 지역을 육지와 마찬가지로 마음대로 처분해도 괜찮다고 생각해서는 결코 안 된다. 그 지역을 훼손시키면 필경 커다란 재앙을 불러올 것이다. 사실상 우리 가운데 어느 누구도 지구에서 가장 생산성이 높은 이 지역들을 파괴시켰을 때 어떤 반대급부가 돌아올 것인지에 대해 잘 알지 못하고 있다. 바로 이런 근거에서 우리는 앞에서의 항해를 우리 자신들이 가이아를 직접 느껴볼 수 있었던 더없이 귀중한 기회로 믿게 되었다. 우리는 그 항해를 통해 그리고 여타의 모든 탐구를 통하여 바다가 가이아의 가장 귀중한 부분임을 새삼 확인할 수 있었던 것이다.

7
가이아와 인간

노인들은 종종 과거에는 모든 것이 현재보다 더 나았다며 그 시절을 그리워하곤 한다. 이런 과거에 대한 애착은 뿌리 깊은 것이어서 어쩌면 우리 자신들조차도 나이가 들면 똑같은 말을 읊조리게 될지 모른다. 한편 우리는 이런 말을 들을 때면 자연스레 인류의 조상들은 가이아와 완벽한 조화를 이루며 살지 않았을까 하는 생각을 하게 된다. 어쩌면 인류는 진실로 에덴동산에서 쫓겨났으며, 이 말은 잃어버린 낙원을 그리워하여 세대에서 세대로 전해진 의미심장한 표현일 수도 있으리라.

인간이 에덴동산에서 쫓겨나게 된 것은 하나님에게 복종하지 않은 원죄를 범했기 때문에 순결한 행복의 상태에서 육욕과 사탄이 지배하는 고난의 세계로 떨어졌다는 성경의 가르침을 오늘날의 사람들이 문자 그대로 받아들이기는 쉽지 않다. 차라리 인간이 타락의 길로 들어서게 된 것은 자연의 질서를 실험해보고 또 간섭하고자 하는 인류의 무절제한 호기심과 끝없는 강박관념 때문이라고 설명하는 것이 보다 설득력을 갖는다. 그런데 성경의 말씀을 곧이곧대로 해석하든 또는 현대적 의미로 해석하든 그 모두는 인간의 죄의식을 주지시키려는 의도를 내포하고 있는 것처럼 보인다. 이런 의도가 인간사회에 음성피드백의 영향을 끼쳐왔다는 사실을 감히 부인할 수 있을까?

인류는 본질적으로 사탄의 무리에 가깝다는 신념을 갖고 있는 현대인들에게 가장 불안한 미래의 징조는 점증하는 대기오염과 수질오염 현상이다. 이런 오염은 18세기 말엽 영국에서 시작된 산업혁명과 함께 생겨나서 마치 녹이 퍼지듯 대부분의 북반구 지역을 뒤덮어 나갔다. 현재에는 인간의 산업활동이 생물들의 풍요로운 서식처를 파괴하고 지구의 모든 생물들을 위협할 뿐만 아니라 매년 그 위협이 증대되고 있다는 데에 모든 사람들의 의견이 일치하고 있다. 그런데 나는 바로 이 점에서 다른 사람들과 견해를 조금 달리하고자 한다. 오염은 현대 기술혁명의 가장 큰 종양이며, 이는 조만간 우리 인류의 생존까지도 위협하게 될 것이라고 믿는 사람들은 의외로 많다. 그러나 현재 수준의 산업활동이나 또는 가까운 미래의 공업 발달이 가이아의 생명성을 전반적으로 위험에 처하게 한다는 판단을 뒷받침하는 증거는 사실상 대단히 적은 편이다.

만약 다윈의 표현대로 자연(Nature)이 이와 발톱을 붉게 물들인 존재라는 점을 고려하지 않더라도, 이제까지 사용하던 재래식 무기가 적절하지 않다고 판단한다면 앞으로는 화학 무기(chemcial weapon)의 사용을 결코 주저하지 않으리라는 점을 우리는 너무나 쉽게 간과하고 있다. 우리가 집에서 바퀴벌레나 모기를 잡기 위해 뿌리는 살충제가 사실은 국화과 식물(제충국: chrysanthemum)에서 추출되는 화학물질이라는 것을 알고 있는 사람이 과연 얼마나 될까? 자연의 제충국은 여전히 곤충을 박멸하는 데 가장 효과적인 화학물질인 것이다.

현재까지 알려진 가장 맹독성이 높은 물질은 놀랍게도 자연의 생산품이다. 박테리아에 의해서 만들어지는 보툴리누스균(botulinus toxin: 식품 통조림에서 가끔 나타나는 유독성 물질로 이것이 포함된 음식물을 섭

취할 경우 90% 이상의 치사율을 나타낸다 – 옮긴이)이나 바다에서 적조(red tide)를 야기하는 와편모충류(dinoflagellate: 갈색을 띠는 식물성 플랑크톤의 일종으로 어떤 종류는 유독성 물질을 생산한다 – 옮긴이)가 발산하는 치명적인 독성, 독버섯의 독 등은 모두 생물체가 만드는 유기화합 물질들이다. 그런데 이런 맹독성의 부산물을 생산하는 생물 그 자체는 이들 유독 물질만 제대로 제거할 수 있다면 건강식품 판매점의 진열대에 놓이더라도 아무 손색이 없는 것들이다. 디카페탈룸 톡시카리움(*Dichapetalum toxicarium*)이라는 아프리카산 식물과 이와 가까운 종들은 현대 화학 수준에서도 수행하기 어려운 불소화학 기술을 발전시켰다. 이 식물들은 가연성 원소인 불소를 식초산(acetic acid)과 같은 평범한 화합물에 결합시켜 그 결과 염 화합물(salt compound)을 만들어 잎 속에 저장한다. 이 염은 매우 독성이 강한데, 생화학자들은 이 물질의 기능을 참작하여 '대사장애 물질'이라고 부른다. 이 물질은 거의 모든 종류의 생물들에게 주입될 때 그 생물의 물질대사 체계를 분자 수준에서 단절시켜 죽게 한다. 만약 이런 물질을 우리 인간이 발명했다면 인류의 사악한 마음이 화학공업 기술을 이용하여 자연의 법칙을 무시하는 약품을 만들었다고 비난받아 마땅할 것이다. 인류가 이런 물질을 대량 생산한다면 그것은 생물계와의 투쟁에서 반칙을 범하면서까지 자신의 위치를 확보하려 하는 헛된 노력일 뿐이라고 말할 수 있으리라. 그렇지만 그것은 자연의 산물이다. 그리고 그것은 자연의 생물들에 의해서 진화의 과정에서 만들어진 수많은 유독성 물질들 중의 하나에 불과하다. 자연계에는 이런 유독 물질 생산을 규제하는 제네바 조약 같은 것은 아예 존재하지도 않는다. 누룩곰팡이속(*Aspergillus*)의 곰팡이 종류는 아플라톡신(aflatoxin)이라는 유독 물질을 만드는 비법을 개발해왔다. 아플라톡신은 발암 물질이자 신체의 기형을 야기하는 물질이다.(즉 실험실에서 쥐에게 아플라톡신을 주사하면 돌연변이가 나타나거나 종양이 생기거나 또는 기형의 자손을 낳기도 한다. 인간이 아플라톡신에 오염된 식물을 섭취하면 마찬가지 증상이 나타날 수 있다 – 옮긴이) 잘못 저장하여 누룩곰팡이가 번식한 땅콩을 먹은 후 위암으로 사망한 사람들의 사례는 최근까지도 빈번히 찾아볼 수 있다.

그렇다면 환경오염(pollution)이라는 것을 자연적인 현상이라고 할 수 있지 않을까? 만약 우리가 쓰레기를 내던져버리는 것 정도를 오염으로 간주한다면, 오염은 가이아에게 있어서는 마치 우리나 다른 동물들이 숨을 쉬는 것에 비유될 수 있는 자연적인 현상이라고 할 수 있다. 앞에서 나는 이제까지 우리 지구를 덮쳤던 재난 중에서 가장 심각했던 것으로 약 20억 년 전 자유산소가 대기권에 처음 나타났을 때의 대기오염 사건을 들었다. 이제 우리는 당시에 산소가 어느 날 갑자기 생겨난 것이 아니라는 사실을 잘 알고 있다. 아마도 약 40억 년 전 광합성 미생물들이 처음으로 산소를 만들기 시작했을 것이리라. 처음에는 산소가 단지 국지적으로만 분포했을 것이며, 이어서 점차 퍼져나가 전 세계적으로 대기권의 주요 구성 성분이 되었을 것이다. 가이아에서는 갑자기 진행되는 사건이 있는가 하면, 또 어떤 사건은 그야말로 천천히 진행되기도 한다. 그래서 지표면과 바다 표면에서 그 전까지는 아무 일도 없이 살았던 대다수 미생물들의 생존을 전적으로 위협하는 일이 벌어지기도 했을 것이다. 이렇게 산소가 광범위하게 퍼져나가게 되면서 혐기성 미생물들(오직 산소가 없는 조건에서만 자랄 수 있는 생물들)은 단지 큰 하천, 호수, 대양의 밑바닥에서만 생존을 영위할 수 있게 되었으리라.

그러나 그로부터 수백만 년이 지나자 지표면에서 사라졌던 생물들은 다시 원래의 위치로 자리를 옮겨서 번성하기 시작했다. 그들은 지상에서 가장 풍요로운 장소에서 마음껏 생존을 즐기면서 자신들에게 적합한 환경 조건을 스스로 조성하는 데에 성공했던 것이다. 혐기성 미생물들에게 풍요로운 장소란 바로 곤충에서부터 코끼리에 이르기까지 어느 동물에서나 찾아볼 수 있는 내장기관이다. 내 동료인 보스턴대학의 린 마굴리스는 이런 현상이 가이아의 아주 중요한 한 단면을 보여주는 것이라고 믿고 있다. 그녀는 우리 인간까지를 포함하는 모든 대형 동물들은 그런 혐기성 미생물들에게 적당한 서식처를 제공하기 위하여 마련된 수단에 불과할지도 모른다고 가정한다. 그런데 혐기성 미생물들이 거의 전멸하게 된 그 사건은 비록 나중에는 다시 행복한 결말을 짓게 되었다고는 하지만 그 당시로서는 엄청난 재난이었음이 분명하다. 산소오염이 혐기성 생물들의 생활에 어떠한 영향을 끼쳤는지를 설명하기 위해서 나는 앞장에서 광합성에 의해 염소를 생산할 수 있었던 해조류(marine algae)를 예로 들고 그것들이 어떻게 바다를 점령할 수 있었는지를 살펴보았다.

산소가 점차적으로 대기권의 중요한 구성 성분으로 자리를 잡게 되었던 것이나 또는 거대한 유성이 떨어지는 것과 커다란 자연적 재난들은 생물종들에게 그야말로 엄청난 위협이 아닐 수 없었을 것이다. 하지만 이렇게 해서 새로 조성되는 환경 조건에 적합한 새로운 생태계가 만들어지고 그 생태계는 다시 새로운 종들로 충만하게 되는 것이 또한 자연법칙이다.

산업혁명에 의해 시작된 환경오염은 그에 비하면 비교적 작은 규모의 재난이라 할 수 있으며, 따라서 적응의 문제도 비교적 쉽게 이루어질 수 있다고 생각된다. 영국의 공업단지 주변에 서식하는 얼룩나방(peppered moth)은 불과 수십 년 동안 날개의 색이 옅은 회색에서 거의 검은색으로 바뀐 예로 유명하다. 그 나방들은 공장 굴뚝에서 나온 검댕으로 뒤덮인 숲 속에서 새들에게 잡아먹히지 않도록 위장 수단으로 날개의 색을 바꾸었다. 그러나 최근 대기보전법이 발효되면서 숲이 깨끗해지자 나방들은 다시 원래의 회색빛으로 급속히 회복되고 있다. 그런가 하면 장미는 시골에서보다 런던 시내에서 더욱 잘 자라는데, 그것은 도시의 아황산가스가 장미를 괴롭히는 곰팡이들을 억제하는 데 도움이 되기 때문이다.

환경오염이라는 개념은 사실 대단히 인간중심적인 것이어서 가이아의 입장에서 본다면 자신과는 별로 관련성이 없다고 할 수 있다. 소위 오염물로 불리는 것의 대부분은 자연계에 이미 존재하는 것들이며, 따라서 어느 정도 농도 수준에서 그것들을 '오염 물질(pollutant)'로 간주해야 할지 결정을 내리기가 점점 더 어려워지고 있다. 예를 들어, 사람을 비롯한 대부분의 포유류들에게 유해한 일산화탄소(carbon monoxide)를 살펴보자. 많은 사람은 일산화탄소가 불완전 연소의 부산물로 자동차의 배기가스, 연탄난로의 연기, 담배연기 등에 많이 포함되어 있으며, 만약 인간이 환경 속으로 배출하지 않는다면 공기 중에는 그 기체가 전혀 들어 있지 않을 것으로 믿고 있다. 그렇지만 만약 우리가 대기의 성분을 잘 분석해보면 일산화탄소가 지구의 어디에서든지 발견된다는 사실을 이내 알게 될 것이다. 일산화탄소는 대기권에서 메탄가스가 산화되어 만들어지는데, 그렇게 생산되는 양은 매년 약 10억 톤에 이른다. 따라서 그것은 간접적으로 혐기성 미생물의 2차 생산품이라 할 수 있다. 또 일산화탄소는 많은 해양생물들의 부레에서도 만들어진다. 그런 예로 해양생물의 일종인 사이포노포어(*syphonophores*)에는 일산화탄소가 고농도로 포함되어 있는데, 만약 이 농도에서 숨을 쉰다면 인간은 곧 죽고 말 것이다.

거의 대부분의 오염 물질들은 그것이 아황산가스, 디메틸수은, 할로겐 화합물, 발암성 물질, 돌연변이성 화학물질, 방사성 물질 등 어느 것을 막론하고 어느 정도까지는 자연적으로 만들어진다. 어떤 종류들은 자연계에서 너무나 많이 생산되기 때문에 때로는 처음부터 독성을 나타내거나 경우에 따라서는 치명적이 되기도 한다. 우라늄광지대에 존재하는 자연 동굴은 방사능이 너무 강력하여 그곳에서 생활하는 동물들의 건강을 해치게 할 수 있다. 그러나 그런 동굴이 그곳의 동물들을 완전히 전멸시킬 수 있으리라고 믿기는 어렵다. 생물종으로서의 인류는 적당한 범위 안에서라면 주위 환경에 널려 있는 무수한 종류의 오염 물질들에 이미 잘 적응하고 있다고 할 수 있다. 만약 어떤 원인에 의해서 오염 물질의 한두 가지가 증가한다고 해도 인간 개개인과 생물종으로서의 인류는 곧 적응성을 키우게 될 것이다. 그런 예로 만약 자외선의 강도가 증가한다면 우리는 피부색을 갈색으로 바꾸는 정상적인 방어 기능을 이내 발휘하게 될 것이다. 그래서 불과 몇 세대가 지나지 않아서 피부의 갈색화 현상은 영구적인 변화로 정착되리라. 피부색이 엷다든지 주근깨가 있다든지 하는 인종들은 열대 지방에서와 같이 강렬한 태양빛 아래에서는 번영하지 못하게 될 것이다. 그럼에도 불구하고 만약 어떤 종족이 자신들의 터부로 유색 인종과의 유전자 교환을 거부한다면 그 종족은 결국 멸종할 수밖에 없게 될 것이다.

만약 어떤 한 생물종이 유전자 화학의 어떤 문제 때문에 우연히 유독 물질을 만들어낼 수 있게 되었다면 그것으로 인해 그 생물종 자신이 죽음을 당하게 될지도 모른다. 그러나 그 유독 물질이 그 생물의 경쟁자들에게 더욱 유독한 것이라면 그 생물종은 살아 남을 수 있게 될 것이다. 그리고 시간이 지남에 따라서 두 생물종 모두는 그 유독 물질에 내성을 갖고 적응하게 될 것이며, 심지어는 다윈의 적자생존 논리가 잘 설명하고 있듯이 더욱 유독한 물질을 생산할 수도 있을 것이다.

이제부터 지금의 오염 상황을 인간의 관점에서보다는 가이아의 관점에서 살펴보기로 하자. 현재 공업화에 따른 환경오염이 가장 심각한 장소는 북반구 온대 지방의 대도시 주변들로 태평양 연안 국가들, 미국의 일부 해안 지역, 서유럽과 동유럽 지역들이 그러하다. 아마도 독자 여러분은 비행기로 이런 지역을 지나면서 아래를 내려다본 경험이 있을 것이다. 그런데 이처럼 환경오염이 심각하다고 인정되는 지역에서조차도 만약 바람이 조금 불어서 스모그가 조금 벗겨진다면 여러분들은 으레 녹색 빛깔의 지표면을 살펴볼 수 있을 것이다. 땅은 대부분 초록색으로 덮여 있으며 다만 군데군데 회색의 반점들이 보일 것이다. 공업단지는 확실히 구별될 수 있을 정도로 회색이 무성하고 그 주변을 둘러싼 노동자들의 집은 끝없이 이어지는 것처럼 보일 것이다. 그러나 그런 모습에서도 지표면의 일반적인 색채는 녹색이며 나무며 풀들이 의외로 풍부하게 존재한다는 것을 인정할 수 있으리라. 자연 식생은 도처에 널려 있으면서도 다시 모든 지표면을 뒤덮을 수 있기만을 고대하면서 때를 기다리고 있는 것처럼 보인다. 2차 세계대전을 체험했던 많은 사람들은 공습으로 완전 파괴된 도시 지역들에서 야생화가 얼마나 급속히 번성했는지 잘 기억하고 있으리라. 공업단지를 비행기에서 내려다보노라면 그것이 흔히 환경비관론자들이 주장하듯 그렇게 삭막한 사막과 같은 지역은 아니라는 점을 인정하게 된다. 만약 대부분의 인구밀집 지역과 공업단지에서 이것이 사실이라면 우리 인류의 활동에 대해 그렇게 깊이 우려할 필요는 없는 것이 아닐까? 불행히도 꼭 그렇지만은 않다. 그러나 적어도 위의 예는 우리가 문제점을 찾을 장소를 잘못 선정했다는 것만은 분명히 보여준다.

어느 사회를 막론하고 그 사회에서 영향력을 행사할 수 있는 사람들, 여론 형성층, 그리고 입법 활동에 관여하는 사람들은 적어도 도시 안에서 활약하며, 또 여행을 할 때에는 도시와 공업단지들이 이어져 있는 회랑을 따라 기차나 자동차로 이동한다. 따라서 그들의 눈에 비치는 도시 주변 환경이란 결코 보기 좋은 것이 못 되며, 자동차가 교통신호에 걸려 잠시 머물기라도 할 때에는 공업지대의 혼탁한 냄새 때문에 얼굴을 찌푸리기 십상이다. 그러다가 휴가철을 맞아 도시에서 멀리 떨어진 해변이나 산악 지대에서 며칠을 보내게 되면 그들은 자신들의 집과 사무실이 인간다운 삶을 유지하는 데 얼마나 부적합한지를 깊이 인식하게 된다. 그러니 이런 대비감을 느낄 때마다 그들이 환경보전을 위하여 자신들이 무엇인가를 꼭 해야만 한다고 쉽게 믿는 것은 지극히 자명한 일이다.

따라서 그들이 북반구 중위도 지역의 도시와 공업단지들이 모두 생태학적으로 대단한 위기 상황을 맞고 있다는 잘못된 인상을 갖게 되었다고 해도 사실 그것은 이해할 만하다. 그렇지만 그들이 만약 파키스탄의 하라판 사막이나 아프리카의 여러 지역들, 또는 스타인벡의 소설 『분노의 포도(The Grape of Wrath)』의 배경이 되었던 미국의 남쪽 중앙부 지역 등을 비행기로 횡단해보았다면 자연환경과 인간환경 모두가 얼마나 쉽게 훼손될 수 있는지를 훨씬 더 뼈저리게 인식할 수 있었을 것이다. 이들 지역은 인간과 그들의 가축에 의해서 인간이 구축해 놓은 생태계뿐 아니라 자연 생태계까지도 철저히 파괴되었으며, 그 결과 생물들이 서식할 수 있는 잠재력을 거의 완전히 상실했다. 그런데 이런 재난이 발생한 것은 첨단 과학기술을 무분별하게 남용했기 때문이 결코 아니었다. 사실은 그 정반대로 원시적 기술에 속하는 축산 활동이 너무 과도하게 진행되어 나타난 결과인 것이다.

이런 자연의 철저한 파괴와 현재 영국의 상황을 비교해보면 무엇인가 교훈을 얻을 수 있다. 영국에서는 공업 발달에 힘입어 농업 생산성이 그동안 지속적으로 성장해왔다. 그 결과 지금은 인구밀도가 1평방 킬로미터당 390명 이상으로 세계적으로 가장 높은 편에 속함에도 불구하고 필요한 양보다 더 많은 식량을 생산하고 있다. 또 아직까지도 마을, 도로, 공업단지 등은 말할 것도 없고 정원, 공원, 임야, 불모지, 관목숲 등을 조성할 수 있는 여지는 얼마든지 있다. 그럼에도 불구하고 생산성 향상에 너무 집착한 나머지 농부들은 마치 푸줏간 주인이 난도질하듯 그렇게 마구잡이로 농기계들을 휘두르고 있다. 농부들은 자신들의 가축과 작물을 제외한 모든 생물들을 해충, 잡초, 질병 등으로 간주하려는 경향이 매우 강하다. 그렇지만 이런 현상은 인간과 환경과의 관계에서 새로운 조화의 시대가 도래하기 직전에 나타나는 일시적인 것에 불과하다.

그리 멀지 않은 옛날 영국 남부의 농촌 지역에서 볼 수 있었던 참담함은 이제 잊혀진 시대가 될 것이다. 사회학자들과 토머스 하디(Thomas Hardy)의 독자들은 농장 인부들과 가축들의 슬픈 운명을 잘 기억하고 있으리라.(토마스 하디는 『귀향 The Return of the Native』을 비롯한 일련의 작품들에서 영국 남부 지방 농부들의 역정을 리얼하게 묘사했다 - 옮긴이) 그렇지만 그 책들은 인간과 가축과 해충에 대한 것이 아니라 우선적으로 생물권과 대지(Mother Earth)의 조화로움에 대한 것임을 분명히 하자. 영국 남부 웨섹스주에는 아직도 목가적인 전원 풍경이 널리 눈에 띄는데, 이것은 바로 어떤 종류의 조화로움이 지금도 가능하며, 또 산업이 지금보다 더 발달해도 마찬가지일 거라는 생각에 힘을 더해준다. 한편 시골 농부들의 운명에 비춰보면 그들은 과거의 잔인했던 폭압 정치에서 벗어났지만 이제는 가정에서의 높은 생활수준을 유지하기 위하여 농장일을 시끄럽고 따분한 기계적 농업으로 전락시켰다고 할 수 있다.

그러면 행성 지구와 거기에서 생활하는 생물들을 위협할 수 있는 인간의 활동에는 어떤 것이 있을까? 생물종으로서의 인류는 산업을 마음대로 통제할 수 있음으로 해서 지구에서 주요 화학물질들의 순환속도를 크게 바꿔놓았다. 그동안 우리는 탄소의 순환 속도를 20%나 증가시켰으며, 질소의 순환 속도는 50%, 황의 순환 속도는 100%나 증가시켰다. 앞으로 인구가 더욱 늘어나고 화석연료 사용이 더욱 증가하면서 이런 순환 속도 또한 크게 가속될 것이다. 그렇다면 그 결과로 나타나게 되는 일은 과연 무엇일까? 현재 우리가 알고 있는 사실로는 대기권 중에 이산화탄소 농도가 과거보다 약 10% 정도 증가했다는 것과 황산염 화합물(sulphate compound)과 토양 분진의 입자가 대기 중에 많이 포함됨으로 해서 헤이즈(haze)가 많이 생겼다는 것 등이다.(헤이즈는 안개보다 옅은 아지랑이와 비슷한 현상으로 공기 중에 미립자가 많을 때 나타난다. 서울 시내의 대기오염 현상은 주로 스모그지만 자동차 배기가스가 정화된 선진국 대도시들에서는 스모그 현상이 거의 사라지고 헤이즈 문제가 제기되고 있다 - 옮긴이)

공기 중에 이산화탄소가 증가하면 그것이 마치 공기의 '담요 역할'을 하여 지구를 지금보다 따뜻하게 할 것이라는 예측은 오래전부터 있어왔다. 그런데 대기 중에 미립자의 증가로 헤이즈가 많이 발생하면 오히려 냉각 효과를 야기할 것이라는 제안도 빈번히 있어왔다. 또 어떤 사람들은 이 두 가지 효과가 서로 상쇄되었기 때문에 화석연료의 사용 증가에도 불구하고 현재 별로 뚜렷한 기후변화가 나타나고 있지 않는 것이라고 주장하기도 한다. 만약 인구 증가가 계속되고 화석연료 사용이 매 10년마다 2배씩 늘어나는 추세가 계속된다면 우리가 그저 수수방관만 하고 있어서는 결코 안 될 것이다.

지구의 부분들 중에서 범지구적 규모의 환경 통제를 담당하고 있는 것은 여전히 엄청난 미생물 군단들이다. 바다와 지표면의 조류(algae)들은 태양빛을 이용하여 물질을 생산하는 생물체의 가장 중요한 기능, 즉 광합성을 수행한다. 그들은 지각이 제공하는 탄소의 절반 정도를 변화시키는 역할을 담당한다. 토양과 바다 밑바닥에 서식하는 호기성 분해 미생물(aerobic decomposer)은 대륙붕, 대양저, 늪지 및 습지 등의 진흙탕 속에서 생활하는 혐기성 미생물들과 함께 탄소를 변화시키는 나머지 역할을 담당한다. 대형 동식물들과 해초류들도 중요한 전문적 기능을 담당하는 것임에는 틀림없지만 가이아의 자가조절적 활동의 대부분은 여전히 미생물들에 의해서 주로 수행되는 것이 분명하다.

다음 장에서 더 자세히 살펴보게 되겠지만, 지구의 어떤 지역들은 다른 지역들보다 가이아에게 있어서 훨씬 더 중요하다. 따라서 비록 인구 증가와 함께 식량 공급도 필연적으로 증가되어야 한다는 당위성을 충분히 인정한다고 해도 범지구적 규모의 통제를 담당하는 지역들을 너무 갑자기 훼손시키지 않도록 세심한 주의를 기울여야만 한다. 일반적으로 대륙붕과 습지들은 그런 역할을 수행하는 가장 적당한 장소로 여겨지고 있다. 아마도 우리는 비교적 죄책감을 느끼지 않으면서 우리 주변에 사막을 만들어내고 먼지 덩어리를 조성할 수도 있을 것이다. 그러나 만약 우리가 해저목장을 만든답시고 무책임하게 대륙붕을 훼손시키기라도 한다면 인류는 순식간에 커다란 위기에 봉착하게 될지도 모른다.

인류에 관한 확실한 몇 가지 전망들 중에는 앞으로 몇 십 년이 채 지나지 않아서 인구가 적어도 두 배로 증가할 것이라는 예측이 있다. 그러면 가이아에 아무런 훼손을 가하지 않으면서도 과연 그만큼의 인구를 먹여살릴 수 있겠는가 하는 문제가 제기되는데, 이것은 환경오염의 문제보다 훨씬 더 심각할 수 있다. 어떤 사람들은 충분히 그럴 수 있을 것이라고 할 것이다. 그렇다면 앞으로 보다 첨예해질 유독물질의 사용 문제는 어떻게 될까? 화학물질의 사용에 따르는 오존층 파괴에 대해서는 그만두고라도 살충제와 제초제의 사용 증가가 가이아에게 커다란 위협이 되지 않겠는가?

인류는 농약의 사용에 대해 일찌감치 경고했던 레이첼 카슨(Rachel Carson)에게 깊은 감사의 뜻을 표해야만 할 것이다. 카슨은 농약의 과용과 남용이 결국은 생태계의 파괴를 불러일으킬 것이라고 일찍부터 예고했지만 우리는 여전히 그녀의 경고를 무시하고 있다. 새들의 아무런 지저귐도 없는 '침묵의 봄(silent spring: 환경오염과 농약에 의한 자연 파괴를 일컬음 - 옮긴이)'은 아직 도래하지 않은 것이 사실이다. 그러나 지구상의 여러 지역에서는 새들이 멸종되고 있으며, 특히 희귀한 종류의 피식자 새들은 상당수가 멸종 위기에 처해 있다. 조지 우드웰(George Woodwell)은 지구 전체를 대상으로 DDT(유기염소계 살충제)가 어떻게 살포되고 어떻게 인체에까지 도달하는지에 대해 면밀하게 연구를 수행했는데, 그의 연구는 어떻게 독물학(toxicology)과 약리학(pharmacology)의 입장에서 가이아를 바라보아야 하는지에 대한 아주 유용한 모델이 되고 있다.

DDT가 생물체에 축적되는 비율은 처음에 생각했던 것만큼 그리 대단한 것이 아니었으며, 또 그 독성도 쉽게 회복될 수 있는 것으로 이미 밝혀졌다. 그 연구가 본격적으로 수행되기 이전에는 DDT가 자연계에서 분해되어 사라지는 데에 매우 오랜 시간이 소요될 것으로 예상되었지만, 다행스럽게도 DDT의 분해 속도는 기대했던 것보다 훨씬 빨랐다. 생물권에서 DDT의 농도가 제일 높았던 시점은 이미 오래전에 지나갔다. DDT는 앞으로도 곤충들이 유발하는 질병의 퇴치를 위하여 계속 사용될 것이 분명하지만(DDT는 선진국에서는 70년대 후반부터 이미 생산이 중단되었으나 제3세계권에서는 지금도 많은 양이 생산되고 있다 - 옮긴이) 앞으로는 DDT 사용이 보다 엄격해질 것이다. DDT와 같은 물질들은 마치 의약품과 같아서 적당한 양이 사용될 때에는 인류에게 커다란 이익을 가져오지만 과용될 때에는 엄청난 재앙을 불러일으킬 수 있다. 이런 경고는 인류가 사용한 최초의 기술적 무기, 즉 불에 대해서도 적용되는데, 불은 유용한 인간의 노예이기도 하지만 한편으로는 대재난의 장본인이 되기도 하는 것이다.

우리는 급진적인 환경보호주의자들이 환경오염의 실재적 또는 잠재적 위험성에 대해 경고성 발언을 할 때 그들을 두둔해줄 필요가 있다. 다만 이런 운동에 대한 반응에서는 우리가 너무 과민해지지 않도록 자제해야만 할 것이다. 미국에서 스프레이식 에어로졸 제품(aerosol spray)을 모두 금지시키자는 광고 문구는 다음과 같이 시작된다. '모든 미국인들의 생명을 위협하는 죽음의 분사식 제품들(The Death Spray)' 그리고 그 밑에는 비교적 해가 없다는 제품들에도 '지상의 모든 생물들을 멸종시킬 수 있습니다'라고 적혀 있다. 그러나 이처럼 속된 과장적 표현은 정치적 구호로서는 바람직할 수 있을지 모르지만 과학적 표현으로는 단지 잘못된 서술에 불과하다. 우리는 더럽혀진 목욕물과 함께 그 속에 담긴 어린아이까지 내던져버려서는 결코 안 된다. 오히려 우리는 이제 환경보호주의자들이 주장하듯 심지어 목욕물까지도 내버려서는 안 된다. 목욕물 또한 재사용될 수 있는 것이다.

요즘 많이 논란의 대상이 되고 있는 환경오염에 의한 파멸론, 즉 태양에서 오는 치명적인 자외선으로부터 지구를 방어하는 연약한 오존층의 훼손은 결국 어떤 결과를 초래하게 될까? 파울 크뤼천(Paul Crutzen)과 셰리 롤런드(Sherry Rowland)는 질소 화합물과 염화불화탄소류 화합물들이 대기 중에 방출되어 오존층을 파괴할 수 있다는 잠재적 위험성을 처음으로 인류에게 경고한 바 있다.

이 글을 쓰고 있는 지금도 성층권의 오존층은 그 밀도가 비록 부침을 거듭하고는 있지만 마치 그것이 크게 감소되었다는 과거의 보고를 무시하기라도 하듯이 지속적으로 상승하는 추세를 보여주고 있다. 하지만 오존층이 궁극적으로는 모두 파괴될 것이라는 주장이 너무나 당연시되고 있어서, 심지어 대기과학자들과 국회의원들까지도 이에 대해 지대한 관심을 나타내고 있고, 또 과연 어떻게 대처하는 것이 가장 바람직한지에 대해 확신하지 못하고 있다. 그런데 바로 이 점에서 과거 가이아가 어떤 경험을 겪어왔는지 살펴볼 필요가 있으리라.

만약 대기화학자들의 계산이 옳다면 그동안 발생했던 많은 자연의 사건들로 인해서 오존층은 이미 오래전에 심각할 정도로 감소되었어야 한다. 예를 들어, 1895년 인도네시아에서 발생했던 크라카타우(Krakatoa) 화산 폭발은 성층권으로 막대한 양의 염소 화합물을 주입시켰는데, 과학자들의 추산에 의하면 그 결과 오존층은 현재보다 약 30% 정도 감소되었을 것이라고 한다. 그런데 이 수치는 만약 인류가 현재의 추세대로 불화염화탄소 화합물을 사용한다고 가정할 때 2010년도까지 감소될 수치의 약 두 배에 해당한다. 한편 지구 오존층의 증감에 영향을 끼칠 수 있는 다른 요인들로는 태양 폭발, 대형 운석의 충돌, 지구 자기장의 방향 전환, 가까운 은하계에서의 초신성 폭발, 또는 토양과 바다 속에서 미생물의 이상 번식으로 인한 질소산화물의 과다 생산 등이 있을 수 있다. 이런 사건들의 일부 또는 전부가 과거에 어떤 일정한 주기로 발생했으리라는 추정은 거의 틀림없으며, 그 결과 성층권으로 다량의 질소산화물이 방출되었을 것이다. 그렇다면 그럼에도 불구하고 현재 지구상에는 인간을 비롯한 많은 생물들이 번성하고 있다는 사실은 무엇을 의미하는가?

우리는 여기에서 두 가지 추론이 가능하다. 먼저 오존층의 파괴 또는 약화는 현재 우리가 거론하듯 그렇게 가이아에 치명적으로 작용하는 것이 아닐지도 모른다는 생각이다. 그리고 다른 한 가지는 오존층이 감소한다는 이론이 옳지 않으며 오존층은 결코 심각할 정도로 감소된 적이 없었을 것이라는 생각이다. 이런 추론을 뒷받침하는 증거로는, 지구에 생물체가 나타난 이후 처음 약 20억 년 동안 오존층이 전혀 형성되어 있지 않았음에도 불구하고 지상의 박테리아와 남조류들은 강렬한 자외선에 무난히 견뎠다는 역사적 사실을 들 수 있다.

우리가 에어로졸 스프레이와 냉장고, 에어컨 같은 편리한 도구들을 계속 사용하고 있기 때문에 치명적인 암에 걸릴 수도 있다는 일부 과학자들의 견해를 결코 무시해서는 안 될 것이다.(냉장고나 에어컨에 들어 있는 프레온 가스는 불화염화탄소계 화합물이다 - 옮긴이) 하지만 다른 한편으로 그처럼 일상생활을 편리하게 해주는 제품들의 생산과 사용을 금지하자고 하는, 아직 과학적으로 확실히 규명되지 않은 주장들에 대해 (미국의 연방기관들이 그런 것처럼) 그렇게 겁먹을 필요는 없다. 현재까지 가장 비관적인 예상에 따르더라도 대기권에서 오존층이 감소되는 속도는 매우 느린 것임에 틀림없다. 따라서 우리들에게는 아직 충분한 시간이 남아 있으며, 그동안 다양한 의견을 가진 과학자들이 오존층에 대한 더 많은 연구를 거듭하여 국회의원들이 올바른 과학적 근거에서 이 문제에 관한 정책 대안을 추진할 수 있도록 해야 할 것이다.

지표면에서 생물들에 의해 만들어지는 아산화질소와 염화메틸의 막대한 양이 매년 대기권으로 유입되고 있다는 사실에 대해서도 잠시 생각해볼 필요가 있다. 이 화합물들은 모두 강력한 오존 파괴자들로 알려져 있다. 현재 추산에 의하면, 만약 이 화합물들이 생물들에 의해 만들어지지 않는다면 오존층은 현재보다 15% 이상 더 두터울 수 있을 것으로 여겨진다. 이미 앞에서 지적한 바 있듯 대기 중에 오존이 풍부하게 되면 그것이 부족한 것에 못지않게 생물들에게도 불이익을 끼칠 수 있다. 따라서 아산화질소와 염화메틸 화합물이 생물계에 의해서 만들어지는 것 역시 범지구적 규모의 가이아적 조절 작용의 일환일 수 있다.

오늘날 우리는 대기권과 해양 양쪽 모두에서 범세계적으로 오염이 진행되고 있다는 사실을 인정하고 있을 뿐만 아니라, 그 귀결로 초래될 수 있는 위험이 어떤 것인지에 대해서도 어느 정도 깨닫고 있다. 여러 정부기관들과 국제기구들은 지구의 건강 상태를 항상 감시할 수 있도록 각종 감지기가 장치된 관측소들을 세계 도처에 설치하고 있다. 지구 주위를 선회하는 인공위성들은 대기권, 해양, 지표면을 샅샅이 살펴볼 수 있는 관측장비들을 싣고 있다. 우리가 높은 수준의 현대 과학기술을 유지하고 있는 한 이런 지구 관측 프로그램은 계속 추진될 것이며 앞으로는 더욱 확대될 것으로 전망된다. 그런데 만약 현대 과학기술이 파산으로 끝나게 된다면 필경 다른 산업들도 포기되어야만 할 것이며 그러면 아마도 공업이 야기하는 환경오염의 재해는 사라질 수 있으리라. 궁극적으로 인류는 보다 신중하게 경제적인 공업기술을 발전시키게 될 것이며, 가이아의 나머지 부분들과 조화를 이루면서 살아 나가는 방법을 체득하게 될 것이다. 나는 우리가 이런 목적을 달성하는 데 있어서 반동적으로 '자연으로 돌아가자(back to nature)'는 구호를 외치기보다는 현재의 공업기술을 점진적으로 변화시키고 개량시켜 목표에 도달하는 것이 훨씬 더 용이하다고 믿고 있다. 높은 수준의 기술이라는 것이 언제나 에너지 의존적인 것은 결코 아니다. 자전거, 행글라이더, 현대식 선박, 마이크로 컴퓨터들을 살펴보자. 이들은 모두 에너지 절약형이면서도 높은 효율을 얻도록 설계되어 있다.

우리가 지구의 미래와 환경오염의 귀결에 대한 불안감을 갖게 되는 커다란 이유 가운데 하나는 우리가 범지구적 조절 시스템에 대해 무지하기 때문이다. 만약 가이아가 정말로 존재한다면 무수히 많은 생물종들이 서로 연계하여 어떤 필수적인 조절기능을 발휘하는 것이 당연할 것이다. 우리 몸의 갑상선은 다른 포유동물들과 대부분의 척추동물들에서도 역시 발견된다. 갑상선의 기능은 우리 몸의 피 속에 포함되어 있는 아주 적은 양의 아이오딘을 모아서 그것을 호르몬으로 전환시키는 것인데, 티록신이라고 불리는 이 호르몬은 물질대사를 조절하는 작용을 한다. 6장에서 살펴보았듯이 어떤 대형 해조류들(marine algae), 특히 다시마류가 갑상선에 유사한 역할을 담당하는데, 다만 범지구적 규모에서 그 임무를 수행할 따름이다. 다시마는 아주 길다란 띠 모양의 해초인데, 썰물 때에도 바닷물이 빠지지 않는 암석 해안에서 생활한다. 이들은 바닷물에서 아이오딘 원소를 흡수하여 아이오딘을 포함하는 신비한 구조의 물질을 합성하는 것이다. 이처럼 합성된 물질의 몇 가지는 휘발성이기 때문에 바닷물에 다시 용해되는데, 그 중 일부는 다시 대기 중으로 빠져 달아난다. 이렇게 빠져 달아나는 물질의 가장 대표적인 것이 바로 아이오딘화메틸이다. 이 물질은 순수한 상태일 때에는 휘발성 액체로 존재하는데, 비등점이 42도에 불과하다. 아이오딘화메틸은 매우 독성이 강하며 거의 확실한 돌연변이 유발 물질이자 암 유발 물질이다.

그런데 조금 이상한 예가 되겠지만, 만약 아이오딘화메틸이 자연의 생산품이 아니라 공업 생산의 부산물이라고 한다면 이 물질이 검출되는 해역에서는 미국 법률에 의해서 수영 금지조치가 내려질 것이 분명하다. 해변의 바닷물과 그 주변의 공기 중에 포함된 아이오딘화메틸의 농도는 우리가 요즘 보유하고 있는 기기로 쉽게 측정될 수 있는 정도인데, 미국의 법률은 발암 물질로 알려진 물질이 측정될 수 있을 만큼 분포된 지역에는 일반인의 접근을 금지하고 있다. 그러나 너무 두려워할 필요는 없다. 현재 바닷물 속에 아이오딘화메틸이 그처럼 녹아 있다고 해도 그곳에 살고 있는 생물들은 아무 문제없이 잘 지내고 있지 않은가. 바닷새들, 물고기, 물개 등 온갖 해상 생물들은 여러 가지 환경 요인들에 의해 어려움을 겪고 있는 것이 분명하다. 그러나 이들이 바닷물 속에 국지적으로 분포되어 있는 아이오딘화메틸에 의해서 고통을 당하고 있다는 증거는 어디에서도 찾아볼 수 없다. 마찬가지로 우리가 바다에서 때때로 수영을 즐긴다고 해서 어떤 피해를 입을 것이라고 생각하기는 어렵다. 그렇다면 지금과 같은 법률적 규제는 무엇인가 잘못된 것이 아닐까?

다시마류가 생산하는 아이오딘화메틸은 궁극적으로 대기 중으로 달아나거나 또는 바닷물과 반응하여 화학적으로 보다 안정되지만, 한편 보다 휘발성이 높은 물질인 염화메틸을 형성하기도 한다. 바닷물에서 탈출한 아이오딘화메틸은 태양 아래에서는 불과 몇 시간 지나지 않아서 완전히 분해되어 모든 생물체의 필수 원소인 아이오딘을 방출한다. 다행스럽게도 아이오딘 역시 휘발성이 높은 물질이어서 공기 중에서 오랜 시간을 보내면서 바람에 실려 육지로 운반된다. 이런 '자유 아이오딘'의 일부는 대기 중에서 다른 유기물질들과 반응하여 다시 아이오딘화메틸로 전환된다고 믿어진다. 그러나 어쨌든 다시마류에 의해서 농축된 아이오딘이 이러저러한 경로를 거쳐 바다에서 육지로 이동되어 우리들과 같은 포유동물들에게 다시 흡수된다는 사실은 경이롭기 그지없다고 할 수 있다. 포유동물들은 재론의 여지없이 아이오딘이 결핍되면 생존이 불가능하다.

아이오딘 농축의 중요한 역할을 담당하는 조류(algae)는 전 세계의 대륙과 섬들을 에워싸고 있는 좁은 영역의 해변에서만 번식한다. 광활한 대양 그 자체는 생물의 서식이 거의 없는, 마치 사막에 비유될 수 있는 영역이다. 가이아적 관점에서 본다면 대양은 바다의 사하라 사막이라고 해도 과언이 아니다. 대부분의 해양생물은 근해와 대륙붕 지역에 밀집되어 있다는 점을 우리는 명심해야 할 것이다.

처음 대규모의 해조류 양식 사업에 대해 듣게 되었을 때 나는 그것이 매우 곤란한 일이라는 것을 쉽게 깨달을 수 있었다. 미역이나 다시마와 같은 해조류의 대량 재배는 우리가 앞서 살펴보았던 공업생산이 야기하는 환경오염보다 더 좋지 못한 영향을 가이아에 끼칠 수 있기 때문이었다. 해조류에서는 아이오딘 이외에도 많은 유용한 성분들을 추출해낼 수 있는 것이 사실이다. 예를 들어, 알지네이트(alginate)는 끈적끈적한 천연 고분자 화합물로 여러 다양한 공업용품과 가정용품을 만드는 데에 첨가제로 특히 유용하다. 그런데 이런 물질들을 얻기 위하여 우리가 근해와 연안을 마치 육지의 농경지처럼 개발한다면 마침내 가이아에게 바람직하지 못한 사태가 유발될 수 있을 것이다. 그리고 그 귀결은 가이아의 한 부분인 우리 인간들에게까지 미칠 수 있을 것이다.

해조류의 대량 생산은 염화메틸의 유출을 촉진하게 될 것이다. 염화메틸은 천연의 에어로졸 스프레이 기체라 할 수 있으므로 그 효과는 마치 우리가 불화염화탄소 화합물을 대량으로 사용하는 것과 유사하다고 할 수 있다.

연안에 해저 목장을 개발하는 데 있어서는 알지네이트를 보다 많이 생산할 수 있는 해조류의 종자를 만드는 것이 그 첫 번째 단계가 될 것이다. 그런데 그런 종자들은 어쩌면 바다로부터 아이오딘을 흡수하는 능력이 상대적으로 쇠퇴된 종류일지 모른다. 또는 그 반대로 알지네이트를 생산하는 능력만큼 아이오딘화메틸을 생산하는 능력도 증가되어 연안의 다른 생물들에게 해를 끼칠 수 있는 정도까지 아이오딘화메틸을 방출할 수도 있다.

근해 목장의 다음 단계에서는 육상의 농업에서 볼 수 있듯이 단경작(mono-culture: 한 종류의 작물만을 계속 재배하는 영농 방법 - 옮긴이)을 선호하는 경향으로 나타날 것이다. 어부들은 자신들이 경작하는 미역이나 다시마 이외의 해조류는 마치 잡초처럼 간주하게 될 것이다. 어쨌든 어부들은 미역과 같은 해조류의 경작에 최선을 다할 것이다. 그리고 노력한 만큼의 대가를 얻으리라. 그러나 그런 노력이 대단한 만큼 그것은 자연을 파괴하는 것이 될 수도 있다. 육상에서는 한두 가지 작물만을 재배한다고 해도 그것을 마치 큰일이나 나는 것처럼 그렇게 심각하게 생각할 필요가 별로 없다. 그러나 만약 육상의 생물들에게 필요한 갖가지 원소들을 생산하는 대륙붕과 연안이 파괴된다면 그것은 예삿일이 결코 아니다. 대륙붕에는 무수히 많은 생물종들이 서식하면서 미역이나 다시마가 하는 기능에 비교될 수 있는 여러 다양한 필수적인 기능들을 수행하고 있다. 붉은말류의 폴리시포니아 파스티기아타라는 해조류는 바닷물에서 황을 추출하여 황화메틸로 전환시키는데, 이 물질은 대기 중으로 황을 복귀시키는 자연의 전달매체라고 여겨진다. 아직까지 정확히 밝혀지지는 않았지만, 바다에는 셀레늄과 비슷한 역할을 담당하는 생물종도 존재할 것이다. 셀레늄은 육상 포유류에게는 꼭 필요한 필수 원소이다. 만약 단순히 돈벌이에만 집착하여 집약적 재배 방식을 선호하고, 따라서 바다의 '잡초' 생물들을 모두 제거해버린다면 그 결과로 커다란 재난을 초래할지도 모르는 일이다.(그렇다고 해서 우리나라의 연안에서 미역, 다시마, 김 등의 생산을 감축시킬 필요는 전혀 없다. 왜냐하면 우리나라의 단위 면적당 해조류 생산량은 거의 세계 최고 수준이지만, 해안선의 길이로 볼 때에는 전 세계 해안선에서 차지하는 비중이 너무도 작기 때문에 우리나라 연근해에서 서식하는 해조류의 총량은 전 세계 해조류의 0.1%에도 미치지 못한다 - 옮긴이)

대륙붕은 지표면의 막대한 지역을 덮고 있어 그 전체 넓이는 거의 아프리카 대륙의 넓이에 비견된다. 그런데 현재까지 해조류의 경작이 이루어지고 있는 부분은 극히 미미한 지역에 불과하다. 그러나 우리는 인류의 광물탐사 노력이 대륙붕 아래에서 잠자던 연료 자원을 채취하기 위하여 얼마나 재빠르게 시추탑을 건설했으며, 또 석유를 뽑아내는 데에 얼마만큼의 기민함을 보였는지 잊지 말아야 하겠다. 일단 자원의 공급원으로 근해 목장의 가치가 인정되고 나면 영악한 인간들이 그것을 최대한으로 개발하기까지는 그야말로 눈깜짝할 정도의 시간밖에 소요되지 않을 것이다.

5장에서 살펴본 것처럼 대륙붕은 산소와 탄소의 순환에 가장 중요한 역할을 담당하는 부분이다. 산소가 대기 중에 충분히 존재하기 위해서는 산소가 새로 공급되는 양에 상당하는 탄소가 해저의 혐기성 퇴적물층으로 묻혀야만 한다. 탄소 원자 하나가 묻힐 때마다 산소 원자 둘, 즉 산소 분자 한 개씩이 공기 중에 남게 되는 것이다. 따라서 광합성과 호흡의 순환 사이클에서 탄소가 떨어져 나와 해저에 묻히지 않는다면 대기 중의 산소는 점점 감소하여 결국 거의 존재하지 않게 되는 수준에까지 이를 것이다.

물론 이런 산소 감소의 위험성이 현재 상태에서 우려할만한 것은 결코 아니다. 공기 중에서 산소가 인식될 수 있을 정도로 감소되기까지는 수십만 또는 수백만 년이 소요될 것이다. 그럼에도 불구하고 산소의 통제는 가이아의 가장 중요한 작용이라 할 수 있는데, 지구에서 이 역할을 대륙붕이 고스란히 떠맡고 있다는 사실을 우리는 잊지 말아야 한다. 이제까지 우리가 알고 있는 지식만을 생각해도 대륙붕 지역에 함부로 손을 댄다는 것이 얼마나 두려운 일인지 여러분들도 깨달을 수 있을 것이다. 하물며 우리가 잘 모르고 있는 부분이 아직도 많다는 점을 인정한다면, 그 일에 수반되는 위험성의 정도가 얼마만큼인지는 가히 짐작할 수 있다.

가이아의 가장 '핵심적인' 지역은 북위 45도에서 남위 45도에 이르는 범위인데, 이 지역의 열대성 삼림과 관목 삼림은 그 중요한 구성원이 된다. 우리가 향후 별로 달갑지 않은 충격으로부터 어려움을 겪지 않기 위해서는 이런 육상의 자원들에 대해서도 주의를 게을리 하지 말아야 한다. 우리는 열대 지방에 대규모 농경지를 조성하려는 노력이 빈번히 비효율적인 사업으로 귀착되고 마는 것을 경험해왔다. 이 지역들에 대한 대규모의 개간 사업은 한 가지 작물만을 재배하는 원시적 농경 방법을 답습하기 때문에 그 결과가 미국 남서부 지역에서 발생했던 토지의 대황폐화(19세기 말부터 20세기 초엽에 걸쳐 미국의 오클라호마주와 그 인접 지역에서는 농부들과 목장주들에게 토지가 무상 분배되었는데, 이 지역의 토지 생산성을 무시한 대규모 경작과 가축 사육의 결과 토지가 황폐화하여, 결국은 수십 년 동안 농업 생산이 거의 중단되는 슬픈 재난이 초래되었다 - 옮긴이)를 닮기가 십상일 것이다. 그런데 이런 열대 지방의 잘못된 영농의 결과가 지구 대기권에 끼치는 영향이 도시 지역의 공업 생산에서 비롯되는 영향에 견줄만하다는 사실을 알고 있는 사람들은 사실 별로 없다.

관목 숲과 삼림에 불을 질러 나무를 깡그리 없애버리거나 초원을 개간하여 밭으로 만드는 일은 전 세계적으로 매년 발생하는 일상적인 일이다. 그런데 이렇게 하여 유발되는 대규모 화재는 엄청난 양의 이산화탄소를 대기 중으로 투여할 뿐만 아니라, 무수히 많은 종류의 유기화합물들과 막대한 양의 에어로졸 입자를 대기권에 유입시킨다. 현재 공기 중에 포함되어 있는 염소의 대부분은 기체 상태인 염화메틸의 형태를 취하고 있는데, 아마도 이것들의 일부는 열대성 농업, 즉 삼림에 불을 질러 농경지를 조성하는 영농 방법의 결과로 만들어진 것이다. 초원과 삼림의 화재는 매년 적어도 500만 톤의 염화메틸을 생산하고 있는데, 이 양은 공업기술에 의해 생산되는 양보다도 훨씬 많을 뿐 아니라 어쩌면 바다에서 만들어져 대기 중으로 이동되는 양보다 더 많을 수도 있다.

그러나 염화메틸은 원시적 화재로 인하여 비정상적인 규모로 만들어지는 여러 가지 물질들 중 한 가지에 불과하다. 자연 생태계를 무리하게 교란시키면 언제든지 대기 성분의 조성을 무너뜨리는 위험을 초래할 수 있다. 이산화탄소나 메탄가스와 같은 기체성 물질과 에어로졸과 같은 입자성 물질의 생산량을 크게 변화시키면 전 세계적 규모의 교란이 쉽게 야기될 수 있다. 그런데 여기에서 가이아가 이런 인간들의 교란적 행위의 결과를 중화하고 보충하는 역할을 담당하는 존재라는 점을 깊이 명심하자. 그러면 열대 지방이 생태계를 철저히 파괴하여 가이아의 능력을 무력하게 만드는 행동이야말로 얼마나 지탄받아 마땅한 일인지 우리는 새삼스레 깨닫게 될 것이다.

따라서 우리 지구를 위험에 처하게 하는 주된 요인이 인간 활동 때문이라고 해서 그것이 단순히 도시화와 공업화에서만 비롯되는 것만은 아니라는 점을 철저히 인식해야 하겠다. 현대 산업사회의 도시인들은 자신의 주변에서 생태학적으로 좋지 않은 어떤 일이 저질러진다면 그것을 개선시켜 원상으로 되돌려놓으려고 노력하는 것이 보통이다. 그러나 그런 일이 아주 멀리 떨어진 곳에서 발생한다면 우리는 어떻게 할까? 우리 인류가 주의 깊게 관찰해야 할 정말로 중요한 지역은 열대 지방의 삼림과 대륙 연변의 바다이다. 그러나 이런 지역에 대해 관심을 갖는 사람들은 그리 많지 않다. 따라서 자연 파괴에 따른 악영향이 미처 발견되기도 전에 생태계 파괴 행위는 돌아올 수 없는 경계선을 넘어서 진행돼버리기 십상일 것이다. 이처럼 인류는 대륙붕과 열대 지역에서 생산성을 감소시키고 그곳의 생태계 유지에 필수적인 몇몇 생물종들을 멸종시킴으로써 가이아의 활력에 커다란 손상을 주고 있다. 또 인류는 잠재적으로 가이아에 크게 유해한 독성 화학물질들의 막대한 양을 바다와 공기 속으로 배출함으로써 설상가상 가이아를 분노케 하고 있다.

유럽, 미국, 그리고 중국에서의 경험에 비추어볼 때, 만약 전 세계적으로 사려 깊게 농업 생산이 추진된다면 인간을 제외한 가이아의 다른 구성원들을 크게 해치지 않고서도 현재보다 두 배의 인구를 먹여살릴 수 있다고 생각된다. 그러나 이런 일이 고도의 기술개발과 그렇게 얻어진 기술의 현명한 적용 없이도 성취될 수 있다고 생각한다면 그것이야말로 커다란 오산일 것이다.

결국 우리는 레이첼 카슨이 비록 원인을 잘못 파악하긴 했지만 결론은 제대로 이끌어냈다는 점을 인정하게 될 것이다. 그리고 그런 음울한 가능성으로부터 벗어나기 위하여 최선의 노력을 경주해야만 할 것이다. DDT나 기타 농약들로 새들이 희생되어 새 소리를 들을 수 없는 침묵의 봄이 조만간 닥칠 수도 있으리라. 그렇지만 만약 그런 일이 발생한다 해도 그것은 농약에 의해서 새들이 중독되어 나타나는 것의 직접적인 결과는 아닐 것이다. 오히려 인류의 머릿수를 늘리기 위해서 농약이 사용되고, 그 결과 지구상에서 새들이 살 수 있는 장소를 빼앗김으로써 새들은 사라질 것이다. 개릿 하딘(Garrett Hardin)이 지적한 바와 같이 인구의 적정수는 지구가 먹여살릴 수 있는 최대의 인구가 아니라는 점을 명심하자. 더욱 솔직하게 말한다면 '지상에는 오직 한 종류의 오염이 있는데, 그것은 바로 인간 그 자체다'라고 할 수 있지 않을까?

8

가이아와의 공존

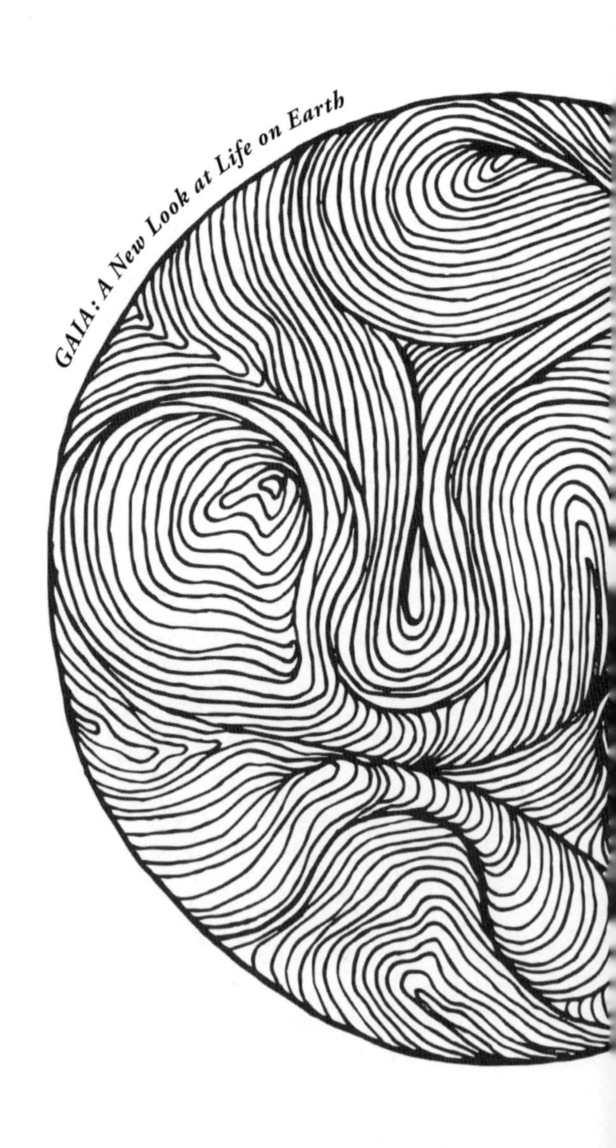

이 책을 읽는 여러분들 가운데 어떤 사람은 내가 생태학(ecology)에 대해서는 별로 언급하지 않으면서도 어떻게 이제까지 생물들 사이의 상호관계를 무리 없이 다룰 수 있었는지 의아해할 것이다. 옥스퍼드 영어사전에는 생태학을 '생물들 사이 또는 생물들과 주위 환경 사이의 관계를 연구하는 생물학의 한 분야'라고 정의하고 있다. 인간생태학(human ecology)은 '인간과 환경 사이'의 상호관계를 다루는 분야인데, 이 장의 목적은 인간생태학의 관점에서 가이아를 생각해보는 데에 있다. 먼저 인간생태학의 최근 업적에 대해 살펴보기로 하자.

1970년대의 여러 탁월한 인간생태학자들 중에서 특히 다음의 두 사람은 인류가 생물권의 다른 부분들을 어떻게 대해야 하는지 가장 명백하게 대안을 제시한 바 있다. 르네 뒤보스(Rene Dubos)는 인간의 존재를 지구 위의 모든 생물들을 돌보는 집사의 개념으로 강하게 표현했다. 그는 인간은 지구라는 커다란 정원을 가꾸는 정원사이며 정원의 꽃들과 정원사는 서로 공생관계에 있다고 보았는데, 이것은 매우 낙천적이고 희망적인 생각임이 분명하다. 뒤보와는 반대로 개릿 하딘은 인간의 존재를 그 자신을 파멸의 길로 인도할 뿐 아니라 세계의 나머지 부분들도 파멸로 이끄는 비극의 연출자로 간주했다. 그는 인류가 이런 파멸의 늪에서 탈출할 수 있는 유일한 방법은 현대 과학기술, 특히 원자력 관련 기술을 포기하는 것이라고 했는데, 과연 우리가 그렇게 할 수 있을지는 매우 회의적이었다.

위의 두 관점은 인간생태학자들이 인간의 위치에 대해 논의하는 가운데 가장 빈번히 등장하는 견해이기도 하다. 그러나 이런 견해 이외에도 다른 관점들이 있을 수 있다. 대체로 무정부주의자 또는 극단적 성향의 여러 소규모 학자 집단들은 오직 현대 과학기술을 해체하고 파괴시킴으로써만이 인류의 생존이 가능하다고 보고 있지만, 오히려 그렇게 하면 파멸의 길이 가까워질 수 있으리라. 그들이 그처럼 주장하는 동기가 일차적으로 인간 혐오적 감정에 의한 것인지 또는 기계 혐오적 감정에 의한 것인지는 뚜렷하지 않다. 그렇지만 그들은 어쨌든 창조적인 생각보다는 파괴적인 활동에 더욱 관심이 많은 것처럼 보인다.

지금까지 생태학의 범주 안에서 가이아를 다루지 않았던 이유를 이제 설명해야 할 차례가 되었다. 생태학이란 학문은 그 기원이 어떠하든 일반 대중의 관념 속에서 인간생태학과 연관되어 성장해왔다. 그 반면에 가이아 가설은 지구 대기권의 관찰과 다른 무생물적 속성의 관찰에서 비롯되었다. 생물이 가이아 가설에 연결될 때에는 특별한 관심이 미생물들에게 집중될 따름이었는데, 미생물이란 대부분의 사람들에게는 가장 하등한 생물로 비춰져서 생물의 범주에 집어넣지 않기도 하는 존재가 아니던가. 인간 종족은 가이아의 발달사에 있어 물론 가장 중요한 구성 요소가 아닐 수 없다. 그렇지만 인류는 가이아의 역사에서 가장 뒤늦게 등장했기 때문에 인간의 역할을 논의하면서 가이아의 존재를 살펴보기란 조금 부적절하다. 현대 생태학은 인간의 문제를 심도 있게 다루고 있다고 할 수 있다. 그렇지만 이 책은 지구의 역사를 통하여 나타난 전체 생물군을 다루고 있기 때문에 생태학의 범주에서라기보다는 차라리 지질학의 범주에서 생물들을 조망한다고 말할 수 있다.

이제부터는 좀 더 까다로운 생태학의 문제를 조금 살펴보기로 하자. 가이아의 존재를 인식하고 있다는 것이 우리들과 세계의 나머지 부분들, 또는 우리들 서로의 관계를 살펴보는 데 있어서 과연 어떤 차이점을 초래할 수 있을까? 나는 이제 하딘의 철학을 조금 더 자세히 설명함으로써 이 문제를 시작하려고 한다. 먼저, 그가 제시하는 비관론을 반드시 숙명론으로 받아들일 필요는 없다. 차라리 최근에 그가 즐겨 쓰는 용어를 빌려 설명해보면 비관론이란 일종의 '어의 타락설(pejorism)'에 불과할지 모른다. 그러나 어쨌든 그의 견해는 잘못 전해진 머피의 법칙을 곧이곧대로 받아들이는 것을 의미한다. 즉 '만약 무엇이 잘못될 수 있다면 그것은 그럴 수밖에 없으리라'는 것이다. 또 그의 철학은 이 법칙과 함께 우리가 매우 불공평한 세상에 살고 있다는 사실을 현실적으로 인식하고 이에 근거하여 미래를 예상해보자는 것이기도 하다. 하딘이 가졌던 생명관의 핵심은 현대 생태학 속에 거의 그대로 반영되고 있는데, 열역학의 세 법칙(three laws of thermodynamics)을 쉽게 해석하여 다음과 같이 표현할 수 있다.

우리는 이길 수 없다. (We can't win.)
우리는 분명히 지게 된다. (We are sure to lose.)
우리는 게임에서 손을 씻을 수 없다. (We can't get out of the game.)

하딘의 견해에 따른다면 이 세 가지 법칙은 단순히 단어 의미의 타락 정도가 아니라고 할 수 있다. 이 법칙에는 비극이 담겨 있다. 왜냐하면 아무도 이 법칙에서 벗어날 수 없다는 사실이 바로 비극의 핵심이 되기 때문이다. 열역학의 법칙에서 본다면 삼라만상은 모두 이 법칙을 따라야만 한다. 이 법칙이야말로 전 우주를 지배하는 유일한 법칙이며, 우리는 이를 반박할 수 있는 다른 법칙을 알지 못하고 있다.

이상과 같은 맥락에서 볼 때 인간 종족들 사이에서 부조리하면서도 비극적인 전쟁이 빈번히 일어난다거나 이런 전쟁에서 현대 과학이 창출한 핵무기와 다른 파멸적 수단들이 모조리 동원된다는 사실 등은 어쩔 수 없는 일이 돼버린다. 이런 전쟁들은 모두 정의라든지 해방 또는 국가의 자결 등 허울 좋은 슬로건을 드높이 외치면서 벌어지지만, 그 이면에 감추어진 진정한 동기는 언제나 인간의 탐욕, 권력욕, 그리고 시기심에 불과하다고 할 수 있다. 이런 언어의 이중성은 어쩌면 바로 인간의 본성이라고 할 수 있으며, 따라서 너무나도 광범위하게 인간 세상에 퍼져 있다. 원자력발전소 건설에 반대하는 환경보호주의자들이 폭력을 휘두르는 것은 바로 이런 예가 아닐까? 생태학자들이 저들의 행동을 가리키면서 그들이 단순히 평화적 목적만을 위하여 그러는 것은 아닐 거라며 불신하는 것도 그 좋은 예가 될 수 있다.

이 책의 많은 부분은 아일랜드에서 쓰여졌다. 그런데 이 지역은 이민족간의 갈등이 한 번도 진정된 적이 없는 곳이다. 그럼에도 불구하고 아일랜드 농촌의 느긋하고 자유로운 분위기 속에서는 하딘이 말하는 불길한 전조를 거의 느낄 수 없는 것은 왜일까? 오히려 고도로 조직화된 산업사회의 도시생활에서 우리는 더욱더 그런 전조를 느끼게 된다. 마치 '전쟁에서 멀리 떨어져 있을 때 애국심은 더 솟아나는 법'이라는 속담처럼 말이다.

다시 한번 열역학의 법칙을 들여다보자. 열역학의 법칙을 피상적으로만 알고 있으면 마치 그것이 인간을 단테의 지옥문으로 인도하는 것처럼 보이는 것이 사실이다. 그러나 그처럼 완강해 보이고 마치 세금 고지서처럼 도저히 빠져나갈 길이라고는 전혀 없어 보이는 법칙이라 해도 주의 깊게 살펴본다면 허점이 있기 마련이다. 열역학 제2법칙은 폐쇄 시스템(closed system)에서는 엔트로피(entropy)가 항상 증가한다고 단언한다. 모든 생물은 폐쇄 시스템이기 때문에 우리 인간도 결국은 죽고 만다는 사실이 바로 이 법칙이 시사하는 바라고 할 수 있다. 그런데 우리 인간들을 포함해서 모든 생물은 끊임없이 죽음을 맞지만 그것이 바로 새로운 생명의 탄생을 이어가는 데 필수적이라는 사실을 우리는 너무나도 쉽게 무시하고 있다. 따라서 열역학 제2법칙이 시사하는 사형 선고는 단지 개체성(identity) 그 자체에, 그리고 폐쇄 시스템 그 자체에만 적용된다고 할 수 있다. "사망의 운명(mortality)은 생물체가 개체성을 유지하기 위하여 지불하는 대가이다." 가계(family)는 그 구성원 한 사람 한 사람보다 더 오랫동안 유지되며, 종족은 그보다 더욱 길게, 그리고 생물종으로서의 호모(*Homo*) 종은 이미 수백만 년을 살아왔다. 생물계와 생물계의 영향하에 있는 무생물적 환경의 총합체인 가이아는 아마도 35억 년이 넘도록 유지돼 왔으리라.

가이아가 이렇듯 오랜 기간 열역학 제2법칙에 적용받지 않고 지탱되었다는 사실은 얼마나 놀라운 일인가! 궁극적으로 태양은 더욱 뜨거워지고 지구의 생물은 모두 멸종하게 될 것이다. 그러나 그런 일이 일어나는 시기는 지금으로부터 수억 년이 지난 이후가 될 것이다. 우리들 개개인의 인생은 덮어두고 인간 종족의 수명에 비교해봐도 그 기간을 비극적으로 짧은 순간이라고는 결코 말할 수 없으리라. 오히려 그 기간은 지상의 모든 생물들이 거의 무한정으로 모든 가능성을 시험해볼 수 있는 충분한 시간에 해당된다. 이 우주의 규칙을 마련한 절대자는 시간이 모자란다고 불평하는 자를 결코 곱게 보아주지 않을 것이다. 교활하고 대담하고 강인하며, 또 적당한 재치를 소유한 사람은 주어진 기회를 포착하여 적절히 이용할 줄 아는 법이다.

인간에게 주어진 조건들에 비추어볼 때 삼라만상의 법칙이 우리에게 유리하지 못하다고 비난하는 것은 어리석은 일이 분명하다. 이 우주를 라스베이거스의 도박장이라고 가정해보자. 도박장에는 물주가 반드시 돈을 딴다는 법칙이 있고 아무도 그 법칙을 거역하지는 못한다. 그런데 우리가 이 도박장에서 이길 수 없다고 하여 불평을 터뜨릴 수 있을까? 도덕적으로 이런 비유가 거슬린다면 다른 예를 들어보자. 생물종으로서의 인류가 지금 슬롯머신 앞에 앉아 있는데 아직 동전이 많이 남아 있어서 횡재를 얻을 수 있는 전략을 구사하기 위한 여지가 많다고 가정하자. 그러면 이 세상은 그리 나쁘지 않은 것이 아닐까? 만약 우리가 35억 년 전에 태어났다고 생각해보라! 인류는 모든 것이 가능한 가장 복된 환경 속에서 탄생했다고 믿어 마지않는 팡글로스(볼테르의 소설 〈캉디드〉에 나오는 인물 - 옮긴이)와 같은 낙천주의자도 35억 년 전의 끔찍한 환경을 진정으로 바라지는 않을 것이다. 열역학 제2법칙이 의미하는 바는 분명하다. 이 법칙은 우리가 게임에서 결코 이길 수 없으며, 우리는 반드시 죽을 것이라는 점을 강조한다. 그러나 이 법칙 역시 우리가 게임을 즐기는 동안은 거의 무엇이든지 시도해볼 수 있다는 점을 명백히 시사하고 있다. 하딘의 사고와 말에는 감동할만한 충분한 근거가 들어 있어 나처럼 감수성이 예민한 사람은 거기에 쉽게 동요되기 마련이다. 그러나 우리는 그가 관심을 가졌던 영역은 생물권 전체가 아니라 인간생태학의 범주에 불과했다는 사실을 잊지 말아야 할 것이다.

과학에서는 거시적 시각과 미시적 시각이 동시에 요구되는 것이 보통인데 생물학에서는 특히 그러하다. 이와 관련된 예를 들어보자. 분자생물학은 화학분석의 수단으로 생물학적 문제들을 추구하여 DNA를 발견했으며, 그것이 모든 형태의 생물들에 있어서 유전 정보의 전달매체라는 것을 밝혔다. 그런데 분자생물학은 생물체를 하나의 통합 시스템으로 간주하고 그 기능을 전체의 입장에서 추구하는 생리학에서 비롯되었으나 그 후에는 거의 독립적으로 발전해왔다. 이와 마찬가지로 우리가 지구를 거시적으로 가이아의 개념과 미시적으로 생태학적 개념에서 바라보는 시각의 차이는 부분적으로 그동안의 인류 역사에서 기인했다고 할 수 있다. 가이아 가설이 본격적으로 모습을 갖추게 된 것은 인류가 우주에서 지구를 조망할 수 있게 된 이후이다. 외계에서 바라볼 때 지구는 전체가 하나의 조화로운 시스템이다. 그러나 생태학은 지상에서의 학문이며 박물학에 깊은 뿌리를 두고 있다. 생태학은 생물들의 서식처와 생태계를 심도 있게 연구하지만 전체 생물권으로서의 지구를 그리 중요시하지는 않았다. 한쪽은 숲은 보지만 나무를 보지 못하며, 다른 한쪽은 나무는 보지만 숲은 보지 못하는 꼴인 셈이다.

만약 우리가 가이아의 존재를 인정한다면 이 세상에서 인간의 위치에 대해 새로운 관점을 발전시킬 수 있게 될 것이다. 우리 인간이라는 존재는 제아무리 현대 과학기술로 튼튼히 무장하고 있다고 해도 그저 가이아의 한 부분에 불과하다고 할 수 있다. 인간은 과학기술을 발전시킴으로써 필요하면 얼마든지 에너지를 사용할 수 있게 되었으며, 또 정보를 가공하고 전달할 수 있는 통로를 마음대로 가질 수 있게 되었다. 사이버네틱스 이론은 만약 인간이 에너지를 생산하는 속도보다 더 빨리 정보를 처리할 수 있는 기술을 개발한다면 지금과 같은 혼란의 시대를 무난히 빠져나올 수 있음을 시사하고 있다. 이를 달리 표현하면, 만약 우리가 과학기술을 적절히 통제할 수만 있다면 그 기술의 사용을 결코 그리 두려워할 필요가 없다는 뜻이 된다.

만약 한 시스템에 가해지는 에너지의 양이 증가하게 되면 자연스럽게 루프이득(loop gain)이 향상되고, 따라서 안정도를 유지하는 데에는 도움이 될 수 있다. 그러나 만약 시스템의 반응이 너무 느림에도 불구하고 에너지의 투입이 증대된다면 마치 과열된 오븐이 폭발하는 것처럼 그 시스템은 커다란 재난을 맞게 될 것이다. 핵무기가 도처에 널려 있는 오늘날의 세계에 만약 장거리 통신 수단이 발달되지 않았다면 무슨 일이 일어날 수 있을지에 대해 한 번 생각해보라. 우리가 이 세상의 나머지 부분들과 관계를 맺는 데 있어서, 그리고 우리 자신들끼리의 관계를 설정하는 데 있어서 가장 중요한 인자는 우리가 과연 적절한 시각을 갖고 적당한 반응을 취할 수 있겠는가 하는 점이다.

가이아가 존재한다는 가정을 전제로 하고, 우리 인간들과 생물권의 나머지 부분들 사이의 상호관계에 근본적인 변화를 가져올 수 있는 가이아의 주요한 속성 세 가지를 먼저 살펴보기로 하자.

1. 가장 중요한 가이아의 속성은 지상의 모든 생물들에게 적합하도록 주위 환경 조건을 끊임없이 변화시킨다는 것이다. 만약 인간들이 이런 가이아의 역할에 대해 심각할 정도의 간섭만 가하지

않는다면 과거 인류가 지상에 도래하기 이전과 마찬가지로 현재에도 그런 속성에는 변함이 없을 것이다.

2. 가이아는 마치 생물조직과 마찬가지로 인간의 오장육부에 해당하는 핵심기관을 가지며, 또 인간의 사지와 같이 반드시 필요하지는 않지만 유용하게 이용할 수 있는 부수기관을 갖는다. 이런 부수기관들은 필요에 따라서 신축과 생성, 소멸이 가능하며 장소에 따라서 그 역할이 달라질 수 있다. 인간은 가이아의 부수기관이라 할 수 있으므로 이 지구에서 인간의 역할도 우리가 서 있는 장소에 따라서 달라질 수 있다.

3. 주변 환경이 바람직하지 않은 방향으로 변화될 때 가이아가 취할 수 있는 반응 메커니즘은 반드시 사이버네틱스의 원리를 따르는데, 여기에서는 시간상수(time constant)와 루프이득이 중요한 인자로 간주된다. 예를 들어, 산소의 조절에 있어서는 시간상수가 수천 년이나 된다. 이처럼 반응이 느리기 때문에 어떤 바람직하지 못한 현상이 나타나게 되었을 때에는 가이아가 이에 대처할 수 있는 시간이 매우 촉박할 수 있다. 가이아가 무엇인가 잘못되고 있다는 것을 알아채고 여기에 대처할 때에는 이미 주변 상태가 악화된 다음이며, 이에 대한 개선이 느리게나마 진행될 한동안은 상황이 더욱 악화될 수 있다.(사이버네틱스에서 말하는 시간상수라는 것은 시스템이 어떤 변화를 감지하고 이에 대한 반응을 하게 될 때까지 소요되는 시간을 의미한다. 또 루프이득이라는 것은 피드백 루프가 작용할 때 증폭기로서의 역할을 담당하는 것을 뜻한다. 4장 참조 – 옮긴이)

위에서의 첫 번째 속성은 가이아의 세계가 다윈의 자연선택 원리에 따라 진화해온 결과로 얻어진 것이라고 할 수 있을 것이다. 가이아가 추구하는 목표는 태양으로부터 오는 외부 에너지와 지구 내부로부터의 내부 에너지 유입이 변화하는 것처럼 모든 조건이 변화하는 와중에서 생물들의 생존에 적합한 환경을 끊임없이 조성해나가는 것이었다. 우리는 이에 부가하여 다음과 같은 가정을 생각할 수도 있다. 즉 인류는 다른 모든 생물들과 마찬가지로 탄생 초기부터 가이아의 한 부분이었으며, 또 그들과 마찬가지로 우리들도 무의식적으로 지구의 항상성 유지에 기여하고 있는 것이라고.

지난 수백 년 동안 우리 인류와 우리가 번식시킨 농작물과 가축들은 이제 생체량(biomass)으로 지구 생물권의 상당한 부분을 차지할 수 있을 만큼 불어났다. 이와 동시에 우리가 사용하는 에너지, 정보, 원자재 등이 차지하는 비율도 과학기술의 비약적 발달과 함께 보다 빠른 속도로 증가하고 있다. 그래서 나는 이제 가이아와 관련하여 다음과 같은 질문을 해보는 것이 유용하다고 생각한다. "지금과 같은 급속한 과학 발달과 이에 따른 세태의 변화가 가이아에 끼치는 영향은 무엇일까? 과학기술을 신봉하는 인류는 여전히 가이아의 한 부분이라고 단언할 수 있을까? 아니면 이제 인류는 가이아와는 동떨어져 존재하는 것이 아닐까?"

나는 가이아에 대한 이런 어려운 질문들의 대답을 구하는 데에 내 오랜 동료인 린 마굴리스의 도움을 크게 받았다. 그녀는 미생물계를 오랫동안 연구했던 자신의 결과를 다음과 같이 정리했다. "모든 생물종은 자신의 종족을 적당한 비율로 번식시키기 위하여 비록 정도의 차이는 있지만 주변 환경을 다소 변화시킨다. 가이아는 이런 각각의 생물종들이 시도하는 환경의 변화를 모두 통합하여 수행하는 존재라고 할 수 있다. 이런 생물종들은 기체와 먹이의 생산, 부산물의 처리 등을 수행하는 데 있어서 순환적이라 해도 좋을 정도로 서로서로 연결되어 있는 것이 사실이다." 다시 말해 우리가 좋아하든 그렇지 않든, 또 우리가 전체 가이아 시스템에서 무슨 일을 하든 우리 인류는 부지불식간에 가이아의 조절 작용 속에 관련되어 있다는 것이다. 인간은 완전한 사회적 동물도 아니며 또 완전한 개체적 존재도 아니기 때문에 개체적 차원과 공동체적 차원 모두에서 가이아의 일원이라고 말할 수 있다.

만약 우리 인류가 개인적으로나 또는 집단적으로 행동을 취할 수 있으면 지구의 황폐화를 저지할 수 있고 또 인구 증가와 같이 심각한 문제들에도 영향력을 끼칠 수 있을 것이라고 기대하는 것이 너무 어리석은 일이라고 생각된다면, 지난 1960년대와 70년대에 일어났던 일들을 한편 돌이켜보자. 우리는 그 시기에 범지구적 규모로 발생했던 생태학적 문제들에 대해 비교적 소상히 알고 있다. 지난 20년의 비교적 짧은 기간 동안 세계 각국에서는 생태계를 보호하고 환경을 보전하는 데에 범국가적인 노력을 경주하여 자유경쟁과 공업 발전을 제한하는 입법 조치를 취했다. 그런데 이런 법률적 제한으로 야기된 여러 부작용들은 사실상 국가적으로 경제 성장률을 크게 저하시킬 수 있을 정도로 심각한 것이었다. 1960년대 초엽의 학자와 호사가들 가운데에는 1980년대에 이르면 환경보전 운동이 경제 발전에 커다란 장애가 될 것이라고 예측할 수 있는 사람들은 거의 전무했다고 해도 과언이 아니다. 그러나 사실은 그렇지가 못했다. 기업들은 상품의 생산과 판매에서 획득한 이윤의 일부를 그 상품을 생산하는 과정에서 만들어진 부산물을 처리하는 데 사용해야 했으므로 직접적인 원인만으로도 경제 성장은 둔화되었다고 할 수 있다. 또 이에 부가하여 기업들은 새로운 상품을 개발하는 데 필요한 연구투자비를 환경문제 해결에 전용해야 했으므로 간접적으로도 성장 잠재력이 크게 약화되었다고 할 수 있다.

그런데 생태학적인 이유를 든다고 해서 그것이 다 옳은 주장인 것만은 아니다. 이런 예를 들어보자. "농약의 남용은 해충을 구제할 수 있는 유익하고 효과적인 수단을 지구 생물권을 훼손하는 무차별적 살상무기로 전환시킨 경우에 해당된다"고 지적하는 환경보호주의자들의 주장은 분명히 옳다. 그러나 다른 경우에는 그렇지 못할 수도 있다. 일부 생태학자들은 알래스카에서 미국 본토까지 원유를 수송하는 파이프라인을 건설하는 데에 처음부터 기획과 설계에 문제가 있었다고 주장했다. 그들의 주장은 사실 설득력이 있었다. 그러나 과격한 환경보호주의자들이 여기에 가담하게 되자 이 문제는 곧 확대되고 과장되었으며, 그 결과 파이프라인 건설은 오랫동안 지연되었다. 1974년 발생한 오일 쇼크의 원인은 일반적으로 알려져 있듯 산유국들의 오일 가격 상승 조치에서 비롯되었던 것이 아니라, 사실은 이 파이프라인의 건설 지연에 의한 것이었다. 이 건설 지연에 의한 손실은 약 300억 달러로 추산되었다. 어떤 문제의 정치적 해결을 위하여 인간생태학적 관점을 너무 강조하다 보면, 그것이 인류와 자연계 사이의 관계를 조화롭게 이끌기보다는 허무주의적 방향으로 치닫게 할 수도 있다는 점을 우리는 분명히 기억해야 한다.

이제 가이아의 두 번째 속성에 대해 살펴보자. 과연 지구의 어떤 부분이 가이아의 유지에 가장 유용하다고 말할 수 있을까? 만약 가이아에게 유명무실한 지역이 있다면 그것은 어떤 부분일까? 이 주제에 대해서라면 우리는 이미 해답을 일부 가지고 있다. 우리는 북위 45도와 남위 45도 이상의 위도에서는 결빙 작용(glaciation)이 왕성하여 적어도 1년의 몇 개월 동안은 얼음과 눈이 대지를 무생물의 육지로 만들며, 일부 장소에서는 기반암 그 자체를 제외하고 토양이라고는 아예 찾아볼 수도 없게끔 온 세상을 뒤덮어버린다는 것을 잘 알고 있다. 비록 공업 중심지들이 대부분 다 결빙 작용이 나타나는 북반구 온대 지방에 위치하고 있기는 하지만 우리 인류가 현재까지 공업화라는 미명하에 이들 지역에 가했던 환경 훼손과 오염은 자연의 결빙 작용에 비교한다면 그야말로 아무 일도 아니라고 할 수 있다. 그렇지만 어쨌든 가이아가 지구 표면적의 약 30%에 해당하는 이들 지역을 잃어버린다고 해서 그리 커다란 곤란을 겪을 것 같아 보이지는 않는다. 이들 지역에서는 설령 겨울철이 아니더라도 고산 지대는 항상 만년설에 뒤덮여 있거나 동토 지대로 남아 있으므로 공업화에 의한 환경 훼손이 생각보다 적게 영향을 미칠 것이다.

그런데 열대의 풍요로운 지역들은 먼 옛날에는 인간의 침해를 받지 않았을 것이므로 과거 빙하기 동안 어느 정도 손상을 입었더라도 쉽게 다시 회복될 수 있었을 것으로 예상되었다. 그렇지만 만약 지구 표면의 핵심 지역이라고 할 수 있는 열대 지역의 삼림이 파괴돼버린다면 다시 빙하기가 닥쳤을 때 과연 우리가 끝까지 살아남을 수 있을까? 현재의 추세가 계속된다면 열대 삼림이 완전히 헐벗게 되기까지는 앞으로 불과 수십 년의 기간밖에 남지 않았다. 환경오염의 문제가 단지 선진 공업국들의 문제만으로 간주된다면 그것은 필시 너무 안이한 생각일 것이다. 버트 볼린(Bert Bolin)과 같은 사계의 권위자가 열대 삼림의 파괴 정도와 속도를 조사하고, 또 삼림의 파괴가 초래하는 결과가 무엇인지 연구하는 것은 참으로 시의적절한 일이라고 할 수 있으리라. 비록 다음 차례의 빙하기에 우리 인류가 살아남을 수 있다고는 해도 복잡 미묘하고 정교하며 또 어쩌면 신비롭다고까지 할 수도 있는 열대 삼림의 생태계가 완전히 파괴되고 만다면 그것은 곧 지구의 모든 생물들이 살아남을 수 있는 기회의 박탈을 의미하는 것이라고 우리는 믿어 의심치 않는다.

앞으로 인류의 생존 방식은 최적자가 살아남는다는 자연선택의 원리에 따라서 합당한 과정을 거쳐 정해질 것이다. 인류는 황량한 건조지대의 자연 조건 속에서 엄청나게 많은 인구를 생존 차원에서 지탱할 수도 있으리라. 또는 비교적 적은 수의 인구를 잘 꾸며진 사회 시스템 속에서 유유자적하게 먹여살릴 수도 있다. 앞으로 꾸준히 과학기술을 발전시키면 100억 명이 넘는 인구를 지구에서 살아가게 할 수 있다는 주장이 그리 설득력이 없는 것도 아니다. 그러나 그렇게 과밀화한 세계에서는 어쩔 수 없이 각 개인에게 사회적 통제가 가해지고 자기절제가 요구되며, 또 개인적 자유가 유예될 것인 바, 이런 제한들은 오늘날의 삶의 기준에 비추어볼 때 쉽게 받아들일 수 있는 사람이 그리 많지 않을 것으로 예상된다. 그렇지만 우리는 오늘날의 영국이나 중국의 경우에서 볼 수 있듯이 인구과밀의 생활이 전적으로 불가능하다거나 또는 항상 편안하지 않을 것이라고 지레짐작해서는 결코 안 될 것이다.

우리 인류가 생존을 계속하기 위해서는 우리가 가이아의 범주 내에서 인간이 차지하고 있는 지역적 경계가 어디까지인지 명백히 이해하고 있어야 하며, 또 여기에 대해 충분한 지식을 축적하고 있어야 한다는 것이다. 나아가서 우리는 범지구적으로 가이아의 건강을 유지시키기 위해서 꼭 필요한 핵심 지역들을 적절한 수준에서 보전해야 하며, 여기에 인류의 주도면밀한 보살핌을 잊지 말아야 하겠다.

다행스럽게도 가이아의 몸체에서 가장 중요한 부분들은 육지에 놓여져 있는 것이 아니라 강의 하구, 늪지와 습지, 대륙붕의 진흙 바다 속에 놓여 있다. 탄소 화합물이 바닥에 묻히면서 대기 중의 산소 농도를 조절하고 또 필수 원소들을 공기 속으로 되돌리는 장소가 곧 이런 지역들이다. 우리 인류가 지구에 대해 더 많이 알게 될 때까지, 그리고 이런 지역들의 역할에 대해 더 잘 알게 될 때까지 우리는 인간의 손길이 미치는 범위를 스스로 한정하여 더 이상 이런 지역들을 파괴하지 않도록 최선의 노력을 기울여야만 하겠다.

가이아에게는 매우 중요한 부분이지만 우리가 아직 알아차리지 못하고 있는 영역이 존재하고 있는지도 모를 일이다. 그런 예로 우리는 혐기성 미생물들이 만들어내는 메탄가스가 대기 중으로 방출되는 것이 어떤 중요한 의미를 갖는지 아직 정확하게 모르고 있다. 우리가 5장에서 살펴보았듯이 메탄가스의 생산은 산소 농도의 조절에 매우 중요하다. 그러나 혐기성 미생물들은 바다 밑바닥에만 사는 것이 아니라 우리의 내장과 다른 동물들의 창자 속에도 살고 있다. 허친슨은 대기 중에 존재하는 거의 모든 메탄가스는 어쩌면 전적으로 동물들의 내장에서 만들어졌을지도 모른다고 주장하기도 했다. 따라서 어떤 경우에는 우리 몸속에서 만들어지는 메탄가스와 기타 기체들의 양이 달라지는 만큼 대기 중의 이들 기체 농도도 달라질지 모를 일이다. '방귀의 비상'이라고 여러분은 우습게 여길지도 모르겠지만 이런 사례는 우리가 얼마나 지구 가이아에 대한 잘 알지 못하고 있는지를 단적으로 보여주고 있다. 다른 한편으로 이런 예는 우리들 — 모든 포유동물들을 포함하여 — 이 생기발랄한 가이아 시스템에 있어서 아주 하찮은 기능을 담당하고 수행하는 존재라는 사실을 일깨워주기도 하는 것이 사실이다. 이런 일로 해서 우리가 다소나마 서글픈 감정을 갖게 되는 것은 어쩔 수 없는 일이라고 하겠다.

5장에서 설명한 것처럼 대기 중의 산소 농도를 조절하는 순환계는 매우 복잡하고 무수히 많은 루프들이 얼기설기 섞여 있어서 아직까지도 완전무결한 분석이 불가능한 형편이다. 이런 산소 농도 조절 메커니즘을 살펴보면 가이아가 사이버네틱 시스템이라는 사실을 새삼스레 인식하게 되는데, 이 점이 바로 가이아의 세 번째 속성에 해당된다. 물질 순환을 조절하는 시스템에 수많은 통로(pathway)가 존재한다는 것은 곧 각기 다른 시간상수와 각기 다른 기능적 수용력(functional capacity)이 존재함을 의미한다. 엔지니어들은 이런 특성을 가리켜 다양한 루프이득(variable loop gain)이라고 부른다. 인간의 존재와 인간이 필요로 하는 식품의 공급을 위하여 양육하는 가축과 작물들이 지구 전체 생체량에서 차지하는 비율이 많으면 많을수록 우리는 지구 시스템에서 태양에너지와 기타 에너지의 유통에 더욱더 많이 관여하는 셈이다. 그런데 우리가 에너지의 전달에 깊이 관여하면 할수록 우리 인류는 더욱더 항상성을 유지하는 데에 최선을 다해야 할 것이다. 우리가 이런 사실을 깨닫고 있든 또는 깨닫지 못하든 관계없이 우리는 이 점에서 깊은 책임감을 느껴야만 할 것이다. 만약 우리가 자연의 조절 메커니즘을 일부나마 심각하게 변형시킨다거나 또는 새로운 에너지원이나 정보를 새로 도입한다거나 하는 경우는 앞으로도 더욱 빈번해질 것이다. 그러나 어떤 경우에는 이런 변화가 반응의 다양성을 크게 증진시키게 될 것이다.

항상성 유지를 목표로 하는 모든 가동 시스템(operating system)은 에너지의 유출입이 변화하거나 반응 시간이 바뀌거나 하면 정상적인 최적 상태로부터 이탈이 일어날 수 있다. 그러나 이런 이탈은 자동적으로 복구되고 새로운 상황에 수반되는 최적 상태가 다시 만들어진다. 가이아와 같은 초대형 시스템이 쉽게 무너져버릴 것이라고 기대하기는 어렵다. 그러나 그럼에도 불구하고 우리는 무한정으로 양성피드백이 작용한다든지 또는 지속적으로 큰 폭의 오르내림이 있다든지 하는, 사이버네틱 시스템에서 흔히 나타나는 대재난이 가이아에서는 절대 발생하지 않도록 세심한 주의를 잊지 말아야 하겠다. 예를 들어, 만약 앞에서 언급되었던 기후 조절 수단이 심각한 자연 조건의 변화를 야기하는 것이라면 우리는 그 결과로 범지구적인 냉각 상태를 경험하거나 아니면 혹독한 더위를 겪게 될 것이다. 또 어쩌면 이런 두 극단 사이에서 기온이 끊임없이 오르락내리락하는 상황을 경험하게 될지도 모른다.

향후 인구가 계속 증가하여 인구밀도가 어느 일정 수준 이상에 이르게 되면 인류는 가이아의 기능을 잠식하여 결국 완전히 무력하게 만들어버릴 수도 있으리라. 어느 날 잠을 깬 인류는 그동안 가이아에게 주어졌던 책임이 돌연 자기에게 부과된 것을 알고 그 순간부터 지구 시스템을 보살피는 임무가 자신들이 영원히 벗어버릴 수 없는 직업이 되었음을 깨닫게 될 것이다. 가이아는 진흙탕 속 깊이 숨어버렸으므로 범지구적 순환계를 조절하여 균형을 취하게 하는 지극히 복잡하고 어려운 작업을 인간이 대신 떠맡아야 하는 것이다. 그때까지 생명력이 넘치던 행성 지구는 바야흐로 생기를 잃어버린 '우주선 지구호(the spaceship earth)'로 전락하고 말 것이며 최후까지 남게 된 생물권을 인간들이 제아무리 잘 가꾸고 돌본다 해도 필경 그것은 인류의 '생명유지장치(the life support system)'에 불과하게 되고 말 것이다.

아직까지 어느 누구도 지구 규모에 가장 적당한 인구가 어느 정도인지 확실히 알지 못하고 있다. 과학자들은 여기에 대한 해답을 얻는데 필요한 다양한 분석을 아직까지 해내지 못하고 있는 것이다. 만약 1인당 에너지 사용량이 현재 수준 정도를 유지한다면 인구가 100억 명에 도달해도 가이아는 그 기능을 특별한 이상 없이 유지할 수 있을 것으로 예상된다. 그러나 만약 인구가 이 수준을 크게 넘어서고 또 1인당 에너지 사용량도 현재보다 크게 증가한다면 인류의 장래는 다음의 두 가지 중 하나에 놓이게 될 것이다. 첫째, 인류는 우주선 지구호라는 낡아빠진 선체에 묶여 있는 노예 신세가 되어 배를 앞으로 나아가게 하기 위해 미약하게나마 사력을 다해야 하는 불행한 처지가 될지도 모른다. 둘째, 어쩌면 인류는 대량 사멸이라는 재난을 자초하여 스스로 인구를 크게 감소시키고 여기에서 살아남는 생존자들은 가이아의 회생과 함께 다시 번영을 구가하게 될지도 모른다.

인간의 탁월한 점은 그가 커다란 두뇌를 가졌다거나, 사회적 동물로서의 성장이 서서히 진행된다거나 또는 말을 한다거나 도구를 사용할 수 있는 능력을 갖는 것 등에 있는 것이 아니다. 인간의 뇌는 돌고래의 것과 비슷한 크기에 불과하다.(인간은 다른 동물들에 비하여 어른이 되기까지 소요되는 기간이 매우 긴데 이 동안은 자식이 어미로부터 지식을 전수받을 수 있으므로 사회적 동물로 성장하는 데 매우 유용하다 - 옮긴이) 인간이 다른 동물들과 구별되는 점은 이런 모든 것이 조합되어 전적으로 새로운 한 속성을 창조했다는 점이다. 인류는 초보적인 사회적 조직체를 구성하고 석기 시대의 부족들이 가졌던 것처럼 원시적인 기술로 무장하게 되면서부터 정보를 수집하고 저장하며 또 가공할 수 있는 능력을 키워왔다. 정보를 활용하여 특정한 목적에 부합되는 방향으로 주변의 환경을 변화시켰다.

영장류가 진화를 거듭하여 처음으로 지성이 충만한 사회적 조직체를 이루었을 때 그들이 갖게 된 무소불위의 잠재력은 수십억 년 전 처음 광합성 생물이 출현하여 산소를 생산했던 것에나 비견될 수 있을 정도로 가히 혁명적인 것이었다. 아주 처음부터 이 새로운 조직체는 범지구적 규모로 환경을 변화시킬 수 있는 능력을 갖추었는데, 이를 증명할 수 있는 역사적 사실이 하나 있다. 원시 인류 집단이 베링 해협을 건너 처음으로 북아메리카에 상륙하고 나서 이내 전체 미주 대륙에서 특히 대형 포유류들이 멸종의 길로 접어들었다. 그 시대는 잔인한 방법으로 사냥을 하던 시절이었다. 원시 인류는 먹이를 사냥하기 위하여 불을 사용했는데, 먼저 삼림의 한쪽 끝에서 불을 지르면 바람이 불어 가는 다른 쪽 끝에서 짐승들이 불길을 피해 숲을 뛰쳐나올 때를 기다려 창과 몽둥이를 휘둘러 그들을 살육했다. 인과응보의 관점에서 본다면 이것은 당시의 새로운 기술을 적용함으로써 그 반대급부로 생태학적 대재난을 자초한 셈이라고 할 수 있다. 유진 오덤(Eugene Odum)은 이런 원시 사냥 방법을 오랫동안 답습했던 결과 북미 대륙 전체가 거대한 초원 생태계로 변화하고 말았다고 설파한 바 있다.

만약 우리가 집단생활을 하는 생물종으로서 인간의 과거 역사를 자세히 조사해보고, 특히 우리들의 주의력을 인간과 전 지구적 환경과의 관계에 집중시켜 본다면 우리는 역사가 일련의 반복으로 이루어진다는 것을 이내 깨닫게 될 것이다. 한때 급속한 기술의 발달이 있었는가 하면 그것은 곧 대재난에 가까운 환경문제를 야기했다. 그런가 하면 그 이후에는 다시 상당히 오랫동안 인간사회와 새로이 변화한 생태계 사이에 안정적인 협조관계가 유지되곤 했다. 앞에서 살펴보았듯 불을 사용하는 사냥은 삼림 생태계를 파괴시켰으나, 그것은 이후 거대한 초원 생태계, 즉 사바나(savana)를 이룩하여 오랜 기간 동안 공존의 시대를 유지했다. 이보다 최근의 예로 영국의 경우를 들 수 있다. 영국에서는 공유지의 사유지화 법령(the act of enclosure)이 통과되자 처음에는 생태학적인 대재난이 닥칠 것으로 간주되었다. 많은 공유지들이 사유지로 전환되면서 일반인들의 통행이 차단되었으며, 사유지임을 알리는 관목의 울타리들이 곳곳에 들어서서 오늘날 특징적인 영국의 전원 풍경이 그 당시에 만들어졌기 때문이었다. 그러나 이런 사유지들이 잘 보호됨으로 해서 화는 복으로 바뀌었다. 근래에 이르러 농업이 '기업농'으로 발전하게 되자 대규모적인 영농을 위하여 관목의 울타리들은 다시 파헤쳐지게 되었으며, 이것은 환경을 사랑하는 사람들에게 슬픈 소식이 되고 있다. 그러나 르네 뒤보스(Rene Dubos)는 기업농이 다시 새로운 기술에게 자리를 양보하게 될 때에는 오히려 관목 울타리를 없앴던 것이 차라리 잘된 것이었다고 인정할지도 모른다고 지적한 바 있다. 이런 역사의 반복은 "과거에는 모든 것이 좋았느니라"고 하는 할아버지의 말씀을 되새기게 해준다.

새로운 발전적 진화가 기존 질서에 위협이 된다는 것은 인간사회에서 사실로 통용된다. 이런 사실은 또 모든 단계의 생물들에게도 무리 없이 적용된다. 그런 예는 바이러스의 가장 낮은 단계 돌연변이에서도 찾아볼 수 있는데, 사소한 불편만을 유발하는 단순한 돌연변이로부터 사멸을 야기하는 심각한 돌연변이에 이르기까지 모든 경우에 적용될 수 있다. 이러한 경우로 1918년에 전 세계적으로 유행했던 '스페인 독감'을 들 수 있는데, 인플루엔자 균주의 사소한 돌연변이가 1차 세계대전에서 죽은 사람들보다 더 많은 사람들을 죽게 한 원인이 되었다. 또 다른 예로 북아메리카를 공략하는 불개미 떼를 들 수 있는데, 이 불개미들은 기존의 종이 약간 변화한 것에 불과했지만 북아메리카 대륙을 침범하여 어디에서나 무리짓고 사는 데 성공했다. 이제 실수로라도 이들 불개미 집을 건드리는 사람은 그들이 외부 침입자들에게 얼마나 공격적인지 확실히 경험할 수 있게 되었다.

우리 인류가 지성을 갖춘 사회적 동물로서 발전을 거듭하면 할수록 더욱더 과학기술에 의존하게 되고, 이에 따라 생물권의 나머지 부분들을 더욱 크게 교란할 것이라는 관측은 유감스럽게도 사실이다. 인간 자신의 돌연변이율은 매우 낮기 때문에 여기에서 대단한 변화를 기대할 수는 없겠지만, 인간사회를 구성하는 총체적인 집합체에 있어서는 변화가 가속화할 것으로 전망된다. 리처드 도킨스(Richard Dawkins)는 이 점에 있어서 과학기술의 크고 작은 진보를 돌연변이에 유사한 것이라고 정의했다.

우리 인간 종족이 성공적으로 지구를 점령할 수 있게 된 데에는 우리가 환경문제에 대한 정보를 수집하고 비교할 수 있으며, 또 그 해답을 합리적으로 구축할 수 있는 능력을 갖추고 있었기 때문이라고 할 수 있다. 즉 '전통적 지혜' 또는 '종족의 지성'이라고 불리는 능력 축적이 인간 조직체 내부에서 가능했던 것이다. 이런 지혜는 처음에는 입에서 입으로 세대를 통하여 전수되었으나, 이제는 어마어마한 양의 정보로 구성되어 문서로 전달된다. 현재까지도 야생의 자연

환경 속에서 생활을 영위하는 몇몇 부족들에 있어서는 자연환경과의 대결이 불가피할 것이다. 그러나 이런 대결에서 전래적인 일반 지혜와 가이아의 새로운 최적화 작용이 서로 상충하는 경우에는 이들 사이의 괴리가 곧 발견되어 교정된다. 이렇게 함으로써 에스키모나 부시맨과 같은 집단들이 그처럼 극단적인 환경 속에서 안성맞춤의 생활방식을 영위할 수 있는 것이다.

문명사회의 현대인들이 갖는 두루뭉실한 생활의 지혜들이 그들에게 이식되면 도움이 되기보다는 오히려 해가 되는 것이 보통이라 할 수 있다. 우리들 대부분은 조립식 주택에 걸터 앉아 줄담배나 피워대면서 자기 자식들의 운명에 대해 한탄하는 '문명화된' 에스키모들의 사진을 한 번쯤 본 적이 있을 것이다. 젊은 에스키모들은 그들의 부모들에게서 혹독한 추위를 견디는 방법을 배우는 대신 학교에 불려가서 읽기, 쓰기, 셈하기를 배우게 되었지만 그것이 북극 지방의 생활에 꼭 필요한 것이라고 단언하기는 어렵다.

사회구조가 도시화로 치닫게 되면 도시생활에 필요한 정보 중에서 생물권에 관한 정보의 비율이 크게 감소하게 된다. 이에 반하여 시골의 전원생활이나 어로생활에서는 그런 정보의 비율이 훨씬 높은 편이다. 그런데 도시생활에서는 도시 내에서의 복잡한 상호관계가 새로운 문제들을 야기하며 이에 따라서 사람들은 그것을 해결하는 데에 보다 많은 관심을 기울이게 된다. 그 결과 도시생활의 역사가 오래되면 될수록 도시 내부에는 인간관계에 관련된 정보가 주류를 이루면서 축적된다. 그러나 원시 농경 집단에서는 인간과 자연과의 관계가 여전히 주류를 이루고 있으며, 따라서 이에 대한 정보가 언제나 높은 대접을 받는 위치를 차지하는 것이 보통이다.

나는 가끔 데카르트가 동물들을 기계에 비유하지나 않았을까 생각하곤 한다. 그는 동물들은 영혼이 없기 때문에 기계로 취급할 수 있으며, 인간은 불멸의 영혼과 감정을 가지며 이성적인 사고를 할 수 있기 때문에 동물과 구별되는 것이 타당하다고 믿었을 것이다. 그런데 데카르트는 무척이나 지성적인 사람이었음에도 불구하고 어떻게 오직 인간들만이 고통을 지각할 수 있다고 믿을 만큼 관찰력이 둔했을까? 그에게는 말이나 고양이가 책상이나 걸상처럼 고통을 느낄 수 없기 때문에 마구 다루어도 되는 것으로 여겨졌을까? 그가 과연 그런 신념에 사로잡혔는지 또는 그렇지 않은지는 차치하더라도 그런 옳지 못한 사고방식이 그 당시에 널리 퍼져 있었으며, 이후 오늘날까지도 이어져 내려오고 있는 것은 사실이다. 그런데 이것은 바로 폐쇄된 도시 사회의 전통적인 지성이 외부의 자연 세계와 얼마나 격리되어 형성될 수 있는 것인지를 단적으로 보여주는 예라고 할 수 있다.

그러나 이제 이런 남남간의 관계가 종말을 맞고 있다고 긍정적으로 생각해보자. 오늘날 대자연의 역사와 야생 생물들의 생활을 기록한 영화들이 텔레비전에 빈번히 방영되는 것은 그런 옳지 못한 편견을 몰아내는 데에 커다란 도움이 되고 있다. 우리는 이제 정보통신의 홍수 시대에 살고 있고 텔레비전은 모든 사람들에게 세계의 구석구석을 보여주고 있다. 텔레비전을 비롯한 매스미디어들은 이미 정보 유통에서 정보의 범위, 정보 전달의 속도, 정보의 다양성 등을 엄청나게 증폭시켰다. 이제 우리는 중세 시대에 그 기원을 두는 정체된 사회의 범주를 벗어나서 새로운 사회로 줄달음치고 있는 시대를 맞고 있다고 할 수 있으리라.

우리는 이 장에서 지금까지 향후 잘될 수 있는 가능성보다는 잘못

될 수 있는 가능성에 대해 논의해왔다. 그러나 미래에 관한 보다 낙관적인 견해가 아주 없는 것은 아니다. 많은 신문과 잡지들은 생명보험에 관한 광고를 통해 청년기와 장년기의 사람들을 유혹하고 있다. 생명보험이란 젊은 시절에 매달 약간씩 돈을 저축하면 그것이 이자를 형성하여 노년기에 충분한 만큼의 생활비로 되돌려 받는 것에 불과하다. 즉 생명보험은, 어떤 관점에서는 미래에도 보험회사들이 영업을 잘 꾸려나갈 것이라는 낙관적 견해를 가진 사람들이 보험회사에 바치는 공물이라고 할 수 있다. 유명한 미래학자 허먼 칸(Herman Kahn)은 21세기에 이르면 미국의 인구가 6억 명으로 불어나고, 인구의 대부분은 1평방 킬로미터당 인구밀도가 800명에 이르는 도시 지역에서 거주하게 될 것이라고 예견했다. 그는 그만큼의 인구를 유지하는 데에 필요한 모든 필수품들이 충분히 제공될 수 있으며, 그것도 현재의 수준보다 훨씬 더 나은 수준에서 공급될 것이라고 주장했다. 사실상 전 세계적으로 자원에 대한 정보를 조직적으로 수집하고 컴퓨터를 동원하여 얻어진 정보를 분석하는 전문 학자들은 거의 모두가 이런 견해에 동조하고 있다. 그들은 현재만큼의 인구 증가와 과학기술 발전의 경향이 적어도 앞으로 30년 동안은 더 지속될 것으로 전망하고 있다.

세계의 대다수 정부들과 대규모 다국적기업들은 미래학자들의 협조를 얻거나 또는 스스로 전문가 팀을 구성하여 자신들에게 필요한 정보를 취득하고 있다. 이들은 고도로 훈련된 전문집단으로서 초고속 컴퓨터와 같은 최신 장비들을 동원하여 전 세계적으로 정보를 수집 분석한다. 이렇게 하여 만들어진 데이터들은 가설, 즉 오늘날 흔히 일컬어지듯 모델(model)을 구성하는 데 사용된다. 미래학자들은 모델을 만들고 이를 끊임없이 개량함으로써 미래에 대한 청사진이 초기 시대의 텔레비전 화면보다 더 깨끗한 상으로 투영될 수 있도록 노력한다. 이런 '미래학(futurology)'의 발전에 병행하여 오늘날에는 점점 더 많은 과학자들이 유사한 모델들을 참고하여 자신들의 연구를 진척시키고 있다. 실험에서 얻어진 측정 자료들은 컴퓨터에 입력되고, 컴퓨터는 모델에 의해 예측된 수치와 실제 실험에서 얻어진 수치를 비교한다. 만약 이 두 자료 사이의 차이가 너무 크다고 인정되면 실험에 어떤 잘못이 없었는지 또는 모델이 잘못된 것이나 아닌지 검토되고, 그 결과 새로운 실험이 수행되거나 또는 잘못된 모델이 새로운 모델로 치환된다. 만약 실험을 수행하는 과학자가 스스로 모델을 만들거나 또는 모델을 만드는 사람과 가까운 친구 사이라면 이런 작업은 매우 쉽게 진행될 수 있다. 모델은 복잡한 수학적 공식들을 사용하여 표현되는 것이 보통이므로 만약 컴퓨터가 없었더라면 과학자들은 끊임없는 계산에 시달려야만 했을 것이다. 최근의 급속한 컴퓨터 발달은 모델을 구성하고 개량하는 데 필수불가결한 역할을 담당하며, 그 결과 과학자들은 최적의 모델을 선택하여 가설(hypothesis)에서 이론(theory)을 비교적 쉽게 찾아낼 수 있게 되었다.

하지만 불행하게도 대부분의 과학자들은 도시에서 생활하며, 따라서 가공되지 않은 자연 세계와 접촉할 수 있는 기회가 거의 없게 되었다. 그들이 만들어내는 지구 모델들은 사실상 대학이나 연구소의 사무실에서 완성된 것들인데, 그런 장소들은 온갖 재주꾼들과 정교한 기자재들로 완비되어 있지만 자연 세계에서 직접 연구자의 손을 사용하여 얻어지는 정보와 같은 활력소들은 부족한 것이 보통이다. 이런 상황 아래에서는 과학자들이 과학책과 과학논문에 실려 있는 정보만을 적당한 것으로 인식하게 되기 때문에 만약 그런 정보 가운데 일부가 모델과 일치하지 않는다면 사실이 오히려 틀린 것이라고 얼마든지 쉽게 속단해버릴 수 있을 것이다. 이 점에서 우리는 모델에 부합하는 데이터를 얻는다는 것이 얼마나 쉽게 이루어질 수 있는지 이해할 수 있을 것이다.(과학자들의 눈에는 자기들이 구하고자 하는 데이터들만이 눈에 띄는 것이 보통이다 - 옮긴이) 그 결과 우리는 실제 세계의 상(image)인 가이아 모델을 이룩하는 것이 아니라 피그말리온이 강박관념에 이끌려 만들었던 갈라테이아의 조각을 끌어안기가 십상인 것이다.(피그말리온은 그리스 신화에 나오는 조각가로 자기가 만든 갈라테이아의 상에 반해버렸다 - 옮긴이)

나는 개인적인 경험을 통해 과학자들 중에는 실제로 먼 변방에까지 여행하면서 대기와 해양을 탐사하고, 그것들과 가이아와의 상호작용을 연구하는 사람들의 수가 도시에 위치한 대학이나 연구소에 남아서 일하는 사람들보다 월등히 적다는 것을 잘 알고 있다. 현장 조사자와 모델 연구자 사이에는 개인적인 접촉이란 거의 없으며, 이들 사이에 정보 교환의 통로로 이용되는 학술논문은 미려한 문체에 신경을 집중하느라 세세한 자료나 집중적인 관찰 기록은 아예 빠져버리기 십상이다. 이런 상황에서 만들어지는 모델들이 갈라테이아에 필적하는 허구적인 것이라고 해도 그리 놀라운 일은 아니겠다.

만약 우리 인류가 가이아의 품안에서 편안한 삶을 누리고자 한다면 이런 정보 유통의 부재는 조속히 치유되어야 하겠다. 전 세계를 대상으로 모든 관점에서 추구하여 얻어지는 정확한 정보는 반드시 널리 유포되어야만 한다. 과거에 얻어진 부정확한 데이터를 이용하여 모델을 만든다는 것은 마치 내일의 날씨를 예보하는 데 거대한 컴퓨터와 지난 달의 기상 자료를 함께 이용하고자 하는 것만큼이나 우스꽝스

러운 일이다. 영국 기상청의 에이드리언 턱(Adrian Tuck)은 예측 과학(prediction science) 중에서 이제까지 가장 폭넓은 경험을 축적했던 분야로 기상예보를 손꼽고 있는데, 나는 그의 견해에 전적으로 동의하는 바이다. 오늘날의 일기예보는 신뢰성 높은 데이터 수집망을 광범위하게 구축하고 최고 성능의 컴퓨터를 사용하며, 또 우리 사회에서 가장 유능하다는 인력들을 동원하고 있다. 그럼에도 우리는 한 달 이후의 기상을 예보하는 데 있어서 어느 정도나 정확도를 확보하고 있는 것일까? 다음 세기의 기후에 대해서는 더 말할 필요조차 없지만.

감각 능력의 상실을 경험했던 사람은 곧잘 환각에 시달린다는 관찰에서 알 수 있듯 도시에서 생활하는 모델 연구자들은 실제보다는 환상에 사로잡혀 모델을 만들기가 십상이다. 컴퓨터를 이용하여 모델을 연구하는 사람이라면 누구나 다 비록 모델이 엉성해도 적당한 입력 자료를 집어넣으면 원하는 출력 결과를 얻을 수 있다는 사실을 잘 알고 있으며, 또 그런 결과를 얻기 위해서 혼자만의 게임을 즐기고 싶은 유혹을 뿌리치기 어렵다는 데에 공감할 것이다.(즉 잘못 만들어진 모델이라 해도 컴퓨터는 출력 결과를 만들어내며, 특히 미래에 대한 예측 모델을 사용할 때에는 출력 결과인 미래의 예측을 실제 상황에 비교해 볼 수 없기 때문에 그 결과를 무작정 신뢰할 수밖에 없게 된다. 따라서 잘못 만들어진 모델에 의한 잘못된 미래 예측이 마치 진실한 예측인 양 취급되는 경우가 종종 있을 수 있다 - 옮긴이)

세상만사가 다 그렇듯 우리는 자신이 행한 활동의 결과가 이러이러할 것이라는 점을 잘 알고서도 이를 고의로 무시해버리는 경향이 있다. 이런 습관 때문에 우리는 미래에 대한 올바른 예측까지도 그것이 우리의 입맛에 맞지 않으면 그냥 묵살해버리곤 한다. 더욱이 오늘날의 세계가 정치적 이념에 따라 양극화해 있고, 또 사회도 근시안적인 안목을 가진 이익집단들로 세분화해 있으므로 해서 과학적인 정보를 얻기가 점점 더 어려워지고 있다는 사실이 더욱더 문제를 곤란하게 만들고 있다. 지난 세기에 이뤄진 '비글호(Beagle)'나 '챌린저호(Challenger)' 탐사와 같은 위대한 탐험이 지금 세상에서 아무런 방해 없이 이루어질 수 있을 것이라고 생각하기는 어렵다. 옳든 그르든 후진 개발도상국들이 외국 조사선을 바라보는 시각은 자신들의 대륙붕에서 유용한 광물 자원을 약탈해가는 신식민주의적 해적선이라는 관점에서 크게 벗어나지 않는다. 바로 이런 이유로 해서 1976년 '섀클턴호(Shackleton)'가 과학적 탐사의 목적으로 남아메리카의 포클랜드 섬에 접근했을 때 아르헨티나 정부는 그 배에 총격을 가했다. 마찬가지로 이제는 어떤 독립적인 연구자라 할지라도 대기 분석을 위하여 열대 지방 국가들에 탐사장비를 반입하기가 쉽지 않다. 이제는 과학적 탐사가 국경을 넘어서서 진행되기 어렵게 된 것이다. 오늘날의 과학적 탐사는 오직 그 나라 사람들에 의해서만 수행되거나 그렇지 못하면 아예 포기해야만 한다. 선진국들이 후진국들을 약탈하고 있다는 관점이 역사적인 정당성을 확보하고 있든 또는 그렇지 못하든지 막론하고 열대 지역에 위치하는 전 세계 국가들의 약 반수에 해당하는 나라들은 그런 입장을 고수하고 있으며, 그 결과 전 세계적인 규모의 과학적 탐사는 점점 더 수행하기가 곤란해지고 있다.

현재 각종 연구소에서 근무하는 일급 두뇌들이 과연 미래 세계를 예측할 수 있는 쓸모 있는 모델을 만들고 있는지에 대한 의문은 잠시 덮어두자. 그리고 가까운 미래에 대해 비교적 확실한 예측을 몇 가지 살펴보자. 인류가 앞으로도 스스로 과학기술을 포기하는 일은 결코 없을 것이다. 우리는 어쩔 수 없이 기술세계권(technosphere)의 일원이 됨으로 해서 그것을 포기하는 것은 마치 대서양 한가운데서 배를 버리고 남은 여정을 수영으로 끝마치고자 하는 것만큼이나 실현 불가능한 일이 되고 말았다. 이제까지 많은 소규모 사회 집단들이 현대사회를 탈출하여 자연으로 돌아가고자 무수히 시도한 바 있었지만 그 결과는 대부분 실패에 머물고 말았다. 지극히 예외적인 경우로 이런 시도가 부분적으로 성공을 거둔 예가 있기는 했지만, 이 경우에는 외부 세계의 강력한 후원이 꾸준히 존재했다는 사실을 인정해야만 한다.

이런 현상을 이해하는 데에는 6장에서 살펴보았던 가이아 이론을 비유로 드는 것이 도움이 될 수 있으리라. 미생물이나 아니면 보다 고등한 생물종이 펄펄 끓는 온천수나 고농도의 염수와 같이 열악한 환경 속에서 생활을 영위하는 데 성공하기 위해서는 가이아의 나머지 부분들이 그런 생활에 필요한 산소나 먹이와 같은 필수품들을 반드시 보급할 수 있어야만 한다. 마치 문명이 발달한 풍요로운 사회에서는 개인적인 기행을 관대하게 보아 넘길 수 있듯이 일부 생물들이 그런 혹독한 환경 속에서 생활할 수 있게 된 것은 가이아의 풍요로움에서 기인하는 일종의 생물학적인 기행이라고 할 수 있다. 이런 기행이 오직 생물들로 풍요로운 행성에서만 가능하다는 사실은 일견 흥미로운 일이다(우연히도 이런 설명은 왜 환경 조건이 척박한 화성에서 듬성듬성하게나마 생물이 존재할 수 없는지에 대해 좋은 대답이 될 수 있다). 과학기술을 포기하는 대신 그보다 훨씬 더 실현 가능한 해결 방법의 하나로 우리는 대체기술(alternative technology) 또는 적정기술(appropriate technology)을 널리 보급할 수 있을지도 모른다. 대체기술 운동이란 우리가 갖는 과학기술에 대한 의존성을 솔직히 인정하고 그

대신 지구의 자원을 보다 합리적으로 사용하는 데에 꼭 필요한 기술만을 발전시키자는 운동이다.

점차 고갈되어 가는 지구 자원의 위기를 해결하는 데에 있어서 우리는 항상 언론의 힘과 장거리 통신의 위력을 과소평가하고 있는 것처럼 보인다. 언론은 강력한 사회 집단과 기구에 대해 전통적인 '압력수단'으로서 무소불위의 힘을 발휘할 뿐만 아니라, 현재 일어나고 있는 사실을 전 세계적으로 순식간에 알릴 수 있다는 '정보유통 수단'의 가치로서도 그 중요성이 막대하다. 이미 우리가 알고 있듯이 오늘날에는 환경에 대한 정보가 급속히 전파되어 좋지 못한 변화에 대해 반응하는 시간상수(time constant)를 크게 단축할 수 있게 되었다.

바로 얼마 전까지만 해도 어떤 사람들은 인류를 이 지구의 암처럼 간주하곤 했다. 우리는 인류 탄생 이후 이제까지 인구에 영향을 미쳐왔던 질병과 기아를 무력하게 만드는 데 성공했다. 우리는 생물권의 나머지 부분들을 착취하여 무한정 성장해왔으며, 그동안 우리가 야기시켰던 환경오염과 DDT와 같은 화학물질의 남용은 이제까지 우리가 직접적으로 영향력을 행사하지 못했던 최후의 생물종들에게조차도 해를 입히게 되었다. 생물권 파괴의 위험은 현재도 상존한다. 그러나 이제 인구는 더 이상 급속히 증가하지 않게 되었다. 산업계는 공업 발달이 환경에 끼치는 영향에 대해 과거보다 훨씬 더 민감하게 되었으며, 무엇보다 일반 국민들이 이런 상황을 점점 더 확실히 깨닫고 있다. 우리는 이런 문제들에 대한 정보를 쉽게 유통시킬 수 있게 된 것이 비록 문제 자체를 해결할 수는 없을지라도 문제를 완화하는 데에는 커다란 기여를 해왔다고 감히 단언할 수 있다. 우리 인류의 수가 질병과 기아의 잔인한 영향력에서 벗어나게 된 것은 그야말로 다행스러운 일이다. 이제 많은 국가들에서는 보다 나은 생활을 추구하는 부부들의 의사에 따라서 자녀의 수가 결정된다. 과거에는 자녀의 수가 오로지 여성의 최대 가임능력에 따라서 결정되었다. 물론 우리는 이런 현상이 일시적인 것에 불과할 수도 있다는 점을 결코 잊어서는 안 된다. 찰스 다윈은 자발적인 인구 조절이 가해질 경우에는 자연선택의 섭리로 '자손을 많이 거느리기를 선호하는 민족(*Homo philo-progenitus*)'이 득세할 것이라는 점을 분명히 시사한 바 있다. 그래서 이런 민족이 급속히 증가하게 되면 다시 세계 인구는 엄청나게 늘어나는 상황에 직면하게 될 것이리라.

정보기술의 혁명은 우리 누구도 감히 상상할 수 없을 정도로 급속하게 미래 세계를 변화시킬지도 모른다. 1970년 미국의 과학 잡지 《사이언티픽 아메리칸(Scientific American)》에 소개된 한 놀라운 기사에서 트리버스(Tribus)와 매커빈(McIvine)은 '지식은 힘이다(Knowledge is power)'라는 명제를 지극히 의미 있는 형식으로 발전시켰다. 그들은 여러 가지를 지적했지만, 특히 태양에 대해 다음과 같이 언급했다. 그들은 보통 사람들은 태양이 매시간 5x107메가와트의 에너지를 지구에 공급한다고 말하지만 이를 달리 표현하면 매 초당 1037개의 단어에 해당하는 정보를 제공하는 것이 된다고 지적했다. 현재까지 우리는 이 에너지 중에서 우리가 사용할 수 있는 부분은 거의 다 사용하고 있다고 할 수 있다. 그러나 태양으로부터 오는 막대한 양의 정보는 과연 얼마만큼이나 이용하고 있는 것일까? 이제 우리는 급속히 발달하고 있는 컴퓨터에 힘입어 무한정한 정보의 세계, 즉 사고 공간(idea space)을 탐구하는 희열에 푹 젖어들고 있다. 이런 우리 활동이 또 다른 환경적 재난을 초래할 수 있지 않을까? 이미 사고 공간에 오염이 시작되어 만사가 뿌옇게 변하고, 말의 성찬이 으레 그렇듯 혹시 엔트로피의 증가나 촉진시키고 있는 것은 아닐까?

> 모든 일에는 다 때가 있다. 세상에서 일어나는 일마다 알맞은 때가 있다. 태어날 때가 있고, 죽을 때가 있다. 심을 때가 있고, 뽑을 때가 있다.(「전도서」 3장 1~2절)

> 나는 세상에서 또 다른 것을 보았다. 빠르다고 해서 달리기에서 이기는 것은 아니며, 용사라고 해서 전쟁에서 이기는 것도 아니더라. 지혜가 있다고 해서 먹을 것이 생기는 것도 아니며, 총명하다고 해서 재물을 모으는 것도 아니며, 배웠다고 해서 늘 잘되는 것도 아니더라. 불행한 때와 재난은 누구에게나 닥친다.(「전도서」 9장 11절)

> 아름다움은 진실이며, 진실은 아름답다—이것이
> 너희가 이 세상에서 아는 전부이고, 알 필요가 있는 전부이다.
> (존 키츠의 시 「그리스 항아리에 부치는 노래」 중)

우리가 가이아의 존재 안에서 생활을 영위하는 데에는 아무런 규범도 법률도 필요치 않다. 그러나 우리가 행하는 모든 행위에는 반드시 그 결과가 따른다는 것을 결코 잊어서는 안 될 것이다.

9
마무리

내 아버지는 1872년 영국 윌트셔주 남쪽 버크셔다운즈에서 태어나 줄곧 그곳에서 성장하셨다. 그분은 매사에 아주 열성적이며 또한 탁월한 정원사이기도 하셨다. 나는 아버지가 물에 빠진 장수말벌을 손으로 건져내어 살려주는 것을 자주 보곤 했는데, 그때마다 그분은 "모든 생명은 목적을 가지고 태어나는 것이야. 알겠니, 꼬마야" 하고 내게 말씀하셨다. 아버지는 장수말벌이 자두나무에 기생하는 진디를 구제하는 데에 얼마나 많은 기여를 하고 있으며 그 보상으로 우리는 가을철에 탐스런 자두를 얻게 되는 것이라고 누누이 설명하셨다.

아버지는 어떤 특정한 종교적 신념을 갖고 계시지는 않으셨다. 교회나 성당에 나가시는 것도 아니었다. 그러나 아버지는 기독교적 정신과 탐미적 사고가 적당히 어울린 정신세계를 구축하고 계셨는데, 이는 당시의 시골 촌부들에게는 아주 보편적인 사고방식이었다. 그분은 모든 생물들에 대해 본능적인 애호심을 지니고 계셔서인지 나무가 베이는 것을 볼 때마다 대단히 슬퍼하셨다. 나는 자연에 대해 현재 내가 느끼고 있는 감정을 그분에게서 물려받았다고 생각한다. 그분은 그 당시 구불구불 나 있던 시골길을 나와 함께 걷거나 또는 자동찻길을 따라 달리면서 진정한 마음의 평화와 안식을 은연중에 내게 물려주셨다.

이 장의 첫머리는 이렇게 내 아버지의 이야기로 시작하는데, 이는 가이아 가설의 여러 관점들 중에서 특히 가장 풀어내기 어려우며 가장 신중한 사고가 요구되는 관점을 보다 쉽게 설명하기 위해서이다. 이제부터 인간과 가이아의 상호관계에 대한 우리의 생각을 살펴보기로 하자.

먼저 아름다움(beauty)에 대한 우리의 생각을 살펴보자. 여기에서 아름다움이라는 것은 우리들의 자각을 일깨우며, 이와 동시에 그것의 진정한 속성에 대한 우리의 인식이 깊어지는 그 어떤 것을 보거나 만지거나 냄새를 맡거나 또는 들었을 때 우리를 채워주는 쾌감, 충만감, 경외심, 열정, 동경심 등이 복잡하게 얽힌 감정을 의미한다. 어떤 사람들은 이런 기쁨의 감정이 로맨틱한 사랑에서 보이는 신비한 정신적 만족과 필연적으로 연계되어 있다고 말하기도 한다. 여기서는 이런 생각을 가이아적 용어로 다시 설명해보자.

우리가 가정을 꾸리며 생물학적 역할을 성실히 수행함으로써 얻는 보상 가운데 하나는 마음속 깊이 느끼는 만족의 감정이라고 할 수 있다. 때때로 그 임무가 매우 힘들고 기대에 못 미치는 것으로 느껴진다고 해도 우리는 자신이 꼭 해야 할 일을 했다는 것을 충분히 인식하게 되며, 이렇게 함으로써 삶의 한가운데에 서 있음을 명백히 느끼게 된다. 우리가 이러저러한 이유로 그런 일을 잘못 수행했거나 일상사를 뒤죽박죽으로 만들어버렸을 때 으레 실패와 고통의 감정을 크게 느끼게 되는 것도 같은 맥락에서 이해될 수 있으리라.

우리가 주위를 둘러싸고 있는 여러 형태의 생물들에 연관되어 자신의 적당한 역할이 무엇인지 거의 본능적으로 깨달을 수 있는 것은 바로 우리가 그런 일을 수행하도록 미리 예정되어 있기 때문이 아닐까? 우리가 가이아의 존재 속에서 여러 생물들을 대할 때에 이런 본능에 따라 적절히 행동한다면 우리는 올바르다고 간주되는 행동이 곧 선한 행동이며, 또한 우리들을 즐겁게 만드는 행동이라는 점을 발견함으로써 보상을 받을 수 있게 된다. 주위 환경과 맺는 이런 관계 속에서 실패하거나 또는 잘못된 관계를 맺게 될 때 우리는 공허감과 박탈감의 감정을 감출 수 없을 것이다. 이 글을 읽는 여러분들 가운데 일부는 젊은 시절 자주 찾던 전원에서 야생딸기가 무성하던 관목숲과 들장미와 산나무가 만발한 산울타리 담장이 하루아침에 잡초 한 점 없는 보리밭으로 바뀌어버리는 것을 보고 허무감과 상실감에 몸을 떨었던 기억이 있으리라.

우리가 느끼는 만족의 감정은 우리 자신과 다른 생물들 사이에 균형 잡힌 관계를 이루도록 우리를 격려하기 위해서 베풀어지는 보상이라고 할 수 있는데, 이는 다윈의 관점에서 바라보는 자연선택의 진화 개념과 상충되는 것이 결코 아니다. 영국 남부 지방의 뉴포레스트(New Forest)는 한때 정복왕 윌리엄(1066년 영국을 정복한 노르망디 공을 말한다 - 옮긴이)과 그의 가신들을 위한 개인 사냥터이기도 했는데, 이곳은 천 년이 넘게 보존되어 온 절경의 장소이다. 이곳에서는 지금도 오소리가 어둠 속을 거닐고 자동차 대신 조랑말이 보다 유용하게 쓰이고 있다. 그렇다고 해서 340평방 킬로미터나 되는 이 역사적 절경이 고색창연한 숲으로 이제까지 보존될 수 있었던 이유가 법령에 의해 보호받을 수 있었기 때문만은 아닐 것이다. 오히려 이 장소가 그렇게 보존될 수 있었던 진정한 이유는 모든 사람들이 끊임없이 그곳을 감시했기 때문이었다. 이곳은 지금도 주말이면 수천 명의 여행객들로 크게 붐빈다. 그들은 매년 600톤이나 되는 쓰레기를 버리고 때로는 부주의하게 성냥불이나 담뱃불로 화재를 일으켜 자칫하면 지난 1000년 동안 인간과 자연과의 균형 잡힌 공존관계가 유지되던 그 넓은 지역을 불과 몇 시간만에 통째로 없애버릴지도 모를 위기를 야기하기도 한다.

우리 인간들이 갖는 본래적 속성 가운데 하나는 적당함과 균형을 아름다움으로 간주하는 미적 감각인데, 이런 속성을 본능으로 지닌다는 것은 필경 우리 자신의 생존에 유익할 것이다. 우리 몸은 세포들의 집합체로 구성된다. 그런데 이 세포들은 그 하나하나가 핵을 지니고 있지만 여러 세포 내 기관들이 공생하고 있는 공생합체라고 할 수 있다.(생물 진화의 역사를 살펴보면 미생물은 공생합체로서 유핵세포를 형성했으며, 유핵세포들은 다시 합체를 이루어서 고등생물을 탄생시켰다. 이런 진화의 과정을 설명한 책으로 린 마굴리스의 『생명이란 무엇인가?』 『섹스란 무엇인가?』 등이 있다. - 옮긴이) 만약 이처럼 세포들의 집합체인 우리 몸이 마치 운동으로 단련된 것처럼 완벽하게 다듬어져 있을 때 우리가 거기에서 아름다움을 느낀다면, 인간까지를 포함하는 무수한 생물들의 집합체인 이 주변 세계가 적절히 정돈되어 있을 때 우리 역시 아름다움을 느끼게 되는 것은 일견 당연한 일이 아닐까? 모든 기대가 다 만족될 수 있는 장소에서라면 인류는 가이아 안에서 자신의 역할을 인정하고 거기에 순응해야 마땅할 수 있다.

잘 정돈된 상태를 아름다움으로 느끼는 우리 자신의 본능이 인류의 생존에 기여했으리라는 가정을 실험으로 증명해 보이기는 지극히 어려운 일이겠지만 한 번쯤은 시도해볼만한 가치가 있을 것이다. 나는 아름다움을 평가하는 기준으로 사람의 주관적 시각보다는 어떤 객관적인 척도를 갖는 것이 가능하다고 항상 생각하곤 했다. 이미 우리는 엔트로피를 크게 감소시키는 기능, 또는 정보이론의 용어를 빌리면 삶(life)에 대한 질문의 해답에서 불확실성을 크게 낮추는 기능이 생물성(life)의 척도라는 점을 살펴보았다. 그렇다면 아름다움이라는 것을 그런 생물성의 척도에 동등한 것으로 간주할 수 있지 않을까? 그래서 아름다움도 역시 엔트로피를 낮추는 것, 불확실성을 감소시키는 것, 불명료함을 적게 하는 것 등과 연관해 생각할 수 있지 않을까? 아마도 우리는 오랫동안 이런 사실을 눈치채고 있었을 것이다. 왜냐하면 이런 사고방식이 우리 내부에서 생물성을 인식하는 수단으로 이미 자리잡고 있었을 테니까. 이 때문에 우리는 야수까지도 아름다운 존재로 인정할 수 있는 것이리라. 윌리엄 블레이크(William Blake, 1757~1827, 영국의 시인이자 화가 - 옮긴이)는 바로 다음과 같이 읊었다.

호랑이! 호랑이! 어둠의 숲 속에서
타오르듯 빛나는 형태
어떤 불멸의 손길과 눈이
그처럼 두려운 조화의 형상을 다듬었을까?

그대 두 눈의 불꽃은
얼마나 깊은 곳에서 불붙고 있을까?
그대가 열망하는 비상의 날개는 어떤 것일까?
그 어느 손이 감히 그 불꽃을 잡을 수 있을까?

어쩌면 플라톤의 절대미(absolute of beauty)라는 것도 마찬가지를 의미하고 있는 것인지 모른다.

아버지는 왜 자신이 세상 만물에는 모두 주어진 목적이 있다고 믿게 되었는지 설명하지 않으셨다. 그렇지만 그분이 가진 전원에 대한 감정과 사고는 그분의 직관, 통찰, 지혜에 기초하는 것이 분명했다. 오늘날 우리들 중에 많은 사람들은 그분의 사고방식을 희석된 형태로나마 여전히 간직하고 있으며, 그 결과 환경보호 운동과 같은 행동을 사회적으로 받아들일 수 있는 분위기를 조성하는 데에 기여하고 있다.

질병과 기아가 인구를 결정짓던 과거에는 모든 수단을 강구해서라도 병자를 보살피고 삶의 질을 보전하도록 하는 것이 정당하고 바람직한 일로 간주되었다. 이런 사고방식이 점점 강화되면서 천지만물은 모두 인간을 위하여 만들어졌으며 인간의 필요와 욕구가 모든 것에 우선한다는 불타협의 신념으로 발전했던 것이리라. 전제주의와 권위주의 사회에서는 삼림을 파괴하여 목재와 종이를 얻고, 하천을 가로막아 댐을 쌓고, 도시를 건설하는 일 등에 대해 그 타당성을 의심한다는 것 자체가 옳지 못한 일로 여겨졌다. 만약 자연이 단순히 인류의 물질적 욕구를 충족시키기 위하여 존재한다면 그런 생각이 당연한 것일 것이다. 여기에 대해 도덕적인 질문을 가한다는 것은 타당치 않으며, 그런 질문은 단지 물질이 분배되는 과정에서 부패와 부정이 발생하지나 않는지, 그리고 그 물질이 불공평하게 나눠지지나 않는지에 대해서만 할 수 있었을 것이다.

오늘날 불도저에 의하여 지상에서 삼림이 사라지고 모래언덕이 사라지며 늪지와 심지어 촌락마저도 사라지는 광경을 바라볼 때 사람들이 느끼는 마음의 고통은 매우 심각하다. 이런 갈등을 감상적이라고 몰아붙인다거나 새로운 도시 개발이 젊은이들에게 일자리와 보다 나은 생활을 보장할 것이라고 부추기더라도 그 심적 고통이 감소되리라고 기대하기는 어렵다. 오히려 이런 변명이 부분적으로 진실이라는 바로 그 사실이 마음의 고통을 더 증가시키고 그런 고통을 표출하고 싶어하는 욕망을 억누르게 함으로써 더욱 사태를 악화시키기도 한다. 이런 상황에서는 환경보호 운동이 비록 강력한 추진력을 가진다고 해도 명백한 목표를 설정할 수 없게 되는 것이 그리 놀라운 일은 아니다. 환경보호 운동은 대부분 잘못된 영농 방식들에 의해서 야기되는 잠재적으로 훨씬 더 심각한 환경문제들에 대해서는 침묵하는 반면, 불화탄소 산업이나 여우 사냥과 같이 별로 대수롭지 않은 문제들에 대해서는 열을 내며 몰아붙이는 경향이 농후하다.

공공사업과 개인사업의 엄청난 과잉에 자극받아 일반 대중은 환경파괴에 대한 강력한 반발심과 격앙된 감정을 갖고 있는 것이 보통이다. 이런 대중의 혼동된 마음 상태는 무절제한 정치 선동가들에게 얼마나 좋은 구실이 되고 있는가? 환경정치학(environmental politics)이란 일부 정치가들에게는 그야말로 대중선동의 호재가 되었으며, 그 결과 책임 있는 정부와 기업들에게는 점점 더 골칫거리가 되고 있다. 이미 너무 충분히 사용되어 그 의미조차 퇴색된 '환경(environmental)'이라는 단어를 사회의 제반 문제를 다루는 정부기관 각 부처의 이름 앞에 붙여서 점증하는 국민들의 분노와 반발이 가라앉기를 기대하는 것조차도 거의 실현 가능성이 없는 일처럼 보인다.

굳건한 과학적 지식을 배경으로 하여 거론되는 생물학적 논쟁은 때때로 환경문제의 원인이 무엇인가를 밝히는 시발점이 될 수 있다. 그러나 그런 논쟁이 과학자들에게 특별한 의미를 부여하는 일은 별로 없다. 생태학자들은 어떤 인간 활동이 생물권의 전체 생산성에 결정적인 영향을 끼친다는 주장에 대해 이를 뒷받침하는 과학적 증거가 아직까지 지극히 빈약하다는 사실을 너무나도 잘 알고 있다. 생태학자들이 심각한 환경문제에 대해 개인적으로 어떻게 느끼든지 상관없이 그들은 아무런 과학적 증거도 손에 갖고 있지 못한 것이 사실이다. 그 결과 환경보호 운동은 종종 자포자기에 빠지고 낭패를 겪게 된다.

교회와 인본주의자들은 환경보호 캠페인에 자극을 받아 자신들의 교의와 신념으로 어떻게 대처해야 하는지 재검토해왔다. 그 결과 교회는 인간이 세상의 모든 피조물들의 지배자라는 기독교적 종교관을 견지하는 한편 진정한 신의 뜻은 인간이 지구의 모든 생물들을 잘 보살피는 데에 있다는 점을 명확히 했다.

하지만 가이아의 관점에서 본다면 인간이 생물권을 책임지고 보살펴야 한다는 논리를 정당화하려는 그 어떤 시도도 시혜적 식민지주의와 마찬가지로 설득력을 잃고 있음이 분명하다. 그런 시도들은 모두 인간이 이 지구의 지배자라거나, 또는 비록 소유자는 아니더라도 적어도 집주인 정도는 된다는 생각을 배경으로 하고 있다. 조지 오웰의 소설 『동물농장』이 풍자하는 것은 모든 인간사회는 여하튼간에 세상을 자기들의 농장으로 간주한다는 점이며, 우리는 이 사실을 반드시 깨달아야만 한다. 그러나 이와 달리 가이아 이론이 암시하는 바는, 인류는 바로 가이아의 파트너이자 그의 한 부분이며 우리는 가이아의 일원으로서 매우 민주주의적인 실체 속에서 안정된 상태를 유지하고 있다는 점이다.

가이아 이론에 함축된 여러 설명하기 곤란한 개념들 가운데 하나는 그것의 지능(intelligence)에 관한 것이다. 마치 생명(life)에 대해 그런 것처럼 우리는 아직까지 가이아에 대해 막연히 그 속성을 구분할 수는 있으나 그것을 완전히 정의하고 있지는 못하다. 지능이라는 것은 살아 있는 생물 시스템의 속성이며, 문제에 대한 올바른 해답을 제공할 수 있는 능력과 관련되어 있다. 여기에서 문제라고 하는 것은 시스템의 생존에 영향을 끼치는 환경 변화에 대해 반응하는 것을 의미한다.

세포 수준에 있어서는 어떤 물체가 먹잇감으로 과연 적당한지 그렇지 못한지를 결정한다거나 주변 환경이 자신에게 유익한지 또는 유해한지를 결정하는 것이 모든 생물의 생존에 중요한 영향을 미친다. 그렇지만 이런 결정들은 대부분 자동적으로 이루어지며 의식적인 사고가 관여되지 않는 것이 보통이다. 항상성을 유지시키는 일반적 작용들은 그것이 세포나 개체 수준에서든 또는 생물 군집이나 생물권 수준에서든 모두 자동적으로 진행된다. 그러나 그것이 비록 자동적 작용이라 해도 주위 환경으로부터 접수되는 정보를 정확하게 해석하기 위해서는 필연적으로 어떤 형태의 지능적 사고가 필요하다는 점을 우리는 잊지 말아야 하겠다. '주위 온도가 너무 높지나 않은가?' 또는 '산소량은 호흡하기에 충분하가?' 하는 단순한 질문들에 대해 올바른 대답을 찾는 데에도 지능이 요구되는 것이다. 심지어 4장에서 논의한 것처럼 오븐 내부의 온도를 설정하는 초보적인 사이버네틱 시스템에 있어서도 지능과 같은 개념의 도입은 필요하다. 사실상 모든 사이버네틱 시스템들은 그것들이 적어도 한 가지 이상의 질문에 대한 올바른 해답을 제공해야 하기 때문에 지능을 갖지 않을 수 없게 된다. 만약 가이아가 존재한다면 그것 역시 사이버네틱 시스템이기 때문에 적어도 제한적 수준에서라도 지능을 가지고 있다고 말하지 않을 수 없을 것이다.

그런데 지능에는 앞에서 예로 든 것처럼 지극히 초보적인 수준에서부터 우리가 어려운 문제를 풀 때 의식적·무의식적 사고까지 모두 동원하는 것처럼 매우 복합적인 수준에 이르기까지 여러 단계가 있을 수 있다. 우리는 4장에서 우리 몸의 체온을 조절하는 복잡한 시스템의 일부를 살펴보았지만 대체로 완전히 자동적으로 진행되는 메커니즘에 중점을 두었기 때문에 의식적인 행동이 수반되는 과정까지는 관심을 집중하지 못했다. 따라서 이제부터는 우리 지능과 가이아에서 기대되는 지능을 조절 메커니즘의 수준에서 살펴보기로 하자.

의식적 사고(conscious thought)와 지각 능력(awareness)을 갖춘 생물들은, 아직까지 어느 누구도 어느 정도의 두뇌 발달단계에서 이런 능력이 갖추어지는지 정확히 말할 수는 없지만 적어도 인식적 예지(cognitive anticipation) 능력을 소유하고 있다는 것이 분명하다고 여겨진다. 나무는 잎을 떨어뜨리고 자신의 내부 물질대사를 조절하여 겨울에 서리로부터 피해를 입지 않도록 준비한다. 이런 일들은 모두 자동적으로 진행되는데, 여기에 필요한 정보는 그 나무의 조상으로부터 전해받은 유전물질 속에 암호의 형태로 저장되어 있다. 반면에 우리 인간들은 뉴질랜드를 방문하기 위해 7월에도 겨울옷을 준비하는 것을 잊지 않는다. 이때 우리는 총체적인 인간 집단으로서 우리 자신들이 수집한 정보를 이용하는 것이 되는데 이런 정보는 모두 의식적 수준에서 사용되는 것이다. 현재까지 알려진 바로는 이처럼 복잡한 방법으로 정보를 수집하고 저장하여 활용할 수 있는 생물은 이 지구상에 오직 인간뿐이다. 이런 관점에서 만약 인간을 가이아의 한 부분으로 생각한다면 우리는 다음과 같은 질문을 던져 볼 수 있다. '우리가 갖는 총체적 지성(collective intelligence)의 얼마만큼이 과연 가이아의 일부분으로 간주될 수 있을까? 혹시 인간은 가이아의 신경계와 두뇌에 해당하는 존재로서 환경 변화를 의식적으로 예지하는 역할을 떠맡은

가이아의 한 부분이 아닐까?'

우리가 이런 역할을 좋아하든 그렇지 않든 우리는 이미 이런 방식으로 어느 정도 역할을 수행하고 있다고 말할 수 있다. 그런 예로 다음과 같은 상황을 생각해보자. 직경이 수킬로미터에 불과한 이카루스(Icarus)와 같은 소행성들은 불규칙적인 운행 궤도를 가져서 때때로 지구 궤도에 침범하는 경우가 있다. 그런데 어느 날 천문학자들이 이런 소행성들 가운데 하나가 지구 궤도에 근접하고 있어서 불과 수주일 이내에 지구와 충돌할 것이라고 경고했다고 가정하자. 만약 그런 충돌이 일어난다면 우리 인류에게는 물론 가이아에게도 그 영향이 결코 만만하지 않을 것이다. 이런 종류의 대재난은 과거에도 발생했을 것이며 이제까지의 몇몇 주요한 대재난의 원인이 되었으리라. 그러나 이제 우리의 과학기술은 이런 재난으로부터 지구를 구하기에 충분할 만큼 발전했다. 인류는 어떤 물체를 외계로 쏘아올려서 원격조정에 의해 목적하는 진로를 찾게 하는 데 놀라울 만큼 커다란 진보를 이룩했다. 한 추산에 의하면 인류가 비축하고 있는 수소폭탄의 일부를 초대형 로켓에 실어 보낸다면 이카루스 정도의 소행성이라도 진로를 변경시켜 지구와의 충돌을 면하게 하는 데에 아무런 어려움이 없을 것이라고 한다. 이것이 마치 공상과학 소설에서나 나옴직한 내용이라고 생각된다면 어제의 공상과학 소설이 거의 매일 우리들의 실생활 속에서 실현되고 있다는 점을 분명히 기억하도록 하자.

기후학(climatology)의 발달로 빙하기가 얼마만큼의 강도로 언제쯤 밀려올 것인지를 예측하는 것은 그리 어렵지 않게 되었다. 우리는 2장에서 빙하기가 닥치면 비록 그것이 우리 인류에게는 커다란 고난이 될 것이지만 가이아에게는 비교적 적은 영향을 끼칠 것이라는 점을 살펴보았다. 그렇지만 만약 우리가 가이아의 한 부분으로서 우리의 존재를 인정한다면 우리가 겪는 고난은 곧 가이아의 고난이며, 따라서 결빙의 고통을 지구 생물권 전체의 일반적 위기로 인정할 수도 있을 것이다. 따라서 빙하기에 직면하여 우리의 산업 역량으로 취할 수 있는 행동의 하나는 염화불화탄소류를 대량으로 생산하여 대기 중으로 방출하는 것이 될 수도 있다. 이 논란 많은 물질은 현재 공기 중에 100억분의 1정도의 농도로 들어 있는데, 그 농도를 몇 배 증가시키면 이산화탄소와 마찬가지로 지구의 열이 외계 공간으로 빠져 달아나는 것을 방지하는 온실기체로서의 역할을 담당할 것이다. 온실기체가 크게 증가하면 빙하기의 도래를 완전히 역전시켜버리거나 또는 그 진행 속도를 크게 낮추어 결빙의 고통이 크게 경감될 것이다. 염화불화탄소류의 증가는 오존층을 잠시 동안 훼손할 수 있을 것이다. 그러나 그런 영향은 결빙의 고난에 비한다면 그야말로 사소한 문제가 될 것이다.

위의 두 가지 사건은 가이아에게 앞으로 닥칠지 모르는 대규모적 재난의 대표적인 예라고 할 수 있다. 이런 재난이 닥칠 때 우리 인류는 가이아가 피해를 덜 입도록 보살펴 줄 수 있으리라. 그런데 한 가지 중요한 점은 인간 '호모 사피엔스'가 과학기술적 발명과 점점 더 정교하고 복잡해지는 통신망의 발달과 함께 진화를 거듭하면서 가이아의 지각 능력을 극명하게 증가시키고 있다는 사실이다. 가이아는 이제 인류를 통하여 잠을 깨고 자기 자신을 알아차리게 되었다. 가이아는 지구 주위를 선회하는 우주선의 우주인과 텔레비전 카메라를 통해서 자신의 얼굴을 드러내 보였다. 우리 인간들이 느끼는 경탄과 쾌락, 우리들의 의식적 사고와 사색, 우리가 갖는 끊임없는 호기심과 욕망은 더 이상 우리들 자신의 것만이 아니다. 아마도 그것들은 우리가 가이아와 함께 공유하는 것이리라. 그러나 이런 가이아와 인간의 새로운 상호관계가 아직까지 완전할 정도로 확립된 것은 물론 아니다. 아직까지 인간은 생물권의 필수적인 한 부분으로서 간주될 수 있을 만큼 그렇게 잘 길들여진 존재가 아니며 또 총체적인 생활을 하는 존재도 아니다. 인간은 아직까지 개별적 생활을 선호하는 생물로 남아 있는 셈이다. 그런데 이제부터 인간의 운명은 가이아에 길들여지도록 되어 있으며, 그렇게 됨으로써 인류가 갖는 종족주의와 국가주의의 공격적·파괴적·탐욕적 욕망은 가이아를 구성하는 모든 생물들의 복지에 부속하는 의무적 충동에 융합될 수 있다. 이것은 어쩌면 인간의 자연에 대한 항복으로 여길 수도 있으리라. 그러나 나는 우리가 우리 자신들보다 훨씬 더 커다란 실체의 하나라는 것을 깨달음으로써 얻는 행복과 만족의 감정이 인간의 자존심 손상을 충분히 보상하고도 남을 것이라고 믿는다.

필경 우리 인간은 그런 역할을 담당하도록 운명 지워진 최초의 생물종이 아닐 것이며, 또 그런 마지막 생물종도 아닐 것이다. 인간이 그 역할을 다할 수 없을 때 다른 새로운 생물종이 그런 역할의 후보자로 부각될 것이다. 그 후보자는 혹시 우리들보다 훨씬 더 커다란 두뇌를 가진 거대한 해양성 포유류들 가운데 하나가 아닐까? 생물학에서는 진화의 과정 중에 제 기능을 다하지 못하는 조직(tissue)이 도태되는 일이 다반사로 일어나고 있다. 스스로 최적의 상태를 구축해 가는 시스템에서는 그저 자리만 차지하는 기관(organ)이란 존재할 수 없는 법이다. 따라서 만약 향유고래가 자신의 커다란 두뇌를 본격적으로 사용하게 된다면 지능이 개발되어 우리 인간의 사고력을 압도

하게 될 수도 있으리라. 물론 고래가 커다란 두뇌를 갖게 된 것은 다른 이유 때문이라고 생각할 수도 있다. 그런 예로 고래는 대양이라는 3차원의 공간에서 이동하기 위해서 데이터를 3차원적으로 축적할 수 있어야 하는데, 그러자면 자연히 많은 기억저장 창고를 필요로 하게 될 것이다. 아니면 어쩌면 고래의 두뇌를 수공작의 꼬리에 비교할 수도 있지 않을까? 마치 수공작의 꼬리가 배우자를 유혹하기 위한 과시적 기관에 불과한 것처럼 수고래는 가장 자극적으로 헤엄칠 수 있는 놈이 배우자를 가장 잘 선택하는 것인지도 모른다. 그 이유가 진정 무엇이든 또는 어떻게 그렇게 만들어졌든지 상관없이 고래의 두뇌에 있어서 중요한 점은 그것이 분명히 탁월한 유용성을 가졌다는 것이다. 처음에 고래의 두뇌가 그처럼 컸을 때에는 어떤 특별한 목적이 있었을 것이다. 그러나 일단 그것이 그처럼 커져버린 이후에는 어찌할 수 없이 다른 목적으로 이용되기 마련이리라. 비슷한 예로 인간의 두뇌를 들 수도 있다. 우리의 두뇌는 입학시험이라는 관문을 통과하기 위하여 자연선택적으로 발달된 것이 아니다. 또 그 두뇌는 현재의 교육에서 필수적으로 요구되는 기억력과 사고력을 위하여 발전된 것도 아니다.

채집자로서의 인간은 정보를 수집하고 그것을 정리, 보관하는 데에 있어서 고래와는 비교할 수 없을 정도로 급속한 발전을 보여왔다. 그렇지만 오늘날의 우리는 우리들 중 극히 일부분만이 철광석으로 철봉을 만들 수 있으며, 또 그 철봉으로 자전거를 만들 수 있다는 점을 쉽게 망각해버린다. 개체적 존재로서의 고래는 사고의 정교함이 어쩌면 우리 인간의 수준을 넘어서는 단계에 있을지도 모른다. 그리하여 고래의 지적 수준은 자전거를 조립하는 수준 이상의 창의력을 발휘할 수도 있으리라. 그러나 고래는 도구를 가지지 못하며 기술이 없기 때문에 비록 그런 재능을 가진다고 해도 무엇인가를 만들어낼 수는 없는 것이리라.

이제 동물의 두뇌와 컴퓨터를 비교해보자. 그래서 이제 그런 충동에 승복한다고 가정해보자. 우리 인간은 개체적으로나 집단적으로 우리가 얻은 지식을 표현하고 전달할 수 있는 수단을 특별히 많이 가지고 있다는 점에서 다른 동물들과 확연히 구별될 수 있다. 그래서 이런 정보를 유용하게 사용할 수 있음으로써 물건을 생산하고 또 주위 환경을 변모시킬 수 있는 것이다. 이런 점에서 우리들의 두뇌는 서로 연결되어 있으며, 거의 무한히 많은 감지기(sensor), 주변장치, 기계류 등만이 아니라 메모리뱅크(memory bank)에도 연결되어 있는 중형 컴퓨터에 비교될 수 있다. 반면에 고래의 두뇌는 일단의 대형 컴퓨터에 비교될 수 있지만 이 컴퓨터는 서로 간의 연결이 느슨하며 또 외부로의 정보 전달 수단이 거의 완전하게 배제된 상태에 있는 것에 불과하다.

원시시대의 인류가 야생마의 고기맛을 알게 된 후 자신들의 식욕을 만족시키기 위하여 지구의 구석구석까지 뒤져서 모든 야생마들을 살육했다는 점에 대해 과연 여러분들은 어떻게 생각할까? 야만적이고, 게걸스럽고, 무책임하고, 이기적이고, 잔인하다는 등의 단어가 그런 행동을 표현하는 말로 먼저 떠오를 것이다. 말과 인간이 동반자적 관계를 수립할 수 있는 가능성을 처음부터 깨닫지 못했던 것은 얼마나 커다란 실수인가! 고래가 거의 멸종되어 가는 상황에 이르자 비로소 자국의 포경산업을 보호하기 위해 고래 양식에 나서는 것 또한 매우 안타까운 일이다. 우리가 부주의하여 고래를 멸종으로 이끌면 그것은 분명 일종의 종족학살(genocide)이며, 또한 게으르고 완고한 국가 관료주의에 빠진 결과일 것이다. 마르크스주의자나 자본주의자를 막론하고 우리 인류는 아직 이런 범죄의 심각성을 깨닫지도 인정하지도 못하고 있다. 그러나 어쩌면 우리가 자신의 실수를 깨닫고 이를 고치기에는 아직 늦지 않았을지도 모른다. 머지않은 장래에 우리의 자녀들은 가이아와 함께 공존하며 바다의 고래와도 함께 살아갈 수 있을지 모른다. 아마 그때가 되면 어린이들은 마치 먼 옛날 우리 선조들이 말에 올라타서 육지를 누볐던 것처럼 마음속으로나마 고래의 능력을 이용하여 넓고 푸른 대양을 헤엄쳐 나갈 수 있을 것이다.

옮긴이 해제

살아 있는 지구의 개념을 되살리다

1. 가이아와 가이아 가설

행성 지구는 지금으로부터 약 45억 년 전에 탄생했다. 그리고 약 10억 년의 세월이 지난 어느 시점에 이르러 원시 생명체로 불리는 최초의 생물이 출현했다. 당시 지구는 현재의 지구와 현저히 달랐으리라. 이후 약 35억 년의 기간이 경과하면서 행성 지구는 서서히 변화를 거듭하여 오늘에 이르렀다.

지구 45억 년의 역사는 그야말로 기나긴 세월이다. 한반도에서 선사 시대가 처음 시작된 것은 지금으로부터 불과 7000년 전이었으며 고조선이 개국한 것은 겨우 4500년 전(약 B.C. 2500년경)이었음에도 불구하고 우리는 우리나라의 고대사조차도 잘 모르고 있는 것이 사실이다. 이런 점에 비추어볼 때 현대 과학이 제아무리 발달했다고 해도 수십억 년 동안의 지구 역사에 대해 제대로 밝혀내지 못하는 것은 어쩌면 당연한 일인지도 모른다.

무릇 어떤 사건에 대해 명백한 증거가 발견되지 않으면 으레 많은 가설과 이론이 따르는 법이다. 따라서 우리 지구의 역사, 즉 지난 35억 년 동안의 생물과 무생물의 진화에 대해 이제까지 무수한 학설과 주장이 난무했던 것은 결코 놀라운 일이 아닐 것이다.

근대 과학이 확립된 이후 현재까지 과학에서의 주류적인 시각은,

생물이 지상에 처음 출현한 이후 끊임없이 주위 환경의 변화에 적응하면서 점진직으로 진화하여 마침내 오늘에 이르렀다고 단정한다. 즉 태양 복사열의 증가, 화산 폭발, 운석의 충돌, 대륙 이동 등의 여러 지질학적 원인들에 의해서 세월의 흐름과 함께 대기와 해양의 조성이 변화하고 또 기후가 바뀌었으며, 생물들은 그러한 주위 환경의 변화에 수동적으로 대처하면서 점진적으로 적응하는 과정을 밟아왔다는 견해다.

그런데 처음으로 지구에 생명이 출현했던 과거 35억 년 전의 원시 대기가 산소를 전혀 포함하지 않은 환원 상태를 나타냈던 것에 비해서 오늘날의 대기권은 산소가 약 21%나 들어 있는 산화 상태를 보이고 있다. 해양은 지구 탄생 이후 그리 오래지 않아서부터 조성되기 시작했는데, 바닷물의 염분 농도가 처음 그것이 형성되었을 때부터 지금과 같이 높았다고 생각하기는 곤란하다. 그렇다고 해서 바닷물의 염분 농도가 지난 수십억 년 동안 줄곧 증가일로를 걸어왔다고 추측하기도 어렵다. 그런가 하면 많은 지구과학적 자료들은 지구의 평균 기온이 지난 35억 년 동안 거의 일정하게 유지돼 왔음을 밝히고 있는데 그것은 어떤 이유에서일까?

극히 최근에 이르기까지 이러한 질문들은 지질학, 지구물리학, 고생물학 등에서 중요한 관심사였음에도 불구하고 이에 대해 합리적인 대답을 제공하는 과학자는 아무도 없었다. 그런데 1970년대 초엽 영국의 대기화학자 제임스 러브록은 지구의 역사와 생물 진화에 대한 종래의 견해들과는 전혀 궤도를 달리하는 새로운 이론을 제안했는데, 그는 우리들이 살고 있는 이 지구가 살아 있는 하나의 거대한 유기체라고 주장했다. 그리고 지구 생물권을 단순히 주위 환경에 적응해서 간신히 생존을 영위하는 소극적이고 수동적인 존재가 아닌, 오히려 지구의 제반 물리·화학적 환경을 활발하게 변화시키는 적극적이고 능동적인 존재라고 규정했다. 러브록은 이러한 자신의 이론에 '가이아 가설(Gaia Hypothesis)'이라는 명칭을 붙였다.

먼저 러브록은 지난 30여 억 년 동안 대기권의 원소 조성과 해양의 염분 농도가 거의 일정하게 유지돼 왔다는 사실에 주목했는데, 만약 생물이 지상에 출현하지 않았다면 절대로 그렇게 될 수 없음을 간파했다. 그리고 탄소, 질소, 인, 황, 염소 등 지구를 구성하는 주요 원소들이 대륙과 해양을 오가며 순환하고 있다는 사실을 발견했는데, 놀랍게도 이런 물질들의 매개자가 전적으로 생물이라는 점 또한 알아냈다. 생물들은 기후를 조절하고, 해안선을 변화시키고, 때로는 대륙을 이동시킬 수도 있었다. 따라서 러브록은 자연스럽게 이 지구가 생물과 무생물의 복합체로 구성된 하나의 거대한 유기체라고 단정짓기에 이르렀는데, 그는 이러한 지구의 실체를 일컬어 '가이아(GAIA)'라고 명명했다. 그리스 신화에서 가이아는 대지의 여신을 의미한다.

가이아 이론에 의하여 우리들은 비로소 이제까지 현대 과학이 제대로 설명하지 못했던 지구의 역사에 대한 의문을 풀 수 있는 실마리를 얻게 되었다. 즉 왜 바다는 태곳적부터 이제까지 염분 농도에 큰 변화 없이 유지될 수 있었는지, 생명의 탄생 이후 현재까지 무수한 지질학적 재난에도 불구하고 어떻게 지구의 기온은 생물의 생존에 적합한 범위 내에서 유지될 수 있었는지, 그리고 지구의 생물들이 그런 대재난의 와중에서 어떻게 한 번도 절멸되지 않고 진화를 계속할 수 있었는지가 흥미진진하게 설명될 수 있게 된 것이다.

1970년대 초 러브록에 의해 처음 제안된 가이아 이론은 지난 30

여 년 동안 지구의 역사와 자연을 탐구하는 거의 모든 학문 분야에서 진지하게 연구 검토되었으며, 그 결과 이제는 지구 생물권과 인류의 운명을 예언하는 과학적 지침서로 널리 인정받고 있다. 이 이론은 그동안 종교계와 철학계 등을 비롯한 사회과학의 많은 부분에서도 열띤 찬반 논쟁의 대상이 돼왔는데, 1980년대 후반에 이르러서는 신과학을 선도하는 주요 학문 분야의 하나로 뚜렷한 위상을 확립하고 있다. 가이아 이론은 지구의 운명과 인류의 미래에 대해 명쾌한 해답을 제공한다는 점에서, 그리고 환경오염의 시대를 살아가는 현대인들에게 새로운 인식의 전기를 부여한다는 점에서 그 의미의 중요성을 아무리 강조해도 지나치지 않을 것이다.

II. 가이아 이론의 탄생

지구가 살아 있다는 생각은 분명 인류의 역사만큼이나 오래되었을 것이다. 고대 신화와 설화에는 '땅(대지)'이라는 존재가 살아 있는, 그래서 사람들이 두려워하는 대상으로 기록되는 경우가 빈번했다. 지금도 문명 세계와 격리되어 있는 변경 지방에서는 자연을 경외하고 신성시하는 풍습이 남아 있는데, 이러한 사고는 바로 러브록이 제창한 가이아 이론의 모체가 되는 셈이다.(우리나라에도 산신령을 경외하고 용왕을 떠받드는 풍속의 잔재가 아직까지 지방 곳곳에 남아 있다. 이런 점 때문에 관념적으로 가이아 가설이 우리들에게 더욱 친밀하게 느껴지는 것이겠지만, 이로 인해 때로는 가이아 이론에 비과학적이라는 비난이 따라오기도 했다.)

그러나 러브록 이전의 과학자들이 살아 있는 지구의 개념을 전혀 인식하지 못했던 것은 결코 아니다. 영국의 제임스 허턴 경(Sir James Hutton)은 1785년에 열린 에딘버러 왕립학회에서 지구는 하나의 거대한 초생명체이며, 이 존재를 연구하기 위해서는 생리학적 지식이 필요하다고 설파한 바 있다. 그는 토양 속 무기물들의 순환과 대양으로부터 육지로의 물의 이동을 인체 내에서의 혈액 순환 현상에 비유했는데, 지질학의 아버지로 추앙받을 정도로 그의 덕망이 대단했음에도 불구하고 당시 사회를 풍미하던 환원주의(reductionism)의 물결에 휩쓸려 그런 대담한 제안은 곧 잊혀지고 말았다.

그리고 러시아의 저명한 과학자 블라디미르 베르나츠키(Vladimir Vernadsky)는 1911년에 생물권(biosphere)을 "생물체들로 이루어진 덮개, 즉 살아 있는 생물이 차지하고 있는 지구의 영역으로 생물권은 우주선(cosmic radiation)을 흡수하여 전기에너지, 화학에너지, 기계에너지, 열에너지 등 지구에서 사용 가능한 에너지로 전환시키는 생명의 존재들이 차지하고 있는 지각의 영역으로 간주된다"고 정의한 바 있는데, 그는 이러한 살아 있는 지구의 개념을 자신의 사촌형인 예브그라프 코롤렌코(Yevgraf M. Korolenko)로부터 전수받았다고 고백한 바 있다.

따라서 지구가 살아 있는 하나의 거대한 유기체라고 하는 사고가 러브록에 의해서 처음 비롯된 것은 결코 아니다. 그러나 이제까지 많은 사람들이 막연히 품고 있던 생각을 객관화하고, 그것에 고유한 이름을 부여하고, 또 그 개념을 과학적으로 추구했던 최초의 과학자인 러브록의 공로는 결코 부정되어서는 안 될 것이다.

러브록이 처음에 어떻게 가이아 가설을 생각해내게 되었는지를 살펴보는 일은 자못 흥미롭다. 러브록은 자신의 저서들을 통해서 지구가 지표면의 생물들에 의해서 능동적으로 조절되고 유지된다는 개념을 처음 생각하게 된 시점은 1960년대 중엽, 당시 그가 미국항공우주국의 초청을 받아 제트추진연구소에서 화성을 비롯한 다른 행성에서 생물체를 찾고자 하는 실험에 종사할 때부터였다고 고백하고 있다.

그는 화성의 생물체탐사에 성공을 거두기 위해서는 그곳에서 생존 가능성이 높은 생명체의 유형을 선택하여 그것들을 개별적으로 조사하기보다는, 그 생물들이 서식함으로 인해 행성 전체에 미칠 수 있는 어떤 결과를 찾아내는 것이 보다 더 유용할 것으로 생각했다. 그래서 미지의 행성에서 생물체를 탐사하는 가장 확실한 방법의 하나는 그 행성의 대기 성분을 분석해보는 것이라고 생각하기에 이르렀는데, 그는 철학자인 디언 히치콕(Dian Hitchcock)과 함께 행성의 생물체는 자신에게 필요한 물질의 수송 매개체로서 대기권을 이용하고, 대사 작용의 부산물로 생성된 노폐물의 처분 장소로는 해양을 이용할 것이라는 점을 추론하는 두 개의 논문을 발표하기도 했다.

만약 생물체들에 의해서 대기권의 화학적 조성이 달라진다면 생물이 서식하는 지구와 우리가 잘 알지 못하는 다른 행성들의 제반 물리·화학적 특성들을 비교해봄으로써 생물 서식의 유무를 쉽게 판정할 수 있을 것이다. 1960년대에는 이미 화성의 대기권을 연구하는 것이 그리 어려운 일은 아니었는데, 그것은 적외선 망원경으로 지구에서 화성을 살펴보는 것으로 충분했다. 이런 조사에 바탕하여 러브록은 화성의 대기층 대부분이 이산화탄소로 되어 있고, 그것의 조성은 화학적 평형(chemical equilibrium)의 상태에서 그리 멀지 않다는 것을 밝힐 수 있었다. 그는 지구 대기권의 화학적 조성은 영속적인 화학적 비평형의 상태에 있다는 것을 이미 잘 알고 있었으므로 이런 관찰에 근거하여 화성에는 생물체가 존재하지 않는다는 주장을 강력히 제기했다.

화성의 대기권과 지구의 대기권 조성이 다르고 그러한 차이점이 생물 존재의 유무에 의해서 나타나는 결과라면, 과연 행성 지구의 생물들은 탄생 이후 35억 년의 기간 동안 지구의 물리·화학적 성장에 어떤 영향을 미쳤을까? 미항공우주국(NASA)을 방문한 이후 러브록은 이 문제에 대해 끈질긴 탐구를 거듭했다.

러브록은 먼저 우리들이 우주선을 타고 외계에서 지구를 들여다본다고 가정했다. 이렇게 하면 편견 없는 눈으로 많은 것을 살펴볼 수 있게 되는데, 그는 지구 대기권의 비정상적인 화학적 조성으로 인해 발산되는 특징적인 적외선 신호(infrared signal)는 적당한 감지기만 있으면 누구나 관측할 수 있는, 영원히 지속되는 생명의 소리라는 것을 깨달았다. 그는 만약 생물들이 이 지구를 전적으로 책임지고 있는 존재가 아니라면, 그리고 그들이 완벽하게 지구를 점령하고 있는 상태가 아니라면 결코 그들은 지구 위에서 자신들의 생존에 필요한 제반 조건들을 확보할 수 없었으리라는 사실을 인식할 수 있었던 것이다.

어떤 행성에 생물체가 존재하기 위해서는 그 생물이 필연적으로 그 행성의 기후와 화학적 상태를 조절할 수 있어야만 한다. 생물체가 그 행성에 일정 기간만 존재한다거나 부분적으로 존재한다거나, 또는 가끔씩 다른 곳에서 그 행성으로 찾아든다고 한다면 그 행성의 물리·화학적 진화를 야기시키는 불가항력적인 힘에 대항하기는 어려울 것이다(이런 물리·화학적 진화의 힘은 과학적으로 엔트로피 증가의 법칙으로 설명된다). 따라서 지구 대부분의 지역에서 항상 생물들의 생활에 적합한 조건이 유지되고 있다는 사실은 역설적으로 그러한 환경을 조성하는 생물들의 역할이 얼마나 대단한 것인지 인식하게 한다.

가이아 이론의 핵심은 이 지구가 살아 있는 존재라는 것인데, 이러한 러브록의 견해는 그가 1972년에 「대기권 분석을 통해 본 가이아 연구(Gaia as Seen Through the Atmosphere)」라는 단 한 페이지 분량의 짤막한 논문에서 처음 제안되었다.

러브록은 1970년대를 통하여 생물들이 지구의 대기권 조성을 비롯해서 해양, 대륙, 암석 등의 무생물적 환경에 어떤 영향을 미쳤는지를 범지구적인 차원에서 검토하고 여기에서 얻어진 정보들을 정리하여 1979년에 『가이아: 지구 생물에 대한 새로운 관점(Gaia: A New Look at Life on Earth)』이라는 책으로 발간했다. 그리고 1980년대를 거치면서 얻은 가이아에 관한 많은 새로운 사실들과 지구생리학적인 시각에서 바라본 새로운 견해들을 정리하여 1988년에 『가이아의 시대(The Ages of Gaia: A Biography of Our Living Earth)』라는 두 번째 저서를 발간했다. 이 책에서는 가이아 이론(Gaia Theory)을 본격적으로 다루고 있는데, 지구와 지구의 생물들에 관해 새롭게 통일된 관점을 제시하고 있다. 이어서 1991년에는 대중들에게 보다 친근감을 줄 수 있도록 많은 삽화를 넣어 『가이아: 지구의 체온과 맥박을 체크하라(Gaia: The Practical Science of Planetary Medicine)』라는 세 번째 책을 냈는데, 이 책에서는 마치 의사가 환자를 다루듯 지구생리학적 관점에서 가이아의 상태를 진찰하고 있다. 따라서 러브록은 학문적으로는 가이아 지구생리학(Gaia geophysiology)이라는 새 학문의 장을 열었다고 할 수 있다.

2001년 연말 러브록은 가이아에 관한 네 번째 저서 『가이아에 충성하는 한 독립적인 과학자의 일생(Homage to GAIA: The Life of an Independent Scientist)』이라는 제목의 자서전을 출간했다. 참고로 러브록의 세 권의 저작은 국내에서도 번역 출간되어 좋은 호평을 받았으며 네 번째 저서는 현재 번역을 기다리고 있다.

본서는 저자의 첫 번째 저서 『가이아: 지구 생물에 대한 새로운 관점』을 개정 증보한 것이다. 러브록은 자신의 여러 저서들 중에서도 특히 이 책에 큰 애착을 보였는데, 자신의 첫 번째 저작이었다는 점에 더하여 아마도 이 책이 일반 대중을 위해서 쓰여졌다는 점 때문일 것이다. 1979년 초판이 발간된 이래 30년이 지난 지금도 이 책은 서구 독서계에 장기 베스트셀러로 자리잡고 있다.

III. 가이아 이론의 탐구 - 데이지 세계

이제부터 '만약……'이라는 가정하에서 가이아 이론을 검토해보자. 여기 지구와 똑같은 크기의 한 행성이 있다고 가정하고 그것이 태양의 주위를 공전하고 있다고 하자. 이 행성의 육지는 물이 풍부하여 기온이 적당하기만 하다면 어디에서나 식물이 잘 자랄 수 있다고 가정하자. 이 행성을 데이지 세계(The Daisy World)라고 명명하고자 하는데, 그것은 이 행성의 주생물이 오직 데이지밖에 없기 때문이다. 데이지는 색이 짙은 종과 옅은 종이 있다고 가정하자.

지금으로부터 약 35억 년 전, 지구상에 생명이 처음 나타났을 때 태양은 지금보다 약 30% 정도 덜 밝았다. 이후 태양은 점점 더 밝아져서 현재와 같은 밝기가 되었는데, 이처럼 세월이 흐르면서 태양이 점차 뜨거워진다는 사실은 모든 별들의 속성이며 따라서 의심의 여지가 없는 과학적 사실이다.

가상의 데이지 세계에서는 환경 조건을 단 한 가지 변수, 즉 온도 하나로 단순화하고 생물계는 하나의 생물종, 즉 데이지로 단순화시킨다. 데이지는 20도 내외의 온도에서 가장 잘 자라는데, 만약 온도가 5도 이하로 내려가면 생장을 멈추고 40도를 넘어서면 시들어서 결국은 말라죽게 된다고 가정하자.

이 행성의 평균 온도는 실제의 지구와 마찬가지로 태양으로부터 받아들이는 입사열과 그 표면에서 발산하는 장파장 복사열의 많고적음에 의해서 결정된다. 따라서 이 데이지 세계의 평균 기온은 단순히 그 행성의 평균 색감(shade), 혹은 천문학자들이 말하는 알베도(albedo: 어떤 물체에 입사되는 에너지량에 대한 반사에너지량의 비)에 의해서 결정될 수 있다. 만약 이 행성의 색이 짙어지면, 즉 알베도가 낮아지면 태양열을 보다 많이 흡수해서 지표면의 온도가 상승할 것이다. 또 만약 눈이라도 내려서 알베도가 높아지면 태양빛의 70%에서 80%는 지표면에서 반사되어 즉각 외계로 달아나버릴 것이다. 이렇게 되면 행성 표면은 똑같은 정도의 태양 복사열을 받더라도 짙은 색을 띠었을 때보다 기온이 훨씬 낮게 될 것이 분명하다. 알베도는 0(완전 흑색일 경우)에서부터 1(완전 백색일 경우)까지의 값을 갖는다. 어떤 생물도 자라지 않는 데이지 세계의 알베도는 대략 0.4정도로 가정하는데, 이 말은 태양으로부터 오는 복사열의 약 60%만이 행성에 흡수된다는 의미다. 데이지가 만개하면 그것의 색깔에 따라서 짙은 색(알베도는 0.2)에서 밝은 색(알베도는 0.7)에 이르기까지 알베도가 달라질 것이다.

이런 가상의 데이지 세계는 바로 축소판 지구라 할 수 있는데, 이제부터는 지구에 처음 생명이 탄생했을 때를 가정해서 아주 오래전의 데이지 세계를 상상해보자. 이때의 태양은 온도가 그리 높지 못했고 따라서 지금처럼 밝지 않았기 때문에 데이지 세계의 기온도 매우 낮았을 것이다. 그래서 단지 적도 부근에서만 데이지가 겨우 생장할 수 있는 5도 정도의 온도를 유지할 수 있었으며 그곳에서는 데이지의 씨앗이 겨우겨우 발아하여 간신히 꽃을 피울 수 있었으리라.

이제 처음으로 꽃을 피운 데이지들은 짙은 색과 옅은 색의 꽃이 모두 있었다고 가정하자. 첫 번째 여름이 미처 지나기도 전에 짙은 색의 꽃을 갖는 데이지들이 그렇지 못한 데이지들보다 성장이 유리했을 것은 물론이다. 짙은 색의 꽃을 피웠던 지역에서는 태양빛을 보다 많이 흡수할 수 있었으므로 기온은 5도보다 더 상승했을 것이다. 옅은 색의 꽃을 피웠던 데이지들은 태양빛의 반사가 많아졌으므로 데이지 생장의 절대 온도인 5도보다 주위 기온이 낮아져서 결국 사멸하고 말았을 것이다.

이듬해에는 짙은 색의 꽃을 피웠던 데이지들이 지난 해보다 더 많은 씨앗을 남겼으므로 처음부터 크게 번성할 수 있었으리라. 이처럼 짙은 색의 데이지들이 만개하게 되자 처음에는 데이지 자체의 온도가 상승하게 되고 이어서 토양과 주변의 공기 온도가 높아지게 되었을 것이다. 그리고 점차 데이지가 적도 부근에서 남북극의 양쪽으로 퍼져나가면서 처음에는 꽃이 자라는 지역의 기온이, 그리고 궁극적으로는 행성 전체의 기온이 상승하기 시작했을 것이다. 이렇게 행성의 평균 온도가 높아지면서 데이지의 성장은 더욱 가속화되고 생장 기간도 더욱 길어졌으며 따라서 짙은 색의 데이지들이 더욱 멀리까지 퍼지게 되는 양성피드백 효과가 나타나게 되었을 것이다. 그래서 결국 행성의 대부분이 짙은 색의 데이지들로 뒤덮이게 되었으리라.

그런데 이렇게 되자 행성의 기온이 너무나 상승해서 급기야 데이지의 생육이 저해받는 지경에까지 이르게 되었을 것이다. 그래서 적도 지역에서는 짙은 색의 데이지가 더 이상 씨앗을 맺지 못하게 되었는데, 사정이 이렇게 되자 그곳에는 이제 짙은 색 데이지 대신 옅은 색의 데이지가 자라게 되었다. 옅은 색 꽃의 데이지들은 주위 환경보다 자신의 체온을 낮게 유지시킬 수 있기 때문에 성장이 빨라서 짙은 색 데이지들과의 생존 경쟁에서 이길 수 있었던 것이다. 옅은 색 데이지들은 적도를 중심으로 해서 양극쪽으로 점차 퍼져나갔는데, 이렇게 되자 다시 행성의 기온은 낮아지기 시작했으며 다시 얼마쯤의 시간이 지나면서 짙은 색 데이지들이 점차 경쟁력을 확보하게 되었을 것이다.

궁극적으로, 데이지들은 옅은 색의 종과 짙은 색의 종이 매년 그 조성비를 달리하며 번성함으로써 이 행성의 기온을 자신들의 생육에 적당한 범위 내에서 오랜 기간 유지할 수 있게 될 것이다. 그리고 이 기간 중에 태양열의 세기와 같은 외부적 환경인자가 상당한 정도까지 변화를 보이더라도 데이지들은 그에 따르는 영향을 무난히 극복해 낼 수 있을 것이다. 실제로 러브록이 간단한 수식을 사용해서 컴퓨터 프로그램으로 작성한 데이지 세계 모델은 태양빛의 강도가 실제 지구 역사에서와 마찬가지로 30%나 더 증가하는 조건 속에서도 가상의 데이지 행성 데이지 세계의 기온을 20~30도의 범위 내에서 유지하는 데에 성공했다. 이에 반해 데이지들이 존재하지 않는 무생물의 행성에서는 — 또는 생물들이 지구의 물리·화학적 과정에서 거의 관여하지 않는다는 이론에 따르면 — 태양열의 세기가 30% 증가할 때 행성의 평균 기온이 50도를 넘어설 것으로 추정되었다.

위의 데이지 세계 모델은 결국 장구한 지구의 역사를 그대로 대변한다고 해도 과언이 아니다. 처음 지구에 생명이 탄생했을 즈음에는 마치 지금의 화성이나 금성, 또는 달에서처럼 기후 조건이 대단히 혹독했을 것이다. 그러나 데이지 세계 모델이 보여주듯 생명이 탄생한 어느 순간부터 지구의 기후는 이들의 작용에 의해서 점차 아늑해지기 시작했으리라. 그래서 과거 30억 년 동안 화산 폭발이나 운석 충돌과 같은 무수히 많았던 지질학적 재난에도 불구하고 생물권은 이 지구의 기후를 생물들이 살기에 적당하게 보전해온 것이리라.

이제까지 과학자들은 지구 역사를 조망하는 관점에 있어서 생물과 무생물의 역할을 엄격히 구분했던 것이 일반적인 경향이었다. 그들은 지구의 물리·화학적 환경은 화산 폭발이나 대륙 이동과 같은 지질학적인 대사건들에 의해서 점진적으로, 때로는 격심하게 변화해왔으며, 생물들은 다만 수동적으로 이런 환경 변화에 적응하면서 그동안 지구 역사를 꾸며왔다고 주장했다. 그런데 위의 데이지 세계 모델은 지구 진화에 있어서 사뭇 다른, 생물의 역할을 보여준다. 연약한 데이지들이 아무런 사전 조건이나 목적 없이 한 행성의 기후를 자기들의 생존에 적합하도록 오랜 기간 잘 유지시킬 수 있었던 것이다.

가이아는 결국 위의 데이지 세계 모델로 대변되는 이 지구의 총체적 모습이라고 말할 수 있다. 즉 자기 주위의 물리·화학적 환경에 영향을 미치는 생물들과 이들을 둘러싸고 있는 제반 환경 요소들이 모두 합해져서 단단히 결집된 조화를 이루는 실체가 바로 가이아 시스템이다. 이러한 조화물은 앞의 데이지 세계에서 엿볼 수 있듯 생물들이 주도권을 잡고 자가조절의 기능을 수행하는 완벽한 역동적 시스템인 것이다.

데이지 모델은 가이아 이론이 목적론적이라는 비난에 반박하기 위해서 러브록이 동료 연구자 앤드루 왓슨과 함께 1983년에 발표했는데, 생물과 환경과의 관계에 대해 새로운 시각을 제공했다는 점에서 크게 각광받았다. 1990년대에 전 세계적으로 유행했던 컴퓨터 게임 '심어스(SimEarth)', '심시티(SimCity)' 시리즈는 바로 러브록의 데이지 모델에 기초하여 게임화된 것이다.

IV. 가이아 이론의 재인식

앞에서 데이지 세계 모델이 예시한 것처럼, 가이아 이론은 행성 지구의 물질대사 시스템을 설명하는 데 있어서 생물의 역할을 크게 강조한다. 따라서 러브록은 생물권이 대기권의 산소 농도를 21%로 유지시키고, 바닷물의 염분 농도를 조절하며, 지구의 기후를 아늑하게 조성하는 데 어떻게 기여할 수 있었는지 그 메커니즘을 규명하는 데 많은 시간을 소요했다. 그 결과, 그는 이러한 생물들의 환경 조절 메커니즘으로 자가규제 시스템 혹은 사이버네틱 시스템을 제안했다.

사이버네틱 시스템은 순환논리회로를 갖는 것이 보통이다. 가정용 난방장치나 에어컨이 바로 간단한 사이버네틱 시스템에 해당하는데, 우리들이 흔히 접할 수 있는 난방장치들은 실내에 설치되는 온도감지기와 온도조절기, 그리고 보일러를 점화시키고 연료를 공급하는 발열장치의 세 가지로 구성된다. 온도감지기는 시시각각 방안의 온도를 감지하여 그 정보를 온도조절기로 통보하는 역할을 한다. 온도조절기는 감지기가 전달한 정보(현재의 실내 온도)를 이미 입력된 정보(이미 설정된 실내 온도)와 비교하여 방안의 온도가 일정 수준 이상으로 낮아지면 발열장치의 스위치를 켜고, 또 실내 온도가 일정 수준 이상으로 높아지면 스위치를 끄는 기능을 수행한다. 이처럼 난방기나 에어컨에는 감지기, 조절기, 반응기의 세 가지 요소로 구성되는 사이버네틱 시스템이 내장되어 있음으로 해서 밤과 낮, 여름과 겨울의 외부 기온 차이에도 불구하고 실내 기온은 항상 일정한 범위 내에서 유지될 수 있는 것이다.

러브록은 지구의 생물과 무생물이 한데 어울려서 난방기와 에어컨처럼 하나의 거대한 사이버네틱 시스템, 즉 가이아라는 복합적 실체(complex entity)를 구성하고 있다고 주장한다. 그래서 가이아는 스스로의 존재를 위해서 능동적으로 주위 환경을 조절한다고 추론한다.

그렇다면 도대체 가이아의 어떤 부분이 가정용 난방장치의 온도조절기에 해당하는 역할을 수행하는 것일까?

그는 지구 생물권 전체가 마치 하나의 생물체처럼 행동한다고 가정하는데, 생물권이 온도조절기로서의 중요한 역할을 담당하고 있다고 생각한다. 그래서 우리가 추울 때에는 스스로 몸을 떨어서 신체의 발열 반응을 촉진시키고, 또 너무 더울 때에는 땀을 흘려서 체온을 일정하게 유지하려고 하는 것처럼 가이아도 자신이 스스로 주위 환경을 진단해서 필요한 적절한 조치를 취한다는 것이다.

그런데 러브록에 의하면 이런 범지구적인 온도 조절 메커니즘이 어느 단순한 한 가지 시스템에 전적으로 의지하는 것은 아니라고 한다. 그는 가이아가 자신의 존재를 보전하기 위해서 지구의 기온을 일정하게 유지하는 데는 필경 아주 정교한 수단들을 많이 동원하고 있을 것이라고 추정한다. 그것은 생물이 지구에 처음 탄생한 이후 지금까지 35억 년 동안은 가이아가 그처럼 정교한 기후 조절 시스템을 창안하고, 시험하고, 또 발전시키기에 충분한 시간이었을 것이라고 러브록은 생각한다.

그런데 오늘날의 지구가 화성이나 금성과 같은 태양계의 다른 자매 행성들과는 전혀 다른 속성을 지니게 된 것이 전적으로 생물의 존재 때문이라는 러브록의 주장은 적어도 다음과 같은 두 가지 측면에서 커다란 논란을 불러일으키는 시발점이 되었다.

첫 번째 논점은 생물들이 — 개별적 또는 집단적인 것을 막론하고 — 과연 주변의 환경을 자신의 생존에 적합하도록 조절해 나갈 수 있는가 하는 데 모아졌다.

'가이아' 가설이 처음 발표되었을 때, 진화생물학자들은 그것이 박테리아, 나무, 흰개미, 원숭이 등의 모든 생물들이 공동의 최고선을 위해서 어떤 방법으로든지 함께 어떤 총체적인 계획을 수립하는 것을 전제로 한다고 간주했다. 하지만 그들은 생물들이 서로 협력해서 지구 기온을 조절하거나 바닷물의 염분 농도를 조절하는 등의 일을 도모할 수 있을 정도로 그렇게 영리하다고는 도저히 믿기 어려웠다. 그보다는 흰개미들은 어떤 한 가지 일에 종사하고 그것들의 서식처 구실을 하는 나무들 또한 다른 한 가지 일에 종사하는 등, 그렇게 생물들이 때로는 서로 돕기도 하고 또는 서로 해를 끼치기도 하는 가운데 그럭저럭 이 세계가 굴러간다고 생각하는 것이 보다 합리적이라고 생각되었다.

가이아 이론을 반박하는 가장 대표적인 과학자 중 한 사람인 생화학자 포드 둘리틀(Ford Doolittle)은, 생물 진화는 아무런 사전 계획이나 선견지명 없이 오직 자연선택에 의해서 진행되는 것이라고 주장한다. 생물은 각 세대에서 주어진 환경에 가장 잘 적응하는 개체가 살아남아 번식함으로써 가장 많은 후손을 남긴다. 이런 후손들은 한 세대에서 다음 세대로 넘어가는 동안에 아주 미약하지만 그래도 약간은 변화한다. 그래서 어떤 개체들은 다른 것들보다 생존과 번식에 더 적합하게 되기 때문에 그러한 개체들은 자신의 유전자들을 더 많이 후손들에게 전달할 수 있다. 이런 일이 반복됨으로 해서 유용한 유전적 변화들은 널리 전파되는 반면 해로운 것들은 점차 도태되는데,

충분한 시간이 경과하면 이러한 다윈식 자연선택의 맹목적인 과정은 모든 생물에게 충분한 만큼의 다양성을 제공할 수 있게 될 것이다. 둘리틀에 이어서 영국의 진화학자 리처드 도킨스(Richard Dawkins)는 자연선택이 이기성과 맹목성에 이끌려서 진행된다고 주장하면서 가이아 이론에 강하게 비난을 퍼부었다.

그러나 둘리틀과 도킨스는 가이아가 자연선택에 의해서 어떻게 진화될 수 있는지 충분히 이해하지 못했다. 가이아는 생물종들의 범지구적인 협력을 대표하는 반면, 자연선택 이론의 주제는 생물 개체들 사이의 끊임없는 경쟁이었던 것이다. 러브록은 가이아 이론이 자연선택의 제반 법칙들과 모순되지 않는다고 확신했다. 그리고 가이아 이론이 자연선택의 한 귀결이라고 인정했는데, 이러한 반론의 증거로 앞에서 예로 들었던 데이지 세계 모델을 제시했다.

데이지 세계 모델의 최고선은 그것의 보편성에 있다. 그것은 거의 모든 환경인자들 — 온도를 비롯해서 대기권의 산소 농도, 바닷물 속의 아이오딘 농도에 이르기까지 생물의 생존을 제한하는 모든 인자들 — 에 적용 가능하다. 또한 그것은 생물체가 나타날 수 있다고 생각되는 다른 행성들에도 쉽게 적용이 가능하다. 데이지 세계 모델은 지구 이외의 다른 행성에 생물들이 처음 탄생했을 때 그것들이 성장하면서 그 행성의 환경 조건을 점진적으로 어떻게 변화시킬 수 있으며, 또 그 생물들은 자연선택의 과정을 거치면서 어떻게 진화할 수 있는지 보여줄 수 있는 좋은 증거가 된다고 하겠다.

두 번째 논점으로, 생물이 지구 환경을 변화시키는 원동력으로 작용한다는 러브록의 주장은 지난 45억 년의 지구 역사를 해석하는 데 있어서 생물은 생물대로, 무생물은 무생물대로 별개의 존재로 취급하는 환원주의적 사고에 종말을 고한다는 점에서 다른 논쟁의 소지를 제공했다.

20세기에 이르러 과학은 무수히 많은 전문 분야로 갈라지고 있으며, 그 각각의 분야에서 엄청난 양의 지식이 모아지고 있다. 지구에 관해서 이미 알려진 지식만 하더라도 어떤 한 사람의 머리만으로 이해되기에는 그 양이 너무나 광대해졌다. 해양학의 영역만 하더라도 해양 물리학, 해양 화학, 해양 생물학 등은 물론이고 해양 기상학, 해저 지질학, 해양 고생물학 등 무수히 많은 전문 학문분과들이 존재한다. 대기 분야만 해도 성층권만을 전문적으로 연구하는 학자들이 있는가 하면 대류권만을 전문 영역으로 다루는 학자들도 있는 바 이런 전문 연구자들은 서로 교류하지 않는 것이 보통이다. 아니면 기껏해야 자신들의 연구 대상인 해양과 대기권, 또는 대기권의 여러 층들이 극히 미약한 정도로 혼합하는 것처럼 그렇게 미미한 정도의 교류만을 가질 따름이다.

그런가 하면 그렇게 전공 분야가 세분되어 있음에도 불구하고 과학자들은 한결같이 용모가 비슷하고, 사고방식도 비슷하며, 하는 일도 비슷하고, 심지어 전문용어를 쓰는 것도 비슷하다는 점에서 묘한 공통점을 보인다. 따라서 20세기 과학자들의 자화상은 각기 다른 연구 대상들에 대해 똑같은 연구 방법론을 적용하는 일단의 무리로 묘사할 수 있을지 모르겠다.

이러한 과학계의 풍토 속에서는 설령 가이아가 존재한다고 하더라도, 연구자 X는 대기권이 살아 있는지 살피고, 연구자 Y는 산맥을 연구하고, 연구자 Z는 연구자 X가 과연 살아 있는지 연구해야 하는 것처럼 그렇게 각자가 자기에게 주어진 영역만을 연구하기 때문에 절대로 가이아의 존재를 제대로 인식할 수 없을 것이다.

만약 가이아가 존재한다면 그것은 마치 우리 신체의 각 기관들이 서로 연계해서 몸 전체로서의 기능을 발휘하듯 그렇게 지구의 모든 구성 요소들이 서로 연계해서 총체적인 기능을 발휘할 것이 분명하다. 따라서 지구 전체를 하나의 시스템으로 간주하여 연구 대상으로 삼는 새로운 전일적 접근 방법(holistic approach)이 반드시 요구될 것이다.

러브록은 환원주의가 팽배하는 현대 과학계의 풍토 속에서 지구과학과 생물학, 행성과학의 제반 영역을 넘나들면서 이름 그대로 전일적 개념의 가이아를 제안하는 데 성공했다. 그의 이러한 성공이 아직까지도 환원주의적 의식에 침잠해 있는 작금의 과학계에 얼마나 커다란 충격을 주었는지 상상하기는 그리 어렵지 않다. 이런 점에서 지난 20여 년 동안 러브록이 과학계로부터 많은 반발을 사게 된 것은 어쩌면 당연한 일이었는지도 모른다.

V. 가이아 이론과 환경오염

가이아 가설이 처음 소개된 이래 이 이론은 환경오염의 문제를 논의하는 많은 자리에서 종종 논쟁의 소재로 등장하곤 했는데, 그것은 부분적으로는 참석자들이 가이아 이론을 제대로 이해하지 못한 데서 비롯한 것이지만 다른 한 부분에 있어서는 이 이론이 때로는 환경오염의 문제를 다소 대수롭지 않게 취급하는 경향이 있기 때문이기도 했다.

가이아 이론은 지구 전체를 살아 있는 한 유기체로 — 마치 한 인간의 몸처럼 — 취급한다. 따라서 환경오염 현상을 필연적으로 인간의 질병에 해당되는 것으로 간주하는데, 이런 점에서 국지적으로 발

미량 화학물질 분석에 새로운 전기를 마련해준 러브록의 발명품 전자포획검출기. 이 장치가 발명됨으로써 환경 중에 분포하는 농약과 환경호르몬 등의 검출이 비로소 가능해졌다.

생하는 수질오염이나 대기오염의 문제가 러브록에게는 마치 인체의 어느 한 부분에서 발생하는 가벼운 증세의 여드름이나 발진처럼 생각되어 별반 그의 흥미를 끌지 못했다.

그 대신 러브록은 대기화학자로서 지구 전체에 영향을 미칠 수 있는 범지구적인 환경문제에 대해서는 일찍부터 깊은 관심을 보였다. 그는 1960년대에 이미 자신이 발명한 전자포획검출기라는 화학물질 검출장비로 자연계에 분포하는 극미량의 화학물질들을 분석해내는 데 성공함으로써 다른 어느 과학자들보다도 먼저 대기권의 염화불화탄소(CFCs) 분포를 밝힐 수 있었다. 그가 처음 대기 중의 염화불화탄소 분석을 시작함으로써 불붙기 시작한 오존층 훼손 논쟁의 역사를 더듬어보면 가이아 이론이 바라보는 환경문제의 관점에 대해 이해를 더할 수 있으리라.

1960년대 말에 러브록은 공기 중에 포함되어 있는 염화불화탄소 화합물이 남반구에서는 대략 40ppt(part per trillion : 1조분의 1을 표시하는 단위)의 농도로, 그리고 북반구에서는 50ppt에서 70ppt의 농도로 분포하고 있다는 사실을 처음으로 밝혔다. 그는 이런 발견을 1973년 권위 있는 학술지 《네이처(Nature)》지에 처음으로 보고했는데, 만약 아무런 규제 없이 CFC 방출이 계속된다면 20세기 말 어느 시점에서는 그것이 문제를 야기시킬 것이라고 생각했다고 한다(그러나 그는 논문에서 CFC 방출의 위험성을 직접 언급하지는 않았다). 당시에 러브록은 그것들이 오존층을 위협한다는 사실을 알지는 못했다. 그러나 그는 그것들이 아주 강력한 온실효과 유발 물질이며, 만약 그 농도가 ppb(10억분의 1) 단위까지 상승한다면 기후에 미치는 영향이 아주 심각할 수 있다는 점을 깨닫고 있었다.

그런데 1970년대에 이르자 세계 최초의 초음속 여객기 콩코드가 개발되었다. 이 여객기는 다른 여객기들과는 달리 지구 성층권 속을 날게 되는데, 그 배기가스에서 질소산화물이 다량으로 방출된다는 사실이 일반에게 알려지면서 '지구의 연약한 방패막' 오존층이 곧 파괴돼 버릴 것이라는 말들이 떠돌게 되었다. 그리고 1974년에는 롤런드(Shery Rowland)와 몰리나(Mario Molina)는 CFC가 성층권에 이르러서는 광화학적 작용에 의해서 염소의 잠재적인 공급원이 되고, 그 결과 오존층에 위협이 될 수 있다는 내용의 논문을 《네이처》지에 발표했다. 이런 발표가 도화선이 되어서 전 세계 과학계는 갑자기 오존층에 대한 열띤 공방을 펼치게 되었는데, 기이하게도 과학자들은 논쟁 그 자체에 대한 열정이 지나쳤던 나머지 그 자신들과 일반 대중까지도 설득시켜 급기야 CFC 방출의 시급한 규제를 기정 사실로 인정해버리고 말았다. 그 결과 선진국 여러 나라들에서는 오존층의 보호를 위해서 긴급히 어떤 조치가 취해져야 하며, 또 냉장고의 냉매나 방향제의 에어로졸 추진체로 사용되던 CFC의 사용을 전면적으로 금지시켜야 한다는 논리가 언론을 통해서 마구 전파되기에 이르렀다.

러브록은 그때까지 줄곧 CFC가 오존층에 미칠 수 있는 영향력은 가상적인 것에 불과하며 그리 대단한 위협이 못 될 것이라고 생각했다. 가이아 이론의 주창자로서 그는 인류가 반드시 CFC 사용을 중단해야 할 만큼 오존층이 그렇게 대단한 존재인지 의심스러워했다. 그때까지 어느 누구도 CFC 때문에 죽은 사람은 없었으며, 또 농작물과 가축에 피해를 입혔다는 보고도 없었다. CFC 자체는 인간이 발명한 가장 안전한 화학물질의 하나로서 독성을 갖거나 부식성이 있거나 인화성이 있는 물질이 결코 아니었다. 사실 CFC는 그가 발명한 그 예민한 화학물질 감지장치가 없었더라면 공기 중에서 검출될 수도 없을 정도로 극히 미량으로 존재했는데, 대기권에서 발견되는 40ppt 내지 80ppt의 농도는 가장 열렬한 환경보호주의자라고 해도 결코 오존층에 위협이 된다고 문제삼을 수 없는 낮은 수치였다.

러브록은 과학자들과 법률가들이 불화탄소 화합물에 대해 논의하기 위해 회동했던 1976년의 한 회합에서의 기억을 자신의 저서들에서 다음과 같이 설명한 바 있다. "필경 그 회합은 당시의 과학적 지식을 총망라해서 오존층의 안전을 위해서 인류가 CFC의 사용과 방출을 어느 정도까지 허용해야 하는지 결정할 수 있는 열띤 논쟁의 장이 될 수도 있었으리라. 그러나 그 회합에서는 그러한 논제는 실종돼버리고 과학자들과 정치가들 사이에서 이전투구의 상호 비방만 있었던, 그런 참담한 실패의 장으로 끝나고 말았다. 그 모임에서는 CFC의 즉각적인 사용 금지에 대해 찬성을 유보하는 사람이라면 누구나 다 배신자로 낙인찍혔다. 러브록에게는 — 그럴듯하기는 하지만 아직까지 입증되지 못했던 — 과학적 가설에 대해 과학자들보다는 법률가와 정치가들이 더 왈가왈부하는 현실이 아주 참담하게 여겨졌다."

그런데 1980년대에 들어서자 다시 한번 오존층에 대한 뉴스가 세계를 경악시켰다. 영국의 남극학회에 소속된 조지프 파먼(Joseph Charles Farman)과 브라이언 가디너(Brian Gerard Gardiner)라는 두 과학자들은 남극 지방의 오존층이 매우 얇아졌다는 사실을 발견했고, 더욱이 그 현상이 매우 가속화되고 있음을 보고했다. 이 사건은 과학계가 전혀 예기치 못한 것이었는데 일반인들은 이 일에 매우 흥분하고 또한 심각한 두려움을 느끼기조차 했다.

그런데 만약 극지방의 오존층 구멍이 점점 더 커져서 중위도의 인구밀집 지역 상공에까지 퍼진다면 도대체 어떤 일이 일어날 수 있을까? 러브록은 우리가 이 문제에 더 이상 빠져들기 전에 먼저 오존층에 대한 논쟁을 가열시킴으로써 과연 누가 혜택을 받게 되는지, 그리고 누가 더 피해를 입을 것인지를 자문해볼 필요가 있다고 충고한다.

전 세계적으로 CFC의 사용이 전면 금지되었을 때 가장 커다란 피해를 입게 되는 당사자는 그것에 의존하여 제품을 만들 수밖에 없는 중소기업들과 그런 기업에 소속된 피고용자들이 분명하다. 그리고 CFC 대체품을 독자적으로 개발할 수 있는 능력을 미처 갖추지 못한 우리나라와 같은 개발도상국들도 그러하다. 이에 반해 CFC를 실제로 생산하는 선진국의 대기업들은 거의 아무런 피해도 입지 않는다. 오히려 그들은 기존의 CFC 대신 새로운 대체물질을 공급함으로써 앞으로 막대한 이익을 챙길 것이 분명하다. 그런가 하면 오존층 파괴 논쟁의 다른 한 승리자는 과학계와 과학자들이다. 그들은 만약 오존층에 대한 논쟁이 없었더라면 결코 얻어낼 수 없었던 막대한 양의 연구비를 대기권 연구에 투자할 수 있게 되는 것이다.

한때 의과대학의 교수로 봉직한 경험이 있는 러브록은 오존층 훼손이 미칠 수 있는 악영향에 대해서도 독특한 관점을 갖고 있다. 먼저 그는 열대 지방에 내리쬐는 가시광선의 양은 극지방에 비해서 불과 1.6배(160%)에 불과하지만 자외선은 그 양이 7배(700%)나 강하다는 점을 지적한다. 그런데 이러한 커다란 차이에도 불구하고 지구상의 어느 지역에서도 자외선 때문에 식물들이 성장에 제한을 받지는 않는다. 이와 대조적으로 7배 차이의 강수량은 생태계를 사막과 삼림으로 완벽하게 구분지어 놓는다. 따라서 지구상에 자외선의 사막이란 존재하지 않으며 모든 생물들은 자외선의 폭넓은 변화에 잘 적응하고 있는 것처럼 보인다. 이런 시각에서 러브록은 오존층 훼손의 위협이 일반 대중에게 너무 과장되어 알려졌다고 생각한다.

다른 한편으로 러브록은 CFC의 과다 사용이 오존층 훼손보다는 지구 온난화에 더 큰 영향을 미칠지도 모른다고 주장한다. 그는 다음과 같은 CFC의 세 가지 속성이 앞으로 지구 온난화 문제를 더욱 어렵게 할 것으로 지적한다. 첫째, CFC는 대기 중에서 체류하는 기간이 매우 길기 때문에 우리들이 잘 알지 못하는 동안 높은 농도로 축적될 가능성이 있다. 둘째, CFC는 그것의 구성원인 염소를 아무런 손실 없이 직접 성층권까지 전달하는 능력을 지닌다. 셋째, CFC는 그 자체가 장파장의 적외선을 흡수할 수 있는 능력이 탁월하다. 따라서 대기 중에 들어 있는 CFC의 존재는 이산화탄소 증대로 인한 지구 온난화 문제를 더욱 심화시킬 수 있는데, 잠재적으로는 바로 이런 점이 오존층 훼손으로 인한 위험보다 훨씬 더 두려운 문제일 수 있다고 그는 지적한다.

앞에서의 CFC와 오존층에 얽힌 사례를 검토하면서 우리들은 가이아 이론의 관점에서 바라보는 러브록의 환경오염에 대한 시각을 다음과 같이 정리할 수 있다.

먼저, 러브록은 범지구적인 환경문제를 다루는 데 있어서 과학자들의 편향적인 시각이나 환경보호주의자들의 편협한 인간중심적 태도, 그리고 정치가들의 독선과 일반 대중의 맹목적성 등을 모두 혐오하는 입장에 서 있는 듯하다. 그에게 있어서 중요한 것은 인간만을 위한 환경보전이 아니라, 인간과 자연 모두를 위한 보다 합리적이고 과학적인 환경보전의 노력이라고 하겠다.

두 번째로 그는 범지구적인 환경문제가 자칫 오도되어 그것을 극복하기 위한 조치를 취한다는 것이 어느 일방에게만 전적으로 혜택이 돌아가거나 또는 더 큰 피해를 초래할 수도 있는 환경보호 운동의 위험성을 항상 경고한다. 그래서 그는 1970년대 초에 일부 생태학자들과 과격한 환경보호주의자들 때문에 알래스카에서 미국 본토까지 파이프라인의 건설이 지연되었던 결과 1974년에 오일 쇼크가 발생했다는 사실을 크게 안타까워했다. 마찬가지 이유에서 그는 체르노빌 원전 사고 이후 스웨덴의 래프족 거주지구에서 방사능에 오염되었다는 이유로 그들의 유일한 식량이라 할 수 있는 순록을 수천 마리나 살해했다는 점에 대해 크게 우려했다. 그는 오직 순록에만 의지해서 생활하는 래프족 사람들에게 있어서는 그러한 처방의 결과가 오히려 그렇게 하지 않았을 경우 그들에게서 발생할 수 있는 이론적인 암 발생률의 증가 이상으로 더 해로울 수도 있다는 점을 직시했던 것이다.

세 번째로, 범지구적인 환경문제를 다루는 데 있어서 러브록은 아직까지 우리들의 지식이 부족함을 한탄하며 보다 다양한 전일적 시각에서 환경문제에 접근할 것을 권고하고 있다. 앞에서 CFC와 오존층 파괴의 예에서 러브록이 보여주는 관점은 보통의 평범한 과학자들이 갖는 시각과 전혀 궤를 달리하는데, 이러한 그의 입장을 고려해봄으로써 우리들은 동일한 환경문제에 대해 전혀 다른 해결책을 발견할 수도 있다는 점을 깊이 인식해야 할 것이다. 이런 점에서 러브록이 인류의 장래를 위협하는 가장 심각한 환경오염 문제로 핵폭탄과 산성비, 그리고 오존층 파괴가 아니라 3C, 즉 승용차(car)와 가축(cattle)과 기계톱(chainsaw)을 꼽는 것은 우리들에게 시사하는 바가 크다고 하겠다.

마지막으로 우리들은 이러한 범지구적인 환경문제의 해결방안으로 러브록이 '전 지구적으로 생각하고 지역적으로 행동하라(Think Globally, Act Locally)'라는 슈마허의 입장을 자신의 생활철학으로 몸소 실천하고 있다는 점에 주의를 기울일 필요가 있다.

러브록은 가이아가 대단한 자가조절 능력을 발휘하는 거의 불멸의 존재라는 점을 인정하고 있다. 그렇지만 다른 한편으로는 가이아가 몇 가지 환경적 재난에는 대단히 취약하다는 점을 강조하기도 한다. 마치 우리 자신의 몸을 유지하는 데 있어서 팔다리의 중요성과 두뇌, 허파, 심장의 중요성이 서로 다르듯, 지구를 구성하는 가이아의 각 부분도 그 중요성이 서로 다르다는 것이다. 마찬가지로 러브록은 감기와 폐결핵에 대한 인체의 저항력이 다른 것처럼 환경오염도 그 종류에 따라서 가이아에 미치는 영향이 크게 다르다는 점을 지적한다.

러브록은 열대우림 지역을 지구에서 가장 소중한 부분으로 간주하고 있다. 열대우림은 방대한 양의 수증기를 발산하고 동시에 구름의 형성을 돕는 여러 종류의 가스와 입자상 물질들을 엄청나게 방출하고 있다. 이렇게 형성된 흰구름은 그 자체가 태양열을 반사해서 외계로 빠져나가는 에너지의 양을 늘이고 또 구름들에서 비를 내리게 하여 대기권의 온도를 낮추는 데에 커다란 기여를 한다. 열대우림을 인체에 비교한다면 마치 피부와 허파의 역할을 합친 것과 같다고 할 수 있을까? 이러한 열대우림을 손상시키는 일은 대규모의 핵전쟁보다도 더 가이아에 끔찍한 일이라고 그는 우려한다.

러브록은 행성 지구가 현재 지구 온난화의 초입에 들어서고 있다는 기상학자들의 주장에 동조하고 있다. 그리고 그의 가이아 이론은 이러한 지구 온난화의 추세가 열대 삼림의 파괴에 덧붙여질 때 전혀 예기치 못한 방향에서 우리 인류를 포함하는 생물권에 엄청난 재난을 초래하게 될 것이라는 준엄한 경고를 주고 있다.

VI. 가이아와 성모 마리아

가이아, 즉 살아 있는 지구라는 개념은 지난 30여 년 동안 비단 과학계뿐만 아니라 종교계와 일반 대중에게도 많은 반향을 불러일으켰다. 이러한 각계에서의 열띤 반응은 가이아의 개념이 우리의 심상 깊숙한 곳에 자리잡고 있는 어떤 잠재의식과 일치하기 때문이 아닌가 생각되는데, 러브록은 가이아에 대해 우리들이 느끼는 감정이 인간이 본래의 고향을 그리는 감정, 또는 신에 대한 회귀의 감정과 일치한다고 기술했다.

러브록은 자신이 성당의 종교적인 행사에 참여하면서 얻게 되는 마음의 평온과 전망 좋은 언덕에 앉아서 아래 세상을 내려다보면서 느끼는 마음의 안정이 거의 유사한 감정이라는 것을 토로했다. 그는 우리 자신이 어느 거대한 존재의 한 부분으로 속할 때에 느끼는 감정의 유사성에 근거해서 성모 마리아(Virgin Mary)의 존재가 가이아의 다른 이름이 아닐까 생각하기도 했다. 그에게는 동정녀 마리아가 아이를 낳았다는 것은 아무런 기적도 아니며 처녀생식의 변이도 아니다. 그것은 생명이 탄생한 이래로 가이아가 갖는 자연스런 역할로 간주되었다. 불멸성(inmmortals)이 자기와 똑같은 존재를 계속 번식시킨다는 것을 의미하는 것은 아니다. 그것의 진정한 의미는 가이아를 구성하는 모든 존재들을 지속적으로 새롭게 해나가는 것이라고 러브록은 생각했다.

140억 년이라는 이 우주의 연령에 비하면 지구 생물권의 역사는 겨우 그 4분의 1에 불과하지만 생물계는 그 자체가 활기로 가득 차 있으며, 우리들이 인식하고 있다시피 거의 불멸의 존재라고 할 수 있다. 그렇다면 가이아, 곧 성모 마리아는 이 우주의 한 부분이며 또한 신의 일부분으로 인식될 수 있는 것이 아닌가. 이 지구에서 그녀는 영속하는 모든 생물의 근원이며 지금도 여전히 살아 있는 존재다. 그녀는 인류를 탄생시켰으며 우리들은 그녀의 한 부분인 것이다.

이처럼 가이아 이론은 현대인이 신의 존재에 접근하는 데 있어서 이제까지와는 전혀 다른 새로운 시각을 제공해줄 수 있는 가능성을 지닌다. 따라서 러브록의 가이아 이론은 마치 진화론이나 양자역학처럼 새로운 과학적 사고의 장을 여는 것뿐만 아니라, 우리 인간의 전반적인 사유 영역에서 획기적인 전환점을 마련했다는 점을 부인하기 어렵다. 그리고 바로 이런 점에서 가이아 이론의 가치가 찬연히 빛난다고 하겠다.

VII. 끝맺는 말

러브록이 가이아 가설을 처음 제안한 이래 거의 50년에 가까운 세월이 흘렀다. 그동안 과학계는 이 낯선 이론에 대해 처음에는 지극히 냉담하고 아예 무시하는 태도를 보였지만 점차 시일이 경과하면서 차츰차츰 그것을 이해하고 인정하는 쪽으로 방향 전환을 꾀하고 있다. 이런 과학계의 극적인 태도 변화는 1985년과 1988년, 그리고 2000년에 이어서 2006년 회의까지 전후 4차례에 걸쳐 가이아 이론만을 주제로 하는 대규모 국제학회가 개최되었다는 사실에서도 감지할 수 있다. 제임스 러브록이 100세 생일을 맞은 2019년에는 영국 엑스터대학에서 그의 공을 기리는 특별한 학회가 개최되기도 했다.

가이아 이론의 탄생과 사회적 영향력은 환원주의적 사고가 판을 치고 있는 현대사회와 현대 과학계에 전일주의적 사고의 중요성을 보여주는 한편의 극적인 드라마였다고 할 수 있다. 이 이론은 작게는 행성 지구와 그 속에서 살고 있는 생물들의 역사를 조망하는 새로운 관점을 제공하는 것에 그치지만 보다 크게는 우리 인간과 우리가 속해 있는 지구 생물권과의 소중한 관계를 다시 한번 생각하게 해준다는 점에서 그 의미를 되새겨볼 수 있다. 또 나아가서 환경오염에 대한 인식이나 과학을 하는 방법론까지도 새로운 검증을 필요로 하게 만들었다는 점에서 그 과학적 의의와 중요성은 아무리 강조해도 지나치지 않다고 하겠다.

이 글을 마치기에 앞서 2018년 과학 주간지 《사이언스》에 실린 어느 가이아 관련 논문의 요약문을 짧게 소개하고자 한다.

러브록과 마굴리스의 가이아 이론에 따르면 생물은 지난 35억 년 동안 지구의 환경 조건을 자신들이 살 수 있도록 유지해온 행성 차원의 자가조절 시스템의 일부다. 가이아는 그동안 유기체의 사전 예측이나 계획과는 관계 없이 스스로 작동해왔지만 이제 인류의 진화와 기술은 그것들을 변모시키고 있다. 지구는 인류세라고 하는 새로운 시대에 접어들었으며 인간은 자신들의 행동이 지구에 미치는 무서운 영향력을 인식하기 시작했다. 이에 대한 대응으로, 개인적인 행동에서부터 글로벌 차원의 지구공학 프로그램들에 이르기까지 우리 인류의 의도적인 자율 규제가 이미 진행되고 있거나 곧 이행 가능하게 될 것이다. 우리가 가이아의 내부에서 그런 의식적인 활동들을 수행하고자 한다면 가이아의 존재를 근본적으로 새로이 재설정할 필요가 있다. 이제부터 그것을 GAIA 2.0으로 부르도록 하자. GAIA 2.0은 인류를 비롯한 행성 지구의 모든 생물들을 규합하는 조직체의 존재와 그것이 추구하는 목표를 크게 강조함으로써 범지구적인 지속 가능성을 촉진하는 효과적인 프레임워크가 될 수 있을 것이다.

가이아 이론에 대해서는 이제까지 수십 권의 관련 저서들이 발간된 바 있으며 지금도 여전히 매년 새로운 책들이 도서목록에 추가되고 있다. 이런 점에서 제임스 러브록과 가이아 이론은 우리 시대에 살아 있는 지구과학 최고의 고전이라고 할 수 있다.

가스 크로마토그래피(gas chromatography)

길다란 유리관에 흡착제를 채우고 한쪽 끝에서 분석하고자 하는 시료를 조금 주입하면 시료 속에 포함된 각 물질들은 관을 통과하는 시간이 각기 다르기 때문에 다른 끝에서는 이들이 각각 분리되어 나오게 된다. 가스 크로마토그래피는 이런 분별 흡착의 원리를 이용하여 기체 상태의 물질을 혼합물 속에서 분석해낼 수 있는 방법으로, 특히 농약과 같은 미량 화합물의 분석에 필수적이다. 이 책의 저자인 러브록은 가스 크로마토그래프 — 가스 크로마토그래피 원리를 이용한 분석장비 — 가 미량 화합물의 분리에는 탁월하지만 분리해낸 화합물의 농도를 정량적으로 분석해내는 데에는 결점이 많다는 점에 착안해서 전자포획검출기(electron capture detector)를 발명했는데, 이 장비의 개발로 화학분석에 있어서 일약 획기적인 업적을 남기게 되었다. 그는 이 장비의 특허권을 팔아서 그 수입으로 독립적인 과학자로서의 생활을 영위할 수 있었다.

가이아 가설(Gaia Hypothesis)

이 가설은 지구 표면의 토양, 해양, 대기의 모든 물질적·화학적 조건이 생물체의 존재에 의해서 끊임없이 변화하며 생물들이 주위 환경을 능동적으로 자신들에게 안락한 상태로 만들어간다는 개념을 근거로 한다. 이런 입장은 이제까지 널리 인정되어 오던 전통적 사고, 즉 생물은 주위 환경에 적응할 뿐이며 주위 환경은 별도의 작용에 의해서 바뀌는 것이라는 생각에 크게 배치되는 것이다. 그런데 이런 설명은 이제 더 이상 유효하지 않게 되었다. 생물들이 그 자신들을 위해서 지구를 보다 더 아늑하게 통제하고 조절하는 것은 아니다. 나는 이제 생물이 서식하기에 적합하도록 조절되는 것 자체가 생명·대기·해양·암석 등으로 이룩된 전체 진화 시스템의 속성이라고 생각하게 되었다. 이런 견해는 데이지 모델로서 수학적인 근거를 가지게 되었고, 또 이에 근거해서 시험 가능한 예측이 가능해졌으므로 이제 가이아 이론(Gaia Theory)로 불러 마땅하다고 하겠다.

계량과 측정 시스템(Systems of Units and Measurement)

21세기를 살고 있는 오늘날에도 우리는 계량과 측정 시스템에 있어서 전 세계적인 통일을 보지 못하고 있다. 미터법이 국제 표준 도량형으로 채택된 지 이미 150년이 지났음에도 불구하고 전통을 고수하려는 영국에서뿐만 아니라 미래 지향적 국가를 자처하는 미국에서도 척관법은 여전히 기승을 부리고 있다. 오늘날 전 세계 모든 엔지니어들의 절반은 척관법을 선호하고 있으며, 따라서 하이테크놀로지의 거의 절반도 척관법으로 표현되고 있다. 이런 현재 상황을 고려하여 이 책에서는 미터법과 척관법을 편의에 따라 함께 사용했다.(본문에서는 파운드와 피트로 표시된 모든 단위를 우리나라 미터법에 맞게 킬로그램과 미터로 바꿔 표현했다 – 옮긴이)

계량 단위에 붙는 접두사인 킬로(kilo), 메가(mega), 기가(giga)는 각

1000배, 100만 배, 10조 배를 의미한다. 마찬가지로 밀리(mili), 마이크로(micro), 나노(nano)의 접두사는 각 1000분의 1, 100만 분의 1, 10조 분의 1을 나타내다. 일반적인 과학적 표현을 사용한다면 15억이라는 수는 1.5x109으로, 1억 분의 3분의 1은 3.3x10-9로 표시된다.

대류권(Troposphere)

지표면에서 지상 10~15킬로미터 높이에 위치하는 대류권계면(tropopause) 사이의 공기층을 일컫는데, 지구 전체 공기의 약 90%를 차지하는 중요한 부분이다. 대류권은 생물체가 존재하는 유일한 공기층이며 우리가 알고 있는 모든 기상 현상이 나타나는 공간이기도 하다.

몰농도(molarity와 molar solution)

화학자들은 용액의 강도 — 즉 용매 중에 용질이 얼마만큼 녹아 있는지를 나타내는 정도 — 를 표현하는 데 있어서 몰농도라는 개념을 자주 사용하는데 이는 용질이 다른 경우에 상호 비교의 척도로 편리하기 때문이다. 1몰(1mole) 또는 1그램분자(1gram-molecule)는 용질의 분자량에 그램(g) 단위를 붙인 것이다. 따라서 어떤 물질이 1몰농도로 녹아 있다는 것은 물 1리터에 그 물질이 분자량에 해당하는 그램만큼 들어 있다는 것을 의미한다. 소금이 0.8몰농도로 녹아 있는 것과 설탕이 0.8몰농도로 녹아 있는 것은 물 1리터에 그 물질이 각각의 분자량에 해당하는 양만큼 들어 있음을 의미한다. 소금이 0.8몰농도로 녹아 있는 것과 설탕이 0.8몰농도로 녹아 있는 것은 물 1리터에 들어 있는 분자수에 있어서는 양쪽이 같지만 소금과 설탕의 분자량에 있어서 설탕이 훨씬 더 크기 때문에 물 속에 녹아 있는 설탕의 무게는 소금보다 훨씬 많게 된다.

무생물적(abiological)

이 단어를 문자 그대로 해석하면 생명체가 존재하지 않는다는 의미다. 그러나 실제적으로 이 단어가 사용될 때에는 어떤 최종 결과나 최종 산물이 만들어지는 데 있어서 생물이 아무런 역할도 담당하지 않는 경우를 의미하는 것이 보통이다. 달 표면에 있는 돌 조각은 그것이 언제 만들어졌건 어디에 놓였건 무생물적으로 형성되었다고 할 수 있다. 그러나 지표면에 놓인 돌은 거의 모두가 다소간에 생물체의 영향을 받았으므로 무생물적으로 생성되었다고 말하기 곤란하다.

산도(acidity)와 페하(pH)

보통 사용되는 과학적 의미로 산(acid)이라는 것은 양전하를 띠는 수소 이온을 쉽게 전해줄 수 있는 물질을 의미한다. 수용액 속에서의 산성의 강도를 산도라고 하는데, 그 수용액 속의 수소 이온 농도를 측정하여 표시한다. 수소 이온의 농도가 수용액의 0.1%에 이르면 산도가 매우 강한 강산이라고 지칭하며 탄산소다처럼 10억분의 1의 농도에 이르면 약산이라고 한다. 화학자들은 산도를 수소 이온 농도의 로그값으로 표현하는데 기이하게도 산도가 높을수록 로그값은 낮게 표현된다. 따라서 산도 페하(pH) 1은 강산이며 페하 7은 약산이 된다.

산화(oxidation)와 환원(reduction)

화학자들은 음이온의 부하가 결핍된 물질이나 원소를 산화제(oxidizer)

라고 지칭한다. 이런 산화제에는 산소, 염소, 질산염 등의 여러 물질들이 포함된다. 이와 반대로 전자를 많이 갖는 물질들, 즉 수소, 금속류, 대부분의 연료류 등은 환원성이다. 산화제와 환원제는 서로 반응하면 보통 열을 발생하는데, 이런 과정을 산화라고 한다. 물질이 타고 남은 재나 연소 기체는 화학적 작용을 거치면 원래의 상태로 되돌릴 수 있는데 이를 환원이라고 한다. 자연에서의 환원 작용은 항상 녹색식물과 해조류(algae)에서 일어나는데, 이런 작용이 일어나기 위해서는 햇빛이 필요하다.

생명 또는 생물체(life)

지표면과 해역에서 발견되는 물질(matter)의 일반적인 상태. 지상의 흔한 원소인 수소, 탄소, 산소, 질소, 유황, 인 등과 함께 미량의 여러 원소들이 복잡하게 얽혀서 독특한 구조를 나타낸다. 대부분의 생물체들은 선험적 경험 없이도 쉽게 인식될 수 있는데 식용 가능한 것이 보통이다. 이런 생물체에 대한 비교적 간단한 설명에도 불구하고 생명이 과연 무엇인가 하는 물음에는 아직까지 물리학적 정의가 공식적으로 내려지지 못하고 있다.

생물권(Biosphere)

생물권은 19세기에 오스트리아의 지질학자 수에즈(Suess)에 의해 처음 정의되었는데 지구에서 생물체가 발견되는 영역을 의미한다. 그 이후 이 단어는 점차 그 사용이 모호해지면서 가이아와 같은 초생명체를 일컫는 것에서부터 모든 생물종의 목록을 의미하는 것에 이르기까지 널리 사용되었다. 이 책에서 나는 생물권의 의미를 원래 정의에 국한해서 사용했다.

성층권(Stratosphere)

대류권의 바로 위쪽에 놓인 공기층으로 아래로는 지상 10~15킬로미터 지점의 대류권계면(tropopause)에서부터, 위로는 지상 70킬로미터 지점의 중간권계면(mesopause)에 이르기까지를 점유하는 공간이다. 성층권의 두께는 계절과 장소에 따라 다소 달라지기도 하는데, 지상으로부터 높아질수록 기온은 상승하는 경향을 나타낸다. 성층권은 오존층이 위치하는 장소이기도 하다.

오존(ozone)

매우 유독하며 폭발성을 갖는 연한 푸른빛의 기체. 산소의 특이한 형태라 할 수 있으며, 산소 원자 두 개가 붙는 대신 세 개씩이 결합하여 만들어진다. 오존은 우리가 숨쉬는 공기 중에도 존재하는데, 대략 0.03 피피엠(ppm) 정도가 들어 있으며, 대기오염이 심각한 대도시와 공업단지들에서는 그 농도가 1.0피피엠에 이르기도 한다. 성층권에서의 오존 농도는 약 5피피엠 정도이다.

평형(equilibrium)과 정상 상태(steady state)

이 두 전문용어는 물질의 안정성을 표현하는 데 사용된다. 식탁이 네 다리를 바닥에 붙이고 든든히 서 있으면 평형 상태에 있다고 한다. 그러나 말이 조용히 서 있으면 우리는 정상 상태에 있다고 표현하는 것이 더 타당하다. 왜냐하면 말은 비록 무의식적으로라도 자신의 자세를 유지하기 위하여 항상 근육을 긴장시키고 있기 때문이다. 만약 말이 죽으면 그 말은 순식간에 땅바닥에 나뒹굴게 될 것이다.

항상성(homeostasis)

미국의 생리학자 월터 캐넌(Walter Cannon)이 처음 만들어낸 용어. 생물체가 주변 환경이 시시각각으로 변함에도 불구하고 놀라울 정도로 자신의 생리적 조건을 일정하게 유지할 수 있는 능력을 일컫는다.

호기성(aerobic)과 혐기성(anaerobic)

문자 그대로 해석하면 공기가 있고 없음의 상태를 나타낸다. 생물학자들은 산소가 풍부히 존재하는 환경 조건을 호기성이라 칭하며 산소가 결핍된 환경 조건을 혐기성이라고 부른다. 공기와 접촉하는 모든 지표면은 호기성의 조건이 되어 해양, 강, 호수의 대부분 영역에는 산소를 호흡하는 생물체가 서식한다. 그러나 진흙과 토양, 동물의 창자 속에는 산소가 거의 완전히 결핍되어 있으므로 혐기성 조건을 형성하고 있다. 이런 장소에는 혐기성의 미생물들만이 서식할 수 있는데 이들은 산소가 대기 중에 나타나기 이전 태고 시대에 서식했던 미생물들에 유사하다고 말할 수 있다.

참고 문헌

1. 서론

Geoff Brown, Chris Hawksworth, and Chris Wilson, Understanding the Earth(Cambridge University Press; Cambridge, 1992).

James Lovelock, The Ages of Gaia(Norton; New York, 1998).

Lynn Margulis, Symbiosis in Cell Evolution(Freeman; San Francisco, 1981).

2. 태초에는

Euan Nisbet, The Young Earth(Allen and Unwin; London, 1986).

3. 가이아의 인식

P. W. Atkins, The Second Law(Freeman; New York, 1986).

Richard Dawkins, The Extended Phenotype(Freeman; London, 1982).

Humberto Maturana and Francisco Varela, The Tree of Knowledge(New Science Library; Boston, 1987).

Michael Roberts, Michael Reiss, and Grace Monger, Biology Principles and Processes(Nelson; Walton-on-Thames, 1993).

4. 사이버네틱스

Stuart A. Kauffman, The origins of Order(Oxford University Press; Oxford, 1993).

Douglas S. Riggs, Control Theory and Physiological Feedback Mechani¥—¬, 2nd edn.(Kreiger; New York, 1978).

5. 대기권

Stephen Schneider and Ranæfl Londer, The Coevolution of Climate and Life(Sierra Club Books; San Francisco, 1984).

Richard P. Wayne, Chemistry of Atmospheres(Oxford University Press; Oxford,

1985).

6. 해양
H. D. Holland, The Chemical Evolution of the Atmosphere and the Oceans(Princeton University Press; Princeton, NJ, 1984).
James Lovelock, Gaia, The Practical Science of Planetary Medicine(Gaia Books; London, 1991).

7. 가이아와 인간
Rachel Carson, Silent Spring(Hought Mifflin; Boston, 1962).
Lydia Dotto and Harold Schiff, The Ozone War(Doubleday; New York, 1978).
Sir Crispin Tickell, Climate Change and World Affairs(University Press of America; Lanham, Md., 1986).
Edward O. Wilson, The Diversity of Life(Penguin; London, 1992).

8. 가이아와의 공존
Stuart L. Pimm, The Balance of Nature(The University of Chicago Press; Chicago, 1984).
Edward O. Wilson, Sociobiology: The new Synthesis(Harvard University Press; Cambridge, Mass., 1975).

9. 마무리
Norman Meyers(ed.), Gaia: an Atlas of Planet Management(Doubleday; New York, 1984).
Lewis Thomas, Lives of the Cell: Notes of a Biology Watcher(Bantam Books: New York, 1975).

Scientific papers about Gaia
J. E. Lovelock, 'Gaia as seen through the Atmosphere', Atmospheric Environment, 6/579(1972).
J. E. Lovelock, 'Geophysiology, the Science of Gaia', Reviews of Geophysics, 27/2(1989).
J. E. Lovelock, 'A Numerical Model for Biodiversity', Phil. Trans. R. Soc.

Lond., 338/383(1992).
J. E. Lovelock and Lynn Margulis, 'Atmospheric Homeostasis by and for the Biosphere: The Gaia Hypothesis', Tellus, 26/2(1973).
Lynn Margulis and J. E. Lovelock, 'Biological Modulation fo the Earth's Atmosphere', Icarus, 21/471(1974).

가이아
살아 있는 생명체로서의 지구

1판 1쇄 발행 2004년 3월 20일
1판 13쇄 발행 2020년 11월 20일
개정증보판 1쇄 발행 2023년 6월 23일
개정증보판 2쇄 발행 2024년 5월 22일

지은이 제임스 러브록 | 옮긴이 홍욱희
편집부 김지하 김현지 | 표지 디자인 박대성

펴낸이 임병삼 | 펴낸곳 갈라파고스
등록 2002년 10월 29일 제2003-000147호
주소 03938 서울시 마포구 월드컵로 196 대명비첸시티오피스텔 801호
전화 02-3142-3797 | 전송 02-3142-2408
전자우편 books.galapagos@gmail.com
ISBN 979-11-87038-95-5 (03400)

갈라파고스 자연과 인간, 인간과 인간의 공존을 희망하며, 함께 읽으면 좋은 책들을 만듭니다.